配套学习资源及教学服务指南

二维码链接资源

本书配套教学视频、拓展阅读、实训素材与指导等学习资源，在书中以二维码链接形式呈现。手机扫描书中的二维码进行查看，随时随地获取学习内容，享受学习新体验。

| 打开书中附有二维码的页面 | 扫描二维码 | 查看相应资源 |

教师教学资源索取

本书配有课程相关的教学资源，例如，教学课件、实训素材等。选用教材的教师，可扫描以下二维码，关注微信公众号"高职智能制造教学研究"，点击"教学服务"中的"资源下载"，或电脑端访问地址（101.35.126.6），注册认证后下载相关资源。

云书展
样书索取
资源下载
免费试卷
最新目录

师资培训　教学服务　在线购书

★如您有任何问题，可加入工科类教学研究中心QQ群：243777153。

大学计算机应用基础
（Windows 10 + WPS Office 2016）

DAXUE JISUANJI YINGYONG JICHU

主　编　任泰明

新形态
教材

中国教育出版传媒集团

高等教育出版社·北京

内容提要

本书是根据本科层次职业院校教学需求编写而成的。

本书较为详细地介绍大学生应该掌握的信息技术基础知识与应用技能，主要内容包括计算机系统基础、信息技术基础、操作系统应用基础、WPS文字处理、WPS表格处理、WPS演示文稿制作、计算机网络基础、Internet应用技术与信息安全基础。

为方便教学，书中引入了二维码，二维码链接多种媒体形式的助学助教资源，有力支撑教学模式改革，助力提高教学质量和高技术技能人才的培养。

本书可作为本科层次职业院校计算机应用基础课程的教学用书，亦可作为高等职业院校计算机应用基础课程的教学用书。

图书在版编目(CIP)数据

大学计算机应用基础/任泰明主编. —北京:高
等教育出版社，2023.9（2024.8重印）
ISBN 978－7－04－059875－9

Ⅰ.①大… Ⅱ.①任… Ⅲ.①电子计算机-高等职业
教育-教材 Ⅳ.①TP3

中国国家版本馆 CIP 数据核字(2023)第 161122 号

策划编辑	张尕琳	责任编辑	张尕琳 万宝春	封面设计	张文豪	责任印制	高忠富

出版发行	高等教育出版社	网　　址	http://www.hep.edu.cn
社　　址	北京市西城区德外大街 4 号		http://www.hep.com.cn
邮政编码	100120	网上订购	http://www.hepmall.com.cn
印　　刷	上海新艺印刷有限公司		http://www.hepmall.com
开　　本	787 mm×1092 mm　1/16		http://www.hepmall.cn
印　　张	21.5		
字　　数	443 千字	版　　次	2023 年 9 月第 1 版
购书热线	010－58581118	印　　次	2024 年 8 月第 2 次印刷
咨询电话	400－810－0598	定　　价	45.50 元

前 言 **Preface**

人类已经步入了"信息化社会"，作为一名新时代职业院校的大学生，必须具备"计算思维"的能力，简单地说就是能用所学的信息技术领域知识、原理、技能与方法等，去分析与解决日常工作中遇到的问题，这也是本书编写的主导思想。

本书适用于本科层次职业院校的"大学计算机应用基础"等课程，根据本科层次职业教育的人才培养目标，本书的组织与编写具有如下特点：

一是以**"理论够用、强化实践"**为主线，内容组织将理论知识学习与实践技能训练融为一体，让学生"边学边练"，达到在"学中练、练中学"的目标，并根据教学内容，在相应的教学单元后编写了适量的、针对性较强的"知识练习"与"技能练习"内容。

二是以**"学习者为中心"**组织内容，根据职业院校学生的学习特点，全篇语言尽量做到通俗易懂，避免使用晦涩的专业词汇去解释相关问题，另外每小节内容都提出了学习的"知识与技能目标"，引导学生对学习内容做到"心中有数"，便于学生自学，也指导教师明确教学目标。

三是**全面贯彻党的二十大精神**。本书将思政教育有机融入其中，以"自主可控"为目标组织教学内容，如在计算机系统基础中介绍了我国在计算机的发展历史中做出的贡献以及在计算机领域取得的巨大成就；在操作系统应用基础中介绍了国产"华为鸿蒙操作系统"等；办公软件讲解部分选用 WPS Office 作为操作平台；信息安全基础知识部分选用国产 360 安全软件等进行讲解。

本书共分为 8 章内容，各章内容既相互独立，又注重前后逻辑关系。第 1 章和第 2 章分别介绍了计算机系统和信息技术的基本知识，第 3 章介绍了操作系统的基本知识与操作技能，第 4 章、第 5 章和第 6 章介绍了办公自动化领域国产优秀软件的代表——WPS Office 的功能与应用技术，第 7 章介绍了计算机网络的基本知识与应用技能，第 8 章介绍了 Internet 的概念、应用技术以及信息安全的知识与技术。

本书编写以全国计算机等级考试二级 WPS Office 高级应用与设计考试大纲（2022 年版）为依据，可以满足全国计算机等级考试二级的考试要求。

本书由多年在教学一线长期担任计算机应用课程教学与研究的教师编写。全书由任泰明教授策划组织并担任主编工作，参加编写的有张文川、孔今赟、何志刚、蔡吉云等教师。第 1 章、第 2 章和第 8 章由任泰明编写，第 3 章和第 6 章由何志刚编写，第 4 章由孔今赟编写，第 5 章由蔡吉云编写，第 7 章由张文川编写。

本书在编写过程中收集与参考了大量资料，在此向相关作者一并表示感谢。目前我国本科层次职业教育还处于探索阶段，对于教学内容的把握还需要进一步研讨，另外由于作者水平有限，书中难免有错误或不妥之处，恳请各位读者批评指正。

编　　者

目　录　Contents

第 1 章　计算机系统基础

　　计算机作为20世纪人类最伟大的科技发明之一，其产生的历史虽然只有七十几年时间，但已经被广泛应用到人类社会的各个领域，成为人们生活、工作和学习必备的工具，推动着人类社会进入了信息化时代，也影响着人们思考和解决问题的方式与方法。作为21世纪的大学生，掌握计算机系统的基本知识与应用技能成了必备的能力素养。

本章学习要点

1. 计算机的产生、发展与应用领域。
2. 计算机系统的组成、计算机的基本结构和工作原理。
3. 个人计算机的主要硬件组成与评价一台计算机的主要性能指标。
4. 软件的概念与常用的系统软件。

1.1 计算机的产生与发展 »

知识与技能目标

1. 了解计算机的产生与发展情况。
2. 掌握冯·诺依曼体系结构计算机的特点。
3. 了解我国计算机的研制与应用情况。
4. 了解计算机的发展趋势。
5. 了解计算机的应用领域。

知识与技能学习

学习与使用计算机前，必须对计算机的产生、发展、应用情况要有一个大概的了解，也应该知道计算机现在发展到了什么水平，将来的发展趋势又是怎么样的。

1.1.1 什么是电子计算机

人们日常在工作、学习与娱乐中使用的计算机其全称为**电子计算机**，一般简称为计算机（computer）、电脑或 PC（personal computer）机，它是由人们设计、制造的一种电子设备，可以按照事先设计好并保存在存储器中的程序，快速、精确、自动地完成计算与信息处理工作。

> 思考：
> 中国古代发明的算盘是不是计算机？

由于计算机诞生的初期其主要是用来解决人们面对的复杂科学计算问题，因此被人们称为"计算机"，即用来进行计算的机器。现在计算机的应用已经远远超出了科学计算的范畴，主要用来进行各种各样的信息处理，如天气预报、线路规划、车票预订等。实际上，计算机之所以能高速、自动地进行工作，是因为人们事先编写了它的工作程序，并将其存储在计算机内部，在用户发出工作命令后它就会按照事先存储的程序来一步步的工作，只不过与人类相比，它的工作速度非常快。

思考：
计算机最主要的特征是什么？

1.1.2 计算机的产生

在人类社会发展的历史长河中，人们要面对生产、生活中各种各样的问题，这些问题都或多或少和计算有关，于是发明了各种计算工具。如在人类社会的早期使用绳结、石子等进行简单的计数，随着生产力的不断提高，人们遇到的各种计算问题也越来越复杂，于是开始设计、制造更为复杂的计算工具，如我国古代发明的算盘、英国人在17世纪初发明的计算尺、欧洲人在一百多年前发明的手摇计算机等，这些计算工具在当时的历史条件下，对人类社会的发展都起到了一定的促进作用。以上计算工具在电子计算机产生后基本都退出了历史舞台，唯有我国发明的算盘一直沿用至今，可以说它是人类历史上使用时间最长的一种计算工具，其计算过程中所使用的珠算口诀则是人类历史上最早使用的算法。

思考：
为什么可以说我国发明的算盘是人类使用最久的计算工具？它有什么特点？

1. ENIAC

电子计算机的产生与第二次世界大战有着密切的关系，并且华人科学家也在其中发挥了重要作用。在20世纪40年代初，正处于第二次世界大战中的美国，为了尽快在战争中取得胜利，加紧研制导弹、火箭等各种先进的武器，在研制这些武器的过程中遇到了大量且极为复杂的导弹轨迹计算问题，而只有准确计算出导弹的飞行轨迹才能提高其命准率，为了快速解决这些问题，由美国军方出资并主导下开始进行现代电子计算机的研制工作。经过科研人员的努力，1946年2月14日被广泛认为是世界上第一台的电子计算机在美国宾夕法尼亚大学莫尔电机工程学院的莫克利和埃克特主导下研制成功，取名为ENIAC（electronic numerical integrator and calculator，电子数字积分器与计算器），如图1-1a所示，主要用于飞行中弹道轨迹的计算问题。

ENIAC的诞生具有里程碑意义，它标志着人类从此有了真正意义上的电子计算机。其实1919年出生于天津的华人科学家朱传榘（图1-1b）在美国宾夕法尼亚大学与5名美国人共同发明了ENIAC，因此他被称为"计算机先驱"。

ENIAC诞生之前已经有了具有计算能力的电子设备，只不过这些设备只能处理特定数据及定向问题，逻辑处理能力还达不到"通用"要求，朱传榘拿出了计算机逻辑结构的数个设计版本，成功地提高了计算机的"通用"逻辑运算能力，他是参与整个 ENIAC 原型设计的关键人物之一。朱传榘在美国期间一直心系祖国，后来回到中国，曾任国务院发展研究中心高级研究员、中国科学院荣誉院士等，积极参与祖国的建设工作。

（a）ENIAC 　　　　　　　　　　　　　　　　（b）朱传榘

图 1-1　ENIAC 和朱传榘

ENIAC 在当时的设计条件下共使用了 18 000 多个真空管、1 500 多个继电器以及大量的其他电子元器件，重达 30 多吨，占地面积达 170 余平方米，耗电功率约 150 千瓦，是个地地道道的庞然大物。如图 1-1a 所示是工作人员使用 ENIAC 时的情景。

尽管 ENIAC 每秒只能完成 5 000 次的加法运算，且 ENIAC 有许多缺点，如体积庞大、耗电量高、稳定性差、操作不便等，但它的运算速度是人脑计算无法比拟的，因此它的产生具有划时代的意义，为之后电子计算机的发展奠定了基础，更标志着人类社会电子计算机时代的到来。

> **思考：** 💡
> 计算机的发展速度有多快？美国耗费巨资（48 万美元，在当时是一笔巨大的支出）研制的庞然大物 ENIAC，就其运算速度来说还比不上今天普通的计算器。

2. 冯·诺依曼体系结构计算机

ENIAC 只生产了一台且仅用于军事目的，到 1955 年 10 月 ENIAC 在使用了 9 年多时间后停止使用。ENIAC 有两个缺点：一是没有存储器；二是用布线接板控制工作过程，影响了其工作效率。为了解决 ENIAC 存在的问题，ENIAC 计算机研制小组的技术顾问美籍匈牙利数学家冯·诺依曼于 1945 年发表了一篇名叫"关于 EDVAC 的报告草案"，报告用 101 页的篇幅详细总结与说明了 EDVAC（electronic discrete variable automatic computer，离散变量自动电子计算机）的逻辑结构与设计思想，其主要内容有以下三点。

（1）采用二进制表示数据。

（2）程序和数据一起存放在内存储器中，计算机按照事先设计好的程序工作，即"存储程序"工作原理。

（3）计算机由五个基本部分组成：运算器、控制器、存储器、输入设备和输出设备。

基于上述原理设计与制造的 EDVAC 共使用了大约 6 000 个电子管和大约 12 000 个二极管，功率为 56 千瓦，占地面积达 45.5 平方米，重达 7.85 吨，使用时需要 30 多位技术人员同时操作，EDVAC 从 1951 年正式投入运行到 1961 年停止工作，实践证明 EDVAC 是一台运行可靠的计算机。

可以说 EDVAC 是人类历史上第一台具有现代意义的通用计算机，和之前的世界上第一台电子计算机 ENIAC 不同，EDVAC 首次使用二进制而不是十进制。基于 EDVAC 体系结构的计算机一直延续至今。现在使用的计算机，其基本工作原理仍然是"存储程序"和"程序控制"。正因为冯·诺依曼对计算机体系结构设计做出的重大贡献，因此人们将基于以上三条原理设计的计算机叫冯·诺依曼体系结构计算机。

教学视频

冯·诺依曼体系结构计算机

> **思考：** 💡
> 为什么说 EDVAC 是人类历史上第一台具有现代意义的通用计算机？

> **思考：** 💡
> 什么叫冯·诺依曼体系结构计算机？

1.1.3 计算机的发展

从 1946 年第一台电子计算机 ENIAC 诞生到现在 70 多年的时间里，电子计算机随着电子元器件的进步，其体积不断变小，而性能与速度不断提高。一般根据其物理元器件的类型，将计算机的发展分为四代。

教学视频

计算机发展情况

（1）第一代电子管计算机（1946—1958 年）。其特征是采用电子管作为计算机的基本逻辑元件，由于受当时电子器件技术的限制，计算机的运算速度只有每秒几千次到几万次，且内存容量小，仅为几千个字节，用机器语言和汇编语言进行程序设计。第一代计算机的特点是体积大、耗电多、速度低、造价高和操作使用不便，主要应用于一些军事和科研部门中进行的科学计算，其代表机型有 IBM650、IBM709 等。

（2）第二代晶体管计算机（1959—1964 年）。其特征是晶体管代替了第一代计算机中的电子管，运算速度提高到每秒几万次到几十万次，内存容量扩大到几十万个字节。同时计算机软件技术也有了较大的发展，出现了 FORTRAN、COBOL、ALGOL 等高级程序设计语言，大大方便了计算机的使用，这一时期，除了科学计算外，计算机还用于数据处理和工业生产过程控制等。与第一代电子管计算机相比，晶体管计算机体积小、耗电少、成本低、逻辑功能强、使用方便和可靠性高。其代表机型是 IBM-7000 系列机。

（3）第三代中小规模集成电路计算机（1965—1971 年）。随着电子器件制造技术的发展，使用集成电路（intergrated circuit，IC）代替了分立元件，使计算机的性能有了很大的提高，其运算速度提高到每秒几十万次到几百万次。计算机的体积更小，寿命更长，可靠性大大提高，且功耗和价格进一步下降。同时计算机软件技术进一步发展，出现了结构化、模块化程序设计方法，操作系统功能逐步趋向成熟。其代表机型是 IBM360 系列机。

（4）第四代大规模和超大规模集成电路计算机（1972 年至今）。用每个芯片上集成了几千个至几万个电子元件的大规模集成电路（large scale intergrated circuit，LSI）或集成了上千万至上亿个电子元件的超大规模集成电路（very large intergrated circuit，VLSI）作为计算机的主要逻辑元件。如 1971 年美国 Intel 公司研制的 4004 微处理器集成了 2 250 个晶体管，2020 年我国华为公司发布的芯片的麒麟 9000 SoC（system-on-a-chip，系统级芯片）集成了令人惊叹的 153 亿个晶体管，达到世界先进水平。第四代计算机的运算速度可达每秒几千万次甚至几十万亿次。在软件方面，出现了数据库管理系统、分布式操作系统等软件。在第四代计算机发展阶段中，对人类社会影响最大的是微型计算机的产生、智能终端（如手机等）和计算机网络的广泛应用。

拓展：
SoC 的含义是什么？

将计算机的发展进行归纳，见表 1-1。

表 1-1　计算机的发展

分代	发展时期	物理元器件	主存储器	运算速度	软件	主要应用领域
第一代	1946—1958 年	电子管	汞延迟线	每秒几千次到几万次	机器语言、汇编语言	科学计算
第二代	1959—1964 年	晶体管	磁芯存储器	每秒数万次或几十万次	高级语言	科学计算、数据处理
第三代	1965—1971 年	中小规模集成电路	半导体存储器	每秒几十万次到几百万次	操作系统	数据处理与工业控制
第四代	1972 年至今	大规模和超大规模集成电路	半导体存储器	每秒几千万次到几十万亿次	数据库、网络软件	社会各种领域

思考：
现在学习使用的 PC 机属于第几代计算机？

1.1.4　我国计算机的研制与发展

我国电子计算机的科研、生产和应用是从 20 世纪 50 年代中后期开始的，具体研制与发展情况如下。

（1）第一代电子管计算机（1958—1964 年）。我国于 1956 年提出研究与发展电子计算机技术，1957 年开始研制通用数字电子计算机，1958 年 8 月 1 日中国科学院计算技术研究所研制成功第一台电子管小型计算机——103 机，标志着我国第一台电子计算机的诞生。该机批量生产时命名为 DJS-1（DJS 是电子计算机系列的缩写，这是我国研究与生产的计算机系列编号），主要应用于我国的国防领域。

（2）第二代晶体管计算机（1965—1972 年）。我国在研制第一代电子计算机的同时，开始了晶体管计算机的研制工作。1965 年中国科学院计算技术研究所研制出我国第一台大型晶体管计算机——109 乙型计算机。两年之后推出 109 丙型计算机，该机安全运行了 15 年，有效算题时间 10 万小时以上，在"两弹"试验中发挥了重要作用。

（3）第三代中小规模集成电路计算机（1973—20 世纪 80 年代初）。1974 年清华大学等多个单位联合设计、研制成功了以集成电路为主要元器件的 DJS-130 系列计算机，其中于 1975 年研制成功的 DJS-131 小型计算机运算速度达到每秒 50 万次，之后推出了 DJS-131 Ⅱ 型机、DJS-131 Ⅲ 等系列机型，该机型硬件功能齐全、软件丰富、性能稳定，被广泛应用于我国邮电、电力、通信、医疗、科研、交通等众多民生、工业和国防建设领域。

（4）第四代大规模和超大规模集成电路计算机（20 世纪 80 年代中期至今）。我国第四代计算机的研制广泛使用 Z80 和 X86 等国际流行的通用微处理器芯片，1983 年研制成功与 IBM—PC 机兼容的 DJS-0520 微机，该机性能良好，广泛应用于科研单位与学校等。从第四代计算机开始，我国在超级计算机的研制方面，逐渐走在世界前列，如 1983 年国防科技大学研制出"银河 -1"巨型机，其峰值速度超过每秒 1 亿次，这是我国高速计算机研制的一个重要里程碑。2004 年研制成功的"曙光 4000A"高性能计算机，运算速度达到每秒 10 万亿次，进入了世界先进行列。经过 60 多年的不断努力，我国在计算机的研制方面经历了先模仿、再追赶、到某些领域与世界先进行列并跑的一段不平凡经历，在计算机硬件与软件的研制上取得了一些成就。目前我国提出了"自主可控"的计算机技术发展策略，经过科研人员的努力，相信在不远的将来我国会领跑计算机世界的发展。

> **拓展：** 🔧
> 查阅网上相关资料，了解我国在计算机研制的哪些方面上处于世界领先水平。

1.1.5　计算机的分类

计算机已经广泛应用于各个领域，根据不同的应用需求人们设计出了类型多种多样的计算机。目前根据计算机的规模、运算速度和性能等指标，可以将人们常用的计算机分为高性能计算机、微型计算机、工作站和服务器等。

1. 高性能计算机

拓展阅读

计算机的
分类

高性能计算机也称为巨型机、大型机或超级计算机。通常是指运算速度极快、存储器巨大、结构复杂、价格昂贵的计算机。这种计算机数量不多，大多集中在大型科研机构和各地的计算中心。但高性能计算机的研制代表着一个国家的科研水平和经济实力，高性能计算机主要用来承担重大的科学研究、国防尖端技术和国民经济领域中的大型计算课题及数据处理任务，如核武器与反导武器的设计、空间技术研究、中长期天气预报、石油勘探、生命科学探索、汽车设计等领域。目前全世界只有少数几个国家能够研制出这种计算机，我国在巨型机的研发方面走在了世界前列，2010 年 9 月研制成功的"天河一号"，如图 1-2a 所示，成为我国首台千万亿次超级计算机，并且在当年的最新全球超级计算机前 500 强排行榜上雄居第一。在 2020 年 11 月公布的最新全球超级计算机前 500 强排行榜中，我国上榜的超级计算机已达 217 台，遥遥领先其他国家；美国以 113 台，日本以 34 台分居第 2 和第 3 位，我国的超级计算机系统无论是总数还是累计峰值和运算能力都超过了美、日等传统的发达国家，其中排名第 4 的"神威·太湖之光"（Sunway TaihuLight）超级计算机安装了 40 960 个中国自主研发的处理器，峰值性能为 12.54 京次 / 秒（1 京为 1亿亿），如图 1-2b 所示。

（a）天河一号　　　　　　　　　　（b）神威·太湖之光

图 1-2　我国自主研发的高性能计算机

2. 微型计算机

微型计算机包括个人计算机（personal computer，即 PC 机）、笔记本电脑、平板电脑和单片机等，如图 1-3 所示。

微型计算机因其体积小、软件丰富、功能齐全、操作简单、价格便宜等优势而得到了广泛应用。特别是进入 21 世纪后，PC 机就像家用电器一样，进入了普通百姓家庭，成

（a）PC 机　　　　（b）笔记本电脑　　　　（c）平板电脑　　　（d）单片机

图 1-3　微型计算机

为人们日常生活、工作、学习和娱乐的必备工具。智能手机由于具有微型计算机的所有特点，有完整的操作系统，可以下载安装各种应用软件，因此也属于微型计算机的范畴。

如今在微型计算机研究与制造方面，我国生产厂商众多，部分技术走在了世界前列。根据工信部发布的《2011 年电子信息产业统计公报》中的数据显示，早在 2011 年我国计算机产量占全球出货量的比重达到 90.6%，名列世界第一。

单片机是将计算机的主要部件，如微处理器、存储器、输入和输出接口等构成的电路集中在一个只有几平方厘米或更小的硅片上，形成一个能独立工作的"计算机"，它广泛应用于仪器仪表、家用电器、工业控制和通信等领域，是数量最多、应用最广的一种微型计算机。

3. 工作站

工作站是随着计算机的应用而发展起来的一种高档型微型计算机，它与一般微型计算机不同的是使用大屏幕、高分辨率的显示器，配有大容量的内存与外部存储设备。工作站具有较强的信息处理能力和高性能的图形和图像处理能力，广泛应用于广告、电影的制作等领域。我国在工作站领域有多家国际知名的研究与生产企业，如联想公司，其于 2020 年 9 月发布的全球首款 64 核工作站 ThinkStation P620，可应用于企业各类智能研发设计与生产制造场景中。

4. 服务器

服务器是一种在网络环境下给用户提供各种共享服务的高性能计算机，它配有较大的存储空间和高性能处理器，有较高的可靠性和安全性，通常安装有网络操作系统。如我们浏览网页时需要使用 Web 服务器，在网络传输文件需要使用 FTP 服务器。在要求不高的使用环境中，一台较高性能的微型计算机也可以作为服务器使用。华为公司在服务器的研发领域处于世界领先水平，其 TaiShan 系列服务器是新一代数据中心服务器，基于华为自研的鲲鹏处理器，适合应用于大数据、分布式存储、高性能计算等领域。

拓展：🔧

查阅网上相关资料，说明什么是 Web 服务器和 FTP 服务器。

1.1.6 计算机的发展趋势

计算机是人类历史上发展进步最快的领域。早在 1965 年英特尔（Intel）创始人之一戈登·摩尔（Gordon Moore）就提出，当价格不变时，集成电路上可容纳的晶体管数目，约每隔 18 个月便会增加一倍，性能也将提升一倍。换言之，你花相同的价格，在 18 个月以后所能买到的电脑性能大约是目前电脑性能的两倍以上。有人将此规律称为"摩尔定律"，该定律在一定程度上揭示了信息技术进步的速度。

> **提示：** 💬
>
> 根据摩尔定律可知，在购买电脑产品时，为了使电脑的性价比较高，尽量以"适用、够用"为原则，不能盲目地追求其先进性。

1. 计算机行业的发展方向

拓展阅读

计算机发展的趋势

目前人们普遍认为，处于快速发展中的计算机行业，将以超大规模集成电路为基础，向巨型化、微型化、网络化、智能化、多媒体化等方向发展。

（1）**巨型化**。巨型化是指计算机的运算速度更高、存储容量更大、功能更强。巨型化计算机主要应用于天文、气象、地质、航天、核反应等一些尖端科学技术领域，巨型计算机的研制已经成为反映一个国家科研水平的重要标志。目前已经投入使用的巨型计算机其运算速度可达每秒上亿亿次。

（2）**微型化**。微型化是指体积更小、价格更低、功能更强的微型计算机。微机化计算机可以嵌入仪器、仪表、家用电器、导弹弹头等各类设备中，同时也作为工业控制过程的心脏，使仪器设备实现"智能化"。如智能手表包含电脑的所有组成部分，其实就是一台"微型"化的电脑。

（3）**网络化**。网络化是指利用通信技术和计算机技术，把分布在不同地点的计算机互联起来，按照通信双方事先约定的通信方式（即网络协议）相互通信，以达到共享软件、硬件和数据资源的目的。在信息化社会的今天，没有接入网络的计算机被人们称为"信息孤岛"，其应用也将受到很大的限制。

（4）**智能化**。智能化就是要求计算机能模拟人的感觉和思维能力，可以"看""听""说""想""做"，具有逻辑推理和自学习能力，即具有人工智能（artificial intelligence，AI）功能。人们甚至专门设计出了 AI 芯片，用于处理人工智能应用中的大量计算任务（其他非计算任务仍由 CPU 负责），2018 年以后我国的华为公司、百度公司等相继推出了自主研发的 AI 芯片。近年来以智能化为代表的技术研究与应用领域很多，其中最有代表性的领域是机器人。机器人可接受人类指挥，也可以执行预先编排的程序，或根据以人工智能技术制定的原则纲领行动。目前研制出的机器人可以代替人从事一些人们不愿做或无法完成的劳动，如让机器人从事工业流水线工作、清理有毒废弃物、太空探索、石油钻探、深海探索、矿石开采、搜救与爆破等，甚至现在还有专门用于战争的机器人。

（5）**多媒体化**。随着计算机技术的进步与成本的降低，计算机从单一的文字处理功能发展到可以将文本、图形、图像、声音、动画、视频等多种信息进行综合处理与应用，让这些信息之间建立有机的逻辑关系，使计算机能够用交互方式来形象生动地展示不同媒体。计算机的多媒体化加速了其推广与应用，使计算机由办公室、实验室中的专用工具变成了信息社会的普通工具，广泛应用于工业生产管理、学校教育、公共信息咨询、商业广告、军事指挥与训练，甚至家庭生活与娱乐等领域。

2. 未来新型计算机

在计算机发展的 70 多年时间里，计算机的体系结构仍然使用冯·诺依曼结构，但人们对新型计算机的探索与研制从来没有停止过。从目前的研究情况来说，未来计算机可能产生重要成果的包括以下几个方面。

（1）**量子计算机**　根据量子力学理论，个体光子通常不相互作用，但是当它们与光学谐腔内的原子聚在一起时相互之间会产生强烈影响，利用光子的这种特性可以研究制造量子计算机。量子计算机的特点主要是运行速度快、处置信息能力强、应用范围广等。如在1994 年为了分解一个 129 位的大数，科学家同时动用了 1 600 台高端计算机，花了 8 个月的时间才分解成功，但量子计算机理论上只需 1 秒钟就可以破解。因此有人比喻：在量子计算机面前，传统的计算机就像"算盘"。我国科学家在量子计算机的研究方面走在了世界前列，2020 年 12 月中国科技学术大学对外宣布成功构建了中国第一台量子计算原型机，起名为"九章"，就其速度来说，求解 5 000 万个样本的数学算法高斯玻色取样的时间只需 200 秒，如果使用当时最快的超级计算机要用约 6 亿年的时间。

（2）**光计算机**　光计算机又称为光脑，与传统硅芯片计算机不同，光计算机用光束代替电子进行计算和存储，它以不同波长的光代表不同的数据，以大量的透镜、棱镜和反射镜将数据从一个芯片传送到另一个芯片。激光束对信息的处理速度可达现有半导体硅器件的 1 000 倍，光计算机具有并行处理能力强、运算速度快、能耗低等特点。目前我国在光存储技术、光电子集成电路等方面已经取得了突破。2020 年 2 月上海交通大学金贤敏教授领导的团队开发出了一款新型的光子计算机芯片，更为重要的是这款芯片没有使用传统的冯·诺伊曼结构，而是提出了一种新的计算机模型。

（3）**分子计算机**　电子计算机是通过硅芯片上的电子来传送信息，分子计算机指利用分子计算的能力进行信息处理的计算机。分子计算机的运行靠的是分子晶体可以存储以电荷形式存在的信息，并以更有效的方式进行组织排列。分子计算机有节能性和小型等特点，前景非常看好。

（4）**DNA 计算机**　DNA（deoxyribo nucleic acid，脱氧核糖核酸）计算机是一种生物

形式的计算机。它是利用 DNA 建立的一种完整的信息技术形式，以编码的 DNA 序列（通常意义上计算机的内存）为运算对象，通过分子生物学的运算操作以解决复杂的数学难题。与传统的电子计算机相比，DNA 计算机有着体积小、存储量大、运算快、耗能低等特点。

1.1.7 计算机的应用

计算机是 20 世纪人类最伟大的发明之一，它对人类社会的发展和人们日常生活的改变产生了巨大的推进作用。目前计算机的应用可以说"无处不在，无时不有"，归纳起来可以包含以下几个方面。

1. 科学计算

第一台电子计算机 ENIAC 设计的目的是为了进行科学计算，科学计算是计算机最早的应用领域，也是目前和今后最重要的应用领域。从尖端科学到基础科学，从大型工程到一般工程，从深海探测到翱翔探索宇宙都离不开数值计算。如新药研制、宇宙探索、气象预报、飞机制造等都会遇到大量的数值计算问题，这些问题计算量大、计算过程复杂。如气象预报有了计算机，预报准确率大为提高，并且可以进行中长期和局部地区的天气预报。

2. 数据处理

数据处理是目前计算机应用最为广泛的领域。数据处理包括数据采集、转换、存储、分类、组织、检索等方面。如在人口统计、档案管理、银行业务、情报检索、企业管理、办公自动化、交通调度、市场预测等领域都有大量的数据处理工作。

3. 过程控制

过程控制是利用计算机实时采集数据、分析和处理数据，并按最优操作的要求迅速控制相关对象达到自动控制或自动调节的目标。生产自动化程度越高，对数据处理的速度和准确度的要求也就越高，这一任务靠人工操作无法完成，只有计算机才能胜任。如在石油化工厂中温度、压力、物位、流量等的控制。

4. 辅助工程

计算机辅助工程主要包括计算机辅助设计（computer aided design，CAD）、计算机辅助制造（computer aided manufacturing，CAM）和计算机辅助教学（computer aided instruction，CAI）等。

（1）CAD　计算机辅助设计是利用计算机的高速处理、大容量存储和图形处理功能，帮助设计人员进行产品设计，如飞机设计、建筑设计、机械设计、大规模集成电路设计等。

（2）CAM　计算机辅助制造是在机器制造业中利用计算机控制各种机床和设备，自动完成产品的加工、装配、检测和包装等制造过程的技术，近年来出现了所谓黑灯工厂（dark factory）或无人工厂，也叫智慧工厂，从原材料到最终成品，所有的加工、运输、检测等过程均无需人工操作，把工厂交给机器，工业机器人最直接的目的就是取代工厂人力，降低生产成本和提高生产效率。

（3）CAI　计算机辅助教学是通过计算机系统进行课程教学，它使教学内容生动、形象逼真，能够模拟或仿真其他手段难以做到的动作和场景。通过交互方式帮助学生自学、自测等，这种学习方式方便灵活，可满足不同层次人员对教学的不同需求。近年来发展起来的虚拟现实（virtual reality，VR）教学，可以实现历史场景、复杂工厂环境的创建，使学习者可以身临其境，进行情景化学习、协作化学习、游戏化学习等，能够让教育真正做到寓教于乐，有助于激发学生主动学习的兴趣。比如在生物教学中，可以通过 VR 带领学习者进入到细胞的内部，使其看到 DNA 的结构。2020 年发生疫情后，线上的计算机教学在我国广泛应用，真正做到了"停课不停学，停课不停教"。

5. 人工智能

人工智能是用计算机模拟人类的智能活动，完成判断、理解、学习、图像识别、问题求解等工作。它是计算机应用的一个崭新领域，近年来发展与应用速度非常快，成了各主要大国竞争的热点技术，目前已经在智能检索、问题求解、语言识别与翻译、图像识别、自动驾驶等领域取得不少成果，有的已开始走向实用阶段。如华为公司在 2019 年 8 月发布的名为 HiCar 解决方案，能够实现真正的"全场景"自动驾驶体验，达到了世界先进水平。

知识练习 1.1

一、选择题

1. 世界上公认的第一台电子计算机诞生于（　　　）。

A. 1945 年　　　　　B. 1946 年　　　　　C. 1948 年　　　　　D. 1952 年

2. 电子计算机根据物理元器件的发展变化可以分为（　　　）代。

A. 二　　　　　　　B. 三　　　　　　　C. 四　　　　　　　D. 五

3. 第三代电子计算机使用的逻辑元件是（　　　）。

A. 电子管　　　　　B. 晶体管　　　　　C. 集成电路　　　　D. 电阻

4. 第一代电子计算机使用的逻辑元件是（　　　）。

A. 电子管　　　　　B. 晶体管　　　　　C. 集成电路　　　　D. 电阻

5.（多选题）计算机的发展趋势是（　　　）。

A. 巨型化　　　　　B. 微型化　　　　　C. 网络化　　　　　D. 智能化

E. 多媒体化

6.（多选题）计算机的巨型化是指其（　　　）。

A. 体积越来越大　　　　　　　　　　B. 功能越来越强

C. 运算速度越来越快　　　　　　　　D. 存储容量越来越大

7.（多选题）目前常用的计算机可以分为巨型机、（　　　）、个人计算机四种。

A. PC 机、工作站　　　　　　B. 工作站、服务器

C. 掌上机、小型机、工作站　　　　　　D. 小型机、工作站、微型机

8.（多选题）计算机的应用包括（　　　）等方面。

A. 科学计算　　　　B. 人工智能　　　　C. 数据处理　　　　D. 计算机辅助设计

9. 个人计算机属于（　　　）。

A. 小巨型机　　　　B. 中型机　　　　C. 小型机　　　　D. 微机

10. 计算机辅助教学其缩写为（　　　）。

A. CAI　　　　B. CAD　　　　C. CAM　　　　D. VR

二、简答题

1. 简述中国人在计算机的发展过程中做出的贡献。

2. 简述我国计算机的研制与生产情况。

3. 结合日常生活，至少列举出三类计算机应用的场景。

4. 查找资料，说明我国巨型计算机的发展与研制情况。

5. 查找资料，说明目前我国在 PC 机生产与制造方面的情况。

6. 简述冯·诺依曼体系结构计算机的特点。

1.2　计算机系统概述　　》》

🔍 知识与技能目标

1. 掌握计算机系统的概念。

2. 理解计算机系统中硬件、软件与用户的关系。

3. 掌握计算机硬件系统的五大组成部分。

4. 理解计算机的工作原理。

✉ 知识与技能学习

认识计算机的基本结构，理解计算机的工作原理，有助于更好地使用计算机来为日常的工作与生活服务。

1.2.1 计算机系统的组成

通常所说的系统是一个有机的整体，这个整体由若干个相互作用、相互联系的部分组成，只有这些组成部分相互配合、相互协调才能完成某项工作。

硬件系统是计算机的物质基础，软件系统是计算机的灵魂。计算机要完成一项工作，既需要必备的计算机硬件设备作为物质基础，也需要完成相应功能的软件做保障，这两项缺一不可。计算机系统好比一个人，硬件是人的身躯，软件是其思想与知识，只有二者有机结合起来才能完成相应的工作，因此一个完整的计算机系统是由硬件系统和软件系统两部分组成的。计算机系统的组成如图 1-4 所示。

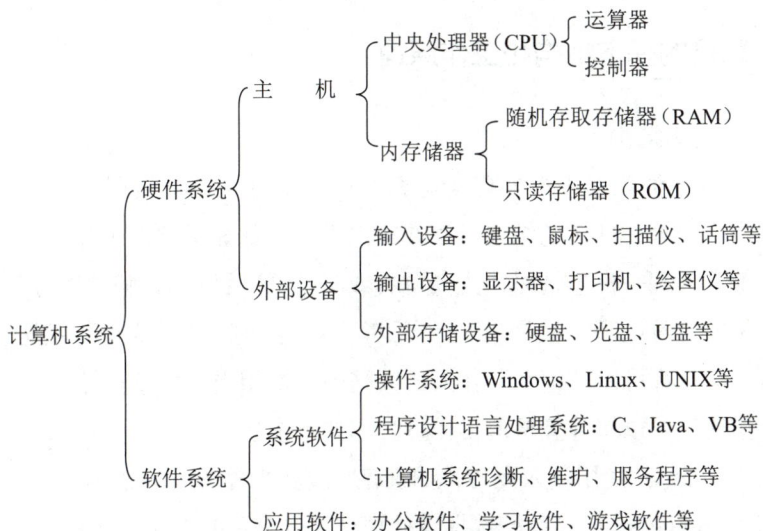

```
                                            ┌ 运算器
                           中央处理器（CPU）┤
                    ┌ 主  机 ┤              └ 控制器
                    │        │              ┌ 随机存取存储器（RAM）
                    │        └ 内存储器 ────┤
          ┌ 硬件系统┤                       └ 只读存储器（ROM）
          │         │        ┌ 输入设备：键盘、鼠标、扫描仪、话筒等
          │         └ 外部设备┤ 输出设备：显示器、打印机、绘图仪等
计算机系统┤                  └ 外部存储设备：硬盘、光盘、U盘等
          │                  ┌ 操作系统：Windows、Linux、UNIX等
          │         ┌ 系统软件┤ 程序设计语言处理系统：C、Java、VB等
          └ 软件系统┤        └ 计算机系统诊断、维护、服务程序等
                    └ 应用软件：办公软件、学习软件、游戏软件等
```

图 1-4　计算机系统的组成

1.2.2 计算机系统中硬件、软件与用户的关系

计算机系统中硬件和软件是按一定的层次关系组织起来的。系统软件为用户和应用程序提供了控制和访问硬件的手段，只有通过系统软件才能访问硬件。操作系统是系统软件的核心，它是硬件之上的第一层软件，在所有其他软件之下，是其他软件的共同环境。应用软件位于系统软件的外层，以系统软件作为开发平台。

计算机系统中硬件、软件与用户的关系如图 1-5 所示。

计算机在安装了操作系统以及其他各种软件后其功能被不断扩大，一台计算机完成什么样的功能是由其安装的软件来决定的。普通用户主要使用应用软件，也可以使用系统软件对计算机进行管理；应用软件开发人员一般在操作系统之上根据用户的需求完成各类应用软件的开发，操作系统开发人员一般是大型软件公司的一些软件工程师，他们专门针对计算机硬件来设计系统软件。

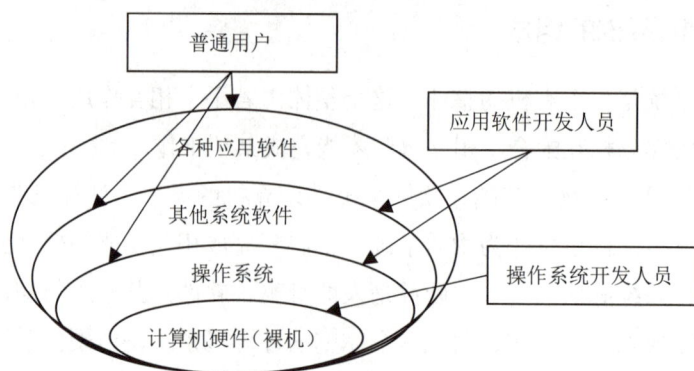

图 1-5　计算机系统中硬件、软件与用户的关系

1.2.3　计算机的基本结构和工作原理

1. 计算机的基本结构

计算机可以对各种数据进行处理与运算，在工作时先要将数据送入计算机内，然后计算机对数据进行处理，处理的结果可以在输出设备（如显示器）上显示，也可以存入存储器中。这就像人处理一件事情时，先要"看或听"，然后要用大脑"思考"，最后将结果"说或写"，这里的"看或听"就是输入，"思考"就是处理，"说或写"就是输出，当然在这个过程中所有信息都可以"记忆"在人的大脑中，这相当于信息存储。

根据以上描述，可以将计算机的工作过程作如下描述。

（1）输入（input）：使用输入设备（如键盘）将数据输入计算机内。

（2）存储（storage）：保存原始数据或处理结果供需要时使用。

（3）处理（processing）：对数据进行处理或运算。

（4）输出（output）：将运算结果输出到相关设备。

计算机在工作时用户通过键盘或鼠标等输入数据，输入的数据一般存入存储器，计算机在接收到用户发出的相关命令后，在控制机构的控制下，由运算机构对数据进行运算或处理，处理结果在显示器上或打印机上输出，根据需要也可以将结果保存在存储器中。因此，从计算机的工作原理角度出发，计算机硬件系统由运算器、控制器、存储器、输入设备和输出设备等五大部分组成。

（1）运算器

运算器也称为算术逻辑单元（arithmetic logic unit，ALU），它是计算机内部完成各种算术运算和逻辑运算的装置，能作加、减、乘、除等数学运算，也能作比较、判断等逻辑运算。

（2）控制器

控制器指挥和控制计算机各个部件的动作，使整个计算机自动地、有条不紊地工作，它是计算机的指挥中心，即完成协调和指挥整个计算机系统的功能。控制器决定执行程序的顺序，给出执行指令时机器各部件需要的操作控制命令。

现代电子计算机将运算器与控制器集成在一块芯片上，称为中央处理器，简称为CPU（central processing unit），它是计算机的核心部件，用来控制、协调计算机各个部件的工作，并完成算术运算和逻辑运算。CPU 的性能对一台计算机有很大的影响，是衡量一台计算机性能的重要指标。

（3）存储器

存储器是计算机中有"记忆"功能的部件，用来存放程序与数据。存储器分为内部存储器和外部存储器两种，内部存储器简称为内存或主存，外部存储器简称为外存或辅存。内存采用半导体器件来存储信息，计算机在运行时要执行的程序和数据必须存放在内存中。

（4）输入设备

计算机外部的各种信息（如数据、文字、符号、声音、图像等）只有送入到计算机内，才可以被计算机存储与处理，将外部信息变换成计算机能接收和识别的信息形式并送入计算机内部的这种设备叫做输入设备（input device），它是计算机与用户或其他设备通信的桥梁。常用的输入设备有键盘、鼠标、摄像头、扫描器、手写输入板、语音输入装置以及各种传感器等。

（5）输出设备

计算机的输出设备（output device）是把各种计算结果数据或信息以数字、字符、图像、声音等形式表示出来。常用的输出设备有显示器、打印机、绘图仪、影像输出系统、语音输出系统、磁记录设备等。

计算机的输入设备与输出设备一般简称为 I/O（input/output）设备。

2. 计算机的工作原理

前面介绍过，冯·诺依曼结构的计算机是按照"存储程序"和"程序控制"原理工作的，即先将编写好的程序和原始数据通过输入设备保存在内部存储器中，在操作者发出运行命令后，计算机逐条取出指令、分析指令，并执行指令。因此一台计算机的工作过程就是不断重复取出指令、分析指令和执行指令的过程，并根据指令要求将执行结果进行存储或通过输出设备进行输出，如图 1-6 所示。

计算机型号不同（主要指 CPU 的不同），其包含的指令集也不同。一般情况下一台计算机可以执行的指令主要有以下几种类型。

（1）数据传送指令：将数据在内存与处理器之间进行传输。

（2）数据处理指令：进行各种算术或逻辑运算。

（3）控制指令：用来控制程序的执行顺序，如根据判别条件进行转移、调用子程序等。

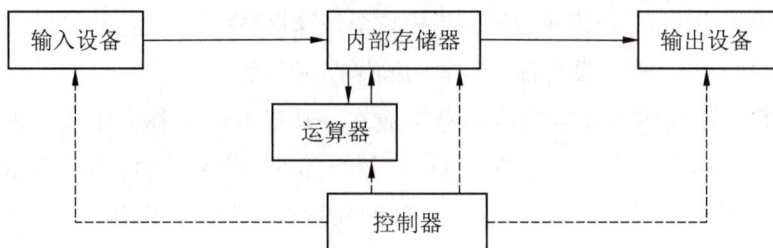

图 1-6　计算机的基本结构及工作原理图

（4）输入与输出指令：用来实现主机与外部设备之间的数据传输。

图 1-6 中实线部分是由数据传送、处理与输入与输出指令组成的数据流。数据流的内容主要是一些原始数据、运算的中间结果和最终结果等，原始数据由输入设备送到内部存储器。运算器将内部存储器中的数据取出进行各种操作运算，计算结果存入内部存储器，内部存储器中的数据在需要时可以送到输出设备。

图 1-6 中虚线部分是控制流，控制流是控制器对从内部存储器中读取的程序进行分析、解释后向各个部件发出的控制命令，用来指挥各部件协调地工作。

知识练习 1.2

一、选择题

1. 一个完整的计算机系统包括（　　　）。

A. 主机、键盘、显示器　　　　　　　　B. 计算机及其外部设备

C. 系统软件与应用软件　　　　　　　　D. 硬件系统与软件系统

2. 对于计算机硬件系统与软件系统说法正确的是（　　　）。

A. 硬件系统比软件系统重要　　　　　　B. 软件系统比硬件系统重要

C. 可以没有软件系统　　　　　　　　　D. 硬件系统与软件系统缺一不可

3. 计算机硬件系统功能部件由运算器、控制器、（　　　）、输入设备、输出设备五部分组成。

A. 中央处理器　　　　B. 存储器　　　　　　C. 显示器　　　　　　　D. 主机

4.（多选题）冯·诺依曼结构计算机的主要设计思想是（　　　）。

A. 采用二进制形式表示数据与操作命令

B. 计算机由运算器、控制器、存储器、输入设备和输出设备五大部分组成

C. 使用"存储程序和程序控制"的工作原理。

D. 计算机由显示器、主机、存储器、输入设备和输出设备五大部分组成

二、简答题

1. 计算机系统包括哪些内容？

2. 分析计算机系统中硬件、软件与用户之间的关系。

3. 简述冯·诺依曼结构计算机的工作原理。

4. 计算机可以执行的指令有哪些类型？

1.3 计算机硬件系统 »

🔍 知识与技能目标

1. 掌握硬件与硬件系统的概念。

2. 了解主板的功能与组成。

3. 掌握 CPU 的概念和其主要性能指标。

4. 掌握 RAM 和 ROM 的概念，理解其区别。

5. 掌握存储器容量的表示单位。

6. 了解常用的输入设备与输出设备有哪些。

7. 掌握点阵式打印机、激光打印机和喷墨打印机各自的特点。

8. 了解个人计算机的总线及其功能。

9. 具有初步组装个人计算机的能力。

✉ 知识与技能学习

目前全球拥有量最多的、应用最广泛的是微型计算机（简称微机），本节将以微机为例介绍计算机硬件系统的概念及其组成。

1.3.1 硬件系统概述

硬件是计算机系统中能看得见，占有一定体积的物理设备的总称，它是计算机系统快速、可靠、自动工作的物质基础，是计算机系统中的执行部件。硬件通常由一些电子器件和机械设备组成。组成一台计算机的所有硬件设备统称为计算机的硬件系统。

硬件系统主要由主机、显示器、键盘和鼠标等组成，多媒体电脑还配有摄像头、话筒、音响等设备，另外办公用电脑还常配有打印机和扫描仪等设备。

微机的大部分重要硬件设备如主板、CPU、内存、硬盘、光驱、各种板卡，电源及各种连线等都集中安装在主机箱内。

1.3.2 主机系统

在一台计算机的硬件系统中，最重要的是 CPU 和内存，一般将其合称为主机。在计算机中通常将 CPU 和内存安装在主机板上。

1. 主板

主板（main board）又叫主机板、系统板（system board）或母板（mother board），它安装在计算机的主机箱内，是计算机最基本也是最重要的部件。主板其实就是一块较大的印刷电路板，上面集成了各式各样的电子零件并布满了大量的电子线路。微机主板如图 1-7 所示。

图 1-7　微机主板

主板是整个计算机内部结构的基础，无论是 CPU、内存、显卡还是鼠标、键盘、声卡、网卡都是靠主板来协调工作的。因此，主板的好坏，将直接影响计算机性能的发挥。下面介绍主板的主要组成部分。

（1）输入 / 输出（I/O）接口。主板的输入 / 输出接口主要用来连接一些常用的输入和输出设备，如键盘、鼠标、音箱等。

（2）各种插槽。主板上有 CPU 插座、内存插槽、电源插座、SATA 插座和 PCI 扩展槽等。

① PCI 扩展槽。PCI（peripheral component interconnection，外围部件互连）扩展槽是

用来扩展或增加计算机功能的。PCI扩展槽是一种标准扩展槽，其位宽为32位或64位，工作频率为33 MHz，32位时最大数据传输率为133 MB/s，64位时最大数据传输率为每秒266 MB/s，通过插接不同的扩展卡可以使电脑能实现众多扩展功能，是名副其实的"万用"扩展插槽，如其上可以插声卡、网卡、电视卡、视频采集卡等。为了便于标识，在绝大部分主板上将其做成了乳白色的。

② SATA插座。SATA（serial advanced technology attachment，串行高级技术附件）插座是一种主要用来将主板和大容量存储设备之间进行连接的串行数据传输接口，其特点是数据传输的可靠性高、结构简单、支持热插拔等，主要用来连接硬盘等设备。

③ 其他插座。电源插座将主机箱的电源与主板相连，给主板提供电力。CPU插座和内存插槽分别用来插接CPU和内存储器。

（3）芯片组。芯片组（chipset）是主板的核心组成部分、是主板的灵魂。芯片组性能的优劣决定了主板性能的高低。如果说CPU是整个电脑系统的心脏，那么芯片组将是整个身体的躯干。主板芯片组的选择决定了主板CPU的类型、系统总线频率、内存容量、各种扩展槽的种类与数量等。需要说明的是一般基于Intel处理器的个人电脑主板上有两个非常重要的芯片，分别称为南桥芯片和北桥芯片，南桥和北桥合称为芯片组。北桥芯片主要用来完成中央处理器、内存储器、显卡三者之间的高速通信。南桥芯片用来处理硬盘等存储设备和其他设备之间的低速数据传输。现在主流主板将南北桥芯片封装到一个芯片中，这样大大提高了芯片组的功能和性能。

（4）CMOS电池。CMOS（complementary metal oxide semiconductor，互补金属氧化物半导体）是主板上一块可读写的芯片，用来保存BIOS（Basic Input Output System，基本输入输出系统）的硬件配置和用户对某些参数的设定。CMOS电池即是CMOS芯片的后备供电电池，用以确保BIOS等信息不会丢失。

思考：
主板与主机有什么区别？

教学视频

CPU介绍

2. CPU

CPU是一台计算机的核心部件，主要由运算器和控制器两大部分组成。CPU从内存中读取指令和执行指令，完成算术运算和逻辑运算，协调和控制计算机各个部分的工作。CPU是判断计算机性能高低的首要标准，它一般插接在主板的CPU插座上。

CPU最主要的性能指标是它的主频，即CPU的工作频率。一般说来，一个时钟周期完成的指令数是固定的，所以主频越高，单位时间内CPU执行的指令就越多，计算机的速度就越快。不过由于各种CPU的内部结构不尽相同，所以并不能完全用主频的高低来衡量CPU的性能。

CPU 处理数据的能力用字长表示，即 CPU 一次能处理的二进制位数。目前大部分计算机的字长为 32 位和 64 位，字长越长，计算机的运算速度和效率越高。

CPU 目前主要的研制生产厂商有美国的 Intel 和 AMD 公司等，国内的有华为公司和中国科学院计算所等。在通用 CPU 领域，Intel 公司的 CPU 在市场上占有较大份额。

华为公司自主研发的鲲鹏 920 系列 CPU，采用了 7 nm 制造工艺，是目前 PC 行业性能最强的 ARM 架构处理器，能以更低的功耗为数据中心提供强大的性能，已经使用在多款国产台式计算机中。另外中国科学院计算技术研究所自主研发的龙芯系列 CPU 具有很强的计算能力，广泛应用于国产计算机与嵌入式系统中，尤其值得说明的是 2021 年 4 月龙芯自主指令系统架构（Loongson Architecture）简称龙芯架构（LoongArch），通过国内第三方知名知识产权评估机构的评估，成为第一个国产 CPU 自主指令系统架构，打破了国外垄断，为我国计算机核心芯片的"自主可控"做出了巨大贡献，具有重要的战略意义。

> **提示：**
> CPU 的性能指标有主频与字长等。

3. 内部存储器

内部存储器简称为内存。内存是具有"记忆"功能的物理部件，由一组高集成度的半导体集成电路组成，用来存放数据和程序。因为 CPU 工作时需要与外部存储器如硬盘等进行数据交换，但外部存储器的速度却远远低于 CPU 的速度，所以就需要一种工作速度较快的设备在其中完成数据暂时存储的工作，这就是内存的作用。

内存储器通常分为只读存储器（read only memory，ROM）、随机存取存储器（random access memory，RAM）和高速缓冲存储器。

（1）ROM

只读存储器保存计算机系统的配置信息以及基本检测、控制、引导程序等。ROM 存储的程序一般由计算机主板制造厂家提供。通常情况下在打开主机电源开关开机时，CPU 首先自动执行 ROM 中的硬件检测程序，然后搜索磁盘上的操作系统文件，并将这些文件调入 RAM 中，接着执行 RAM 中的操作系统程序完成计算机的启动工作，此时进入等待状态，准备接受用户对计算机的各种操作。

> **提示：**
> ROM 的特点是存储的信息只能读出，且断电后信息不会丢失，其中保存的程序和信息通常是厂家制造时用专门的设备写入的。

（2）RAM

随机存取存储器主要保存 CPU 要执行的程序和一些经常要使用的数据。RAM 的特点是既可以读出，也可以写入，因此随机存取存储器又称为可读写存储器。随机存取存储器只能在加电后保存数据和程序，一旦断电则其所保存的所有信息将丢失。RAM 一般以内存条的形式安装在主机箱内主板的内存插槽上，如图 1-8 所示。

图 1-8　内存条

提示：
（1）RAM 的特点是可以写入也可以读出其中的信息，但断电后信息会丢失。
（2）内存大小对计算机的整体性能有较大的影响，一般可以通过增加内存条的形式进行扩充。

教学视频

存储器与
存储单位

（3）高速缓冲存储器

为了提高计算机的性能，在 CPU 与内存之间还增加一层存储速度很快的存储器，叫高速缓冲存储器（cache），CPU 执行频率高的一些程序被临时存放在高速缓冲存储器中。高速缓冲存储器也是影响 CPU 性能的一个因素，它可以提高 CPU 的运行效率。但由于高速缓冲存储器结构较复杂、制造成本高，其容量不可能太大。

提示：
内存是由很多个存储单元组成的，一般每个存储单元存放 8 位二进制数，每个存储单元都有唯一的编号，这个编号称为存储单元的地址，计算机在读取或保存不同位置的信息时就是通过存储单元不同的地址来区分的。

表示存储器容量的单位有位（bit）、字节（Byte）、千字节（KB）、兆字节（MB）、吉字节或称千兆字节（GB）、太字节或称百万兆字节（TB）等。位是最小的存储单位，可存放 1 位二进制数，8 个位组成一个字节，字节是计算机中存储数据的基本单位，一个字节简写为 1B，一个字节可存放一个 8 位的二进制数或一个英文字符的编码，一般需要两个字节才能存放一个汉字编码。

提示：
（1）存储容量的换算关系是：1 KB = 1024 B；1 MB = 1024 KB；1 GB = 1024 MB；1 TB = 1 024 GB。
（2）其中，1 024 = 2^{10}。目前个人计算机的内存常为 16 GB、32 GB 等。

1.3.3 外部存储器

外部存储器又称辅助存储器，简称外存，用于存放需要长久保存的程序和数据等信息。外部存储器有两种形式，一种是由磁、光等介质及机械设备组成的速度较慢的存储器，如硬磁盘、光盘等；另一种是由半导体集成电路组成的速度较快的存储器，如 U 盘和固态硬盘等。

> **提示：**
> 外部存储器既是输入设备又是输出设备，分别对应信息的写入与读出。存放在外部存储器中的程序必须调入内部存储器中才能执行，因此外部存储器主要用于和内部存储器交换信息。

与内部存储器相比，外部存储器的主要特点是存储容量大、价格便宜、断电后信息不会丢失、可以长久保存各种信息，但其存取速度较慢，是一种内存的补充设备。

1. 硬盘

硬盘存储器简称为硬盘（hard disk），它是计算机中不可缺少的存储设备，一般被安装在主机箱内。硬盘用来存储操作系统、各种应用程序以及用户的各种文档等。现在常用的硬盘有两种，即硬磁盘和固态硬盘。

（1）硬磁盘

硬磁盘又称为机械硬盘，它是由若干磁性盘片、对其进行数据读写的电路控制系统和机械驱动系统组成，每张磁性盘片是一种涂有磁性材料的铝合金圆盘。硬磁盘的盘片和硬磁盘的驱动器是密封在一起的。硬磁盘的外观和内部结构如图 1-9 所示。

（a）硬磁盘外观　　　　　　（b）硬磁盘内部结构

图 1-9　硬磁盘

硬磁盘的转速一般为每分钟 5 400 ～ 7 200 转，在其工作时一般不要随意移动，以避免对硬磁盘的震动与冲击，另外频繁开关计算机电源对硬磁盘也有一定的影响。

（2）固态硬盘

固态硬盘（solid state drives，SSD），简称固盘，它是用固态电子存储芯片阵列制成的硬盘，其外观如图 1-10 所示。固态硬盘内部构造十分简单，主体其实就是一块 PCB（printed circuit board，印刷电路板），而这块 PCB 一般由控制芯片、缓存芯片（部分低端固态硬盘无缓存芯片）和用于存储数据的闪存芯片等组成。新一代的固态硬盘有多种接口，如 SATA 接口（图 1-10a）和 M.2 接口（图 1-10b）等。

（a）SATA 接口固态硬盘　　　　　　　（b）M.2 接口固态硬盘

图 1-10　固态硬盘

拓展： 🔧

SATA 接口和 M.2 接口有什么不同？

固态硬盘采用闪存作为存储介质，其特点是读写速度相对机械硬盘更快，另外固态硬盘有低功耗、无噪音、抗震动、低热量、体积小和工作温度范围大等优点。

硬盘除了常用的机械硬盘和固态硬盘外，还有移动硬盘（mobile hard disk），它在数据的读写模式与所使用标准方面与普通硬盘是相同的，但由于其容量大、传输速度高、使用 USB 接口、轻巧便捷、存储数据的安全可靠性高等优点也得到了广泛的应用。

提示： 💬

（1）硬盘既是输入设备也是输出设备。（2）硬盘的主要技术指标为存储容量、硬盘转速等。

2. 光盘

光盘用烧蚀在介质表面上微小的凹凸来表示数据。在光盘驱动器内，用激光头产生的激光扫描光盘盘面，就可以读出信息"0"和"1"。光盘的特点是记录密度高，存储容量大，数据保存时间长。光盘可以分为以下三类。

（1）只读光盘：只读光盘（CD-ROM）其上面的信息只能读出，不能写入。

（2）一次性写入光盘（CD-R）：只能写一次，写后一般不能修改，必须使用具有刻录功能的光盘驱动器才能刻录信息。

（3）可擦型光盘（CD-RW）：是可反复擦写的光盘，这种光盘的驱动器既可作为光盘刻录机，用来写入信息，又可作为普通光盘驱动器，用来读取信息。

3. U盘

U盘又称为"闪存盘"，它是一种由半导体集成电路组成，通过 USB 接口与计算机交换数据的可移动存储装置。U盘具有"即插即用"的功能，只需将它插入 USB 接口，计算机就可自动检测到此装置。

拓展： 🛠
什么是"即插即用"功能？

U盘具有防潮、耐高低温、抗震、防电磁波、容量大、造型精巧、携带方便等优点，因此受到微机用户的普遍欢迎，成了人们必备的一种存储设备。U盘的容量通常为 32 GB、64 GB 等。

U盘接口的常用类型有四种：USB 1.1、USB 2.0、USB 3.0 和 USB 3.1。USB 1.1 规范是较为普遍的 USB 规范，其高速方式的传输速率为 1 Mbps（兆位/秒）；USB 2.0 规范是由 USB 1.1 规范演变而来的，它的传输速率达到了 480 Mbps，可以满足大多数外设的速率要求；USB 3.0 规范的理论传输速率为 5.0 Gbps；USB 3.1 是最新的 USB 规范，其数据传输速率可提升至 10 Gbps。

1.3.4 外部输入设备

外部输入设备简称输入设备，它是指可以将程序、语音、图像、文字资料、数值数据等送入计算机进行处理的设备。微型计算机常用的输入设备有键盘、鼠标、扫描仪等。

1. 键盘

键盘（keyboard）是最常用也是最主要的输入设备，键盘的布局分为打字机键区、功能键区、编辑键区、控制键区和数字小键盘区等 5 个区，各区的作用有所不同。键盘可以将英文字母、数字、标点符号等输入到计算机中，从而可以向计算机发出命令、输入数据等。通过编码也可以将汉字等各种语言文字输入计算机中，键盘中常用键的键名、含义及其功能见表 1-2。

表 1-2 常用键的键名、含义及其功能

键 名	含 义	功 能
Shift	上档键	按下 Shift 键的同时再按某键，可得到上档字符
Caps Lock	大小写字母转换键	Caps Lock 灯亮表示处于大写状态，否则为小写状态
Space	空格键	按一下该键，输入一个空格字符
Backspace	退格键	按下此键可使光标回退一格，删除一个字符
Enter	回车（换行）键	对命令的响应；光标移到下一行，在编辑中起换行作用
Tab	制表定位键	按一下该键，光标右移 8 个字符的位置

续　表

键　名	含　义	功　　　能
Alt	组合键	此键通常和其他键组成特殊功能键
Ctrl	控制键	必须和其他键组合在一起使用，例如同时按 Ctrl+C 表示终止程序或指令的执行；同时按 Ctrl+Alt+Del 三个键可以进入任务管理器或切换用户等。
Insert/Ins	插入/改写的转换开关	如果处于"插入"状态，可以在光标左侧插入字符；如果处于"改写"状态，则输入的内容会自动替换原来光标右侧的字符
Delete/Del	删除键	删除光标右侧的字符
Home	起始键	在编辑状态下，将光标移至光标所在行的行首
End	结尾键	在编辑状态下，将光标移至光标所在行的行尾
Page Up	向上翻页键	在编辑状态下，向上翻页
Page Down	向下翻页键	在编辑状态下，向下翻页
↑	上移键	将光标上移一行
←	左移键	将光标左移一个字符
↓	下移键	将光标下移一行
→	右移键	将光标右移一个字符
Print Screen/PrtSc SysRq	屏幕打印控制键	按一下此键，可以将当前整个屏幕的内容复制到剪贴板上
Pause Break	暂停键	一般在程序设计中用于控制正在执行的程序或命令暂停执行，直到需要继续往下执行时，按一下任意键即可

2. 鼠标

鼠标（mouse）是一种手持式屏幕坐标定位设备，它是为适应菜单操作和图形处理环境而出现的一种输入设备。鼠标能够移动光标，选择各种操作和命令，并可方便地对图形进行编辑和修改。鼠标一般有左、右两个键，中间有一个滚轮。在使用鼠标时，显示器屏幕上有一个同步移动的箭头，那就是鼠标指针，鼠标指针会随着鼠标的移动而移动，在进行不同的操作时，指针会显示不同的状态，Windows 操作系统默认状态下鼠标进行不同操作时指针的形状见表 1-3。

表1-3　鼠标进行不同操作时指针的形状

鼠标操作	指针形状	鼠标操作	指针形状
正常选择	↖	帮助选择	↖?
后台运行	↖⧗	系统忙	⧗
精确定位	＋	选定文本	I
手写	✎	不可用	⊘
垂直调整	↕	水平调整	↔
沿对角线调整	↘↖	移动	✥
候选	↑	链接选项	☝

3. 扫描仪

扫描仪（scanner）是一种光机电一体化的输入设备，它可以将捕获的图文转换成计算机可以显示、编辑、存储和输出的数字化格式。照片、文本页面、图纸、美术图画、照相底片、甚至纺织品、标牌面板等都可作为扫描的对象。扫描仪的主要技术指标有分辨率、扫描幅面，扫描速率等。

1.3.5　外部输出设备

外部输出设备简称为输出设备，它的主要作用是把计算机处理的数据、计算结果等内部信息转换成人们习惯接受的信息形式输出，常见的输出设备有显示器、打印机、绘图仪等。

1. 显示器

显示器通过屏幕显示计算机的处理结果及用户需要的程序、数据、图形等信息，也可以将输入的信息直接显示出来，是计算机必不可少的输出设备。显示器的主要性能指标如下。

（1）分辨率：分辨率是显示器最重要的一个性能指标。显示器的一整屏为一帧，每帧有若干条线，每线又分为若干个点，每个点称为像素。每帧的线数和每线的点数的乘积就是显示器的分辨率，分辨率越高，图像越细腻逼真。电脑显示器的分辨率一般可以设置为 $1\,024 \times 768$、$1\,280 \times 1\,024$、$1\,600 \times 900$、$1\,920 \times 1\,080$ 等。

（2）点距：指屏幕上相邻两个荧光点之间的最小距离。点距越小，显示质量就越高。

（3）显示器尺寸：指显示器对角线的距离，常见的尺寸有 24 英寸、27 英寸和 32 英寸。

（4）响应时间：它以 ms（毫秒）为单位，是指一个亮点转换为暗点的速度。响应时间过长，则用户会看到显示屏有拖尾的现象，从而影响整个画面的效果。一般响应时间小于 16 ms 时，会取得较好的显示效果。

（5）刷新率：指每秒钟出现新图像的数量，单位为 Hz（赫兹）。刷新率越高，图像的质量就越好，闪烁越不明显，人的感觉就越舒适。一般认为，$70\,\text{Hz} \sim 72\,\text{Hz}$ 的刷新率即可保证图像的稳定。

2. 打印机

打印机可以将计算机的处理结果、用户数据、图形或文字等信息打印到纸上。打印机分为击打式打印机和非击打式打印机。击打式打印机主要有点阵式打印机，非击打式打印机主要有喷墨打印机和激光打印机两类。

（1）点阵式打印机：也叫针式打印机，主要由走纸机构、打印头和色带组成。打印头通常是由 24 根针组成的点阵，根据主机送出的信号，使打印头中的一部分针击打色带，从而在打印纸上产生一个个由点阵构成的字符。点阵式打印机尽管打印速度慢、噪声大、字迹质量不高，但票据打印必须使用击打式打印机，因而具有较广的应用。

（2）激光打印机：它是激光技术和电子照相技术相结合的产物，它由激光扫描系统、电子照相系统和控制系统三大部分组成。在工作时由受到控制的激光束射向感光鼓表面，感光鼓充电部分通过碳粉盒时，使有字符或图像的部分吸附不同厚度的碳粉，再经过高温高压定影，使碳粉永久粘附在纸上。激光打印机具有高速度、高精度、打印出的图形清晰美观、低噪声等优点，但价格高，对纸张要求较高。

（3）喷墨打印机：它主要靠墨水通过精制的喷头喷射到纸面上形成输出的字符或图形。喷墨打印机的特点是价格便宜、体积小、噪声小，但对墨水的消耗量大，其性能与价格都介于激光打印机与点阵式打印机之间。

1.3.6 个人计算机总线

总线就像连接各个城市的高速公路一样，将计算机的各个部分连接起来，为 CPU、内存储器、外部设备等之间的相互通信提供公共信息通道，计算机总线结构如图 1-11 所示。

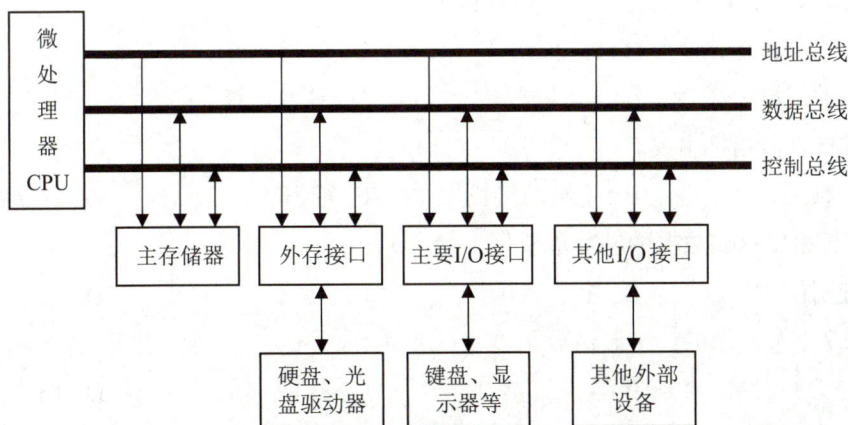

图 1-11　计算机总线结构

在总线上传送数据、地址和控制三种信号。传送数据信号的线称为数据总线 DB（data bus），传送地址信号的线称为地址总线 AB（address bus），传送控制信号的线称为控制总线 CB（control bus）。个人计算机的总线由这三种总线构成。

为了便于计算机的设计与制造，增强计算机各种组件的通用性，人们设计了多种总线标准。目前个人计算机常用的总线为 PCI（peripheral component interconnect，外设组件互连）总线。PCI 总线是一种 32 位总线，也支持 64 位数据传送，这种总线具有一个管理层，用来协调数据传输，可以支持 3 ～ 4 个扩展槽，数据传送率较高。

1.3.7 个人计算机机箱和电源

个人计算机大多数的组件都固定在机箱内部，机箱保护这些组件不受外界碰撞，减少灰尘吸附，减小电磁辐射干扰。

机箱内的电源将 220 V 的电压转换为 12 V、5 V、3.3 V 等不同规格的电压，分别给主机、硬盘、光驱等组件供电，因此，电源质量直接影响个人计算机的使用。如果电源质量比较差，输出不稳定，不但会导致死机、自动重新启动等情况，还可能会烧毁组件。

知识练习1.3

一、选择题

1.（多选题）微型计算机硬件系统主要包括内存储器、输入设备、输出设备和（　　）。

A. 中央处理器　　　　B. 运算器　　　　　　C. 控制器　　　　　D. 主机

2. 微机的 CPU 和内存储器的总称是（　　）。

A. CPU　　　　　　　B. ALU　　　　　　　C. MPU　　　　　　D. 主机

3. 在微机中，CPU 的主要功能是进行（　　）。

A. 算术逻辑运算及各部件的控制　　　　　B. 逻辑运算

C. 算术逻辑运算　　　　　　　　　　　　D. 算术运算

4. CPU 性能指标主要有（　　）。

A. 主频　　　　　　　B. 主频与字长等　　　C. 字长　　　　　　D. 存储容量

5. 计算机中存储数据的基本单位是（　　）。

A. 进制位　　　　　　B. 字节　　　　　　　C. 字　　　　　　　D. 双字

6. 一个字节表示的二进制位数是（　　）位。

A. 2　　　　　　　　B. 4　　　　　　　　C. 8　　　　　　　　D. 16

7. 存储容量为 4 GB，指的是（　　）。

A. 4×1 000×1 000×1 000 个字节　　　　　B. 4×1 000×1 024×1 024 个字节

C. 4×1 024×1 000×1 000 个字节　　　　　D. 4×1 024×1 024×1 024 个字节

8. 在下列设备中，属于输出设备的是（　　）。

A. 硬盘　　　　　　　B. 键盘　　　　　　　C. 鼠标　　　　　　D. 打印机

9. 鼠标是微机的一种（　　）。

A. 输出设备　　　　　B. 输入设备　　　　　C. 输入和输出设备　D. 运算设备

10. 断电会使存储信息丢失的存储器是（　　）。

A. RAM　　　　　　　B. 硬盘　　　　　　　C. ROM　　　　　　D. 软盘

11. 外部存储器是一种（　　　　）。

A. 输出设备　　　　　　　　　　　B. 输入设备

C. 输入和输出设备　　　　　　　　D. 内存的补充设备

12. 计算机的内存储器比外存储器（　　　　）。

A. 速度快　　　　　　　　　　　　B. 存储量大

C. 便宜　　　　　　　　　　　　　D. 以上说法都不对

13. 只读存储器（ROM）与随机存取存储器（RAM）的主要区别在于（　　　　）。

A. 掉电后，ROM 中的信息不会丢失，RAM 中的信息会丢失

B. 掉电后，ROM 中的信息会丢失，RAM 中的信息不会丢失

C. ROM 是内存储器，RAM 是外存储器

D. RAM 是内存储器，ROM 是外存储器

二、简答题

1. 简述个人计算机由哪些硬件组成，各种硬件的功能是什么。

2. 说明内存与外存的区别，RAM 和 ROM 的区别。

3. 举例说明常用的输入设备与输出设备有哪些，各有什么功能。

4. 说明针式打印机、激光打印机和喷墨打印机各有什么特点。

5. 简述微机总线的功能及其构成。

技能练习 1.3

实训项目 1：微机主板结构认识。

1. 实训设备

微机主板 1 块。

2. 实训目标

（1）认识微机主板的结构。

（2）了解微机主板器件的布局。

3. 实训内容

（1）找出 CPU 与内存储器，学会 CPU 与内存条拔插技术。

（2）认识并了解主板上各种插槽。

实训项目 2：学会微机的安装。

1. 实训设备

（1）主机箱 1 台，一体化（all-in-one）主板（又称为集成型主板，指主板集成了显卡、声卡、网卡等）1 块，内存条 1 根，CPU 1 颗，硬盘 1 块，电源 1 个，光驱 1 个，数据线若干。

（2）显示器 1 台，键盘 1 把，鼠标 1 个。

（3）十字螺丝刀 1 把，尖嘴钳 1 把。

（4）电源插板 1 块（3 孔位数以上）。

2. 实训目标

教学视频

微机组装

（1）掌握微机的安装顺序。

（2）进一步认识微机系统的组成。

（3）掌握微机内部开关线、指示灯线、喇叭线、数据线等的连接。

3. 实训步骤

（1）安装 1 台微机的步骤如下。

① 在主板上安装 CPU 与内存储器。

② 将主板与硬盘固定在主机箱内。

③ 将主机电源线分别与主板和硬盘连接，并将硬盘 SATA 线与主板连接。

④ 将主板相关数据线与机箱连接。

⑤ 安装主机箱侧面板。

⑥ 将主机与显示器电源线与电源插板连接。

⑦ 将显示器、键盘与鼠标与主机连接。

⑧ 安装操作系统。

⑨ 安装应用软件。

（2）安装步骤具体说明如下。

① 安装 CPU：先将 CPU 和内存安装到主板上，然后再把主板装到机箱里。主板上的 CPU 插座其中一个角或两个角少一个插孔，CPU 本身也是如此，所以 CPU 的接脚和插孔的位置是对应的，安装 CPU 时先拉起插座的手柄，把 CPU 按正确方向放进插座，不要用力给 CPU 施压，按下手柄后 CPU 就被牢牢地固定在主板上，然后在 CPU 上面涂上硅脂并安装好 CPU 风扇。

② 安装内存：DIMM（dual inline memory modules，双列直插式存储模块）内存条上金属引脚端有两个凹槽，对应 DIMM 内存插槽上的两个凸棱。安装时把内存条对准插槽，均匀用力插到底则插槽两端的卡子会自动卡住内存条。

③ 安装主板：主板上的 CPU 和内存安装后，连接 CPU 风扇的电源线。把主板小心放在机箱相应位置上，注意将主板上的键盘接口、鼠标接口、串并口等和机箱背面档片上相应的孔对齐，主板上有数个固定孔与机箱孔匹配，用螺钉固定即可。

④ 安装硬盘与电源：将硬盘插到机箱固定台架中，保证硬盘正面朝上，接口部分背对面板，然后螺丝固定。现在常用 ATX 电源有三种输出接头，比较大的是主板电源插头，其中一侧的插头有卡子，保证安装时不会弄反，将其连接到主板上的插座。

⑤ 连接机箱面板线：机箱面板线有开关线和指示灯线，还有喇叭线、数据线等，它们均需要连接在主板上。

a. 开关线连接：ATX 结构的机箱上有一个总电源开关线，是个两芯的插头，按下时短路，总电源即被接通，再按一下则断开。

b. 硬盘指示灯线连接：将机箱上硬盘指示灯线与主板上标记为 IDE LED 或 HD LED 的插针相连，正确连接后，在读写操作时机箱上的硬盘指示灯会亮起。

c. 电源指示灯线连接：主板上插针标记为 Power 的是电源指示灯线，连接好后，电脑一打开，电源灯就一直亮着。

d. 喇叭线连接：喇叭线要接在主板的标记为 Speaker 的插针上。

e. 数据线连接：将标记为 IDE/SATA 的硬盘数据线连接到主板上对应的 IDE 或 SATA 接口上。

⑥ 机箱侧面板安装：要把机箱中剩余的槽口用挡片封好，再仔细检查各部分的连接情况，确保无误后，把机箱盖盖好，安装好螺丝即可。

⑦ 通电测试：完成上述操作后，报告指导老师进行检查，确定无误后，即可通电测试。

⑧ 安装操作系统：根据使用需要，安装相应版本操作系统。

⑨ 安装应用软件：根据使用需求，下载相应软件并安装。

（3）安装注意事项如下。

① 防止身上所带静电对电子器件造成损伤。

② 对各个部件要轻拿轻放，不能碰撞，尤其是硬盘。

③ 安装主板一定要稳固、平整，同时要防止主板变形，不然会对主板的电子线路造成损伤。

1.4 计算机软件系统 》》

🔍 知识与技能目标

1. 掌握软件的概念。

2. 理解系统软件与应用软件的区别。

3. 理解机器语言、汇编语言和高级语言的区别。

4. 理解高级语言的编译过程与解释过程的区别。

知识与技能学习

一个完整的计算机系统包括硬件系统和软件系统两大部分。只有硬件没有软件的计算机称为裸机（bare machine），裸机是一台不能工作的计算机。一台计算机要完成某个功能必须要安装相应的软件，丰富的软件是计算机能被广泛应用的前提。

1.4.1 系统软件

软件（software）是计算机系统中各类程序、运行程序所需要的数据以及有关文档的集合。计算机系统的软件非常丰富，通常可以根据其功能分为系统软件和应用软件两大类。

> **提示：**
> 软件包括程序、数据、文档等，而不单指程序。

系统软件是控制计算机的运行，管理计算机的各种资源，并为应用软件提供支持与服务的软件。在系统软件的支持下可以通过安装各类应用软件来发挥计算机的功能。系统软件主要包括操作系统、语言处理程序和一些服务性程序。

系统软件的目的是为了管理和充分利用计算机资源，帮助用户使用、维护和操作计算机，发挥和扩展计算机功能，提高计算机使用效率，一般与计算机的具体应用无关。系统软件大致包括以下几种类型。

1. 操作系统

操作系统（operating system，OS）是最基本、最重要的系统软件。操作系统可以有效地控制与管理计算机系统的软硬件资源，高效地组织计算机的工作流程，为用户提供操作使用计算机的界面（即接口）。计算机系统中的其他软件都运行在操作系统之上，所以它是位于底层的系统软件。在本书第3章将介绍操作系统的有关概念、功能和操作使用等。

2. 程序设计语言

人们要使用计算机就必须将人的意图"告诉"计算机，计算机要能理解人的意图，然后按照人们的意图进行工作，这种人与计算机交互过程中所使用的语言就是程序设计语言。程序设计语言按其发展的先后可以分为以下几种。

（1）机器语言（machine language）

机器语言是一种用二进制代码 0 和 1 的形式表示，能被计算机直接识别和执行的语言。机器语言是由机器指令组成的，每条机器指令由操作码和地址码两部分组成。操作码表示要执行的操作，如加、减、乘、除、移位、传送等；地址码表示操作要使用的数据存放的位置。机器指令的集合称为指令系统。

> **提示：** 💬
>
> 由机器指令组成的程序称为目标程序。

机器语言是计算机能够唯一识别的、可直接执行的语言。它是一种低级语言，也是各种计算机语言中运行速度最快的一种语言，但它不便于记忆、阅读和书写，另外不同的机器使用的机器语言不同。

拓展阅读

> **提示：** 💬
>
> 机器语言使用二进制，具有难写、难记等缺点，因此一般很少使用机器语言编写程序。

编程语言
介绍

（2）汇编语言（assembly language）

为了克服机器语言编写程序时的不足，人们发明了汇编语言。汇编语言采用一定的助记符号表示机器语言中的指令和数据，如用 MOV 表示传送指令，用 ADD 表示加法指令等。汇编语言比机器语言容易理解，便于记忆，使用起来也方便。但对于机器来讲，汇编语言不能直接执行，必须将汇编语言翻译成机器语言才能执行。

> **提示：** 💬
>
> 用汇编语言编写的程序称为汇编语言源程序。

汇编语言比机器语言使用起来方便一些，但其通用性仍然较差，因为不同型号的计算机系统一般有不同的汇编语言。汇编语言适用于编写系统软件、控制软件等，这些都是直接控制机器操作的低层程序。

用汇编语言等各种程序设计语言编制的程序称为源程序（source program）。源程序只有被翻译成目标程序才能被计算机接受和执行。

> **提示：** 💬
>
> 家用电器、仪器仪表等控制类程序经常使用汇编语言编写。

（3）高级语言（high-level programming language）

① 高级语言介绍。为了克服机器语言和汇编语言依赖于机器，不便于学习与使用以

及通用性差的问题，人们发明了高级语言。高级语言的特点是接近于人类的自然语言和数学语言，比如在高级语言中，一般用 input 表示输入数据，用 print 表示输出数据，用符号 +、-、*、/ 表示加、减、乘、除等。另外，高级语言和计算机硬件无关，因而不需要熟悉计算机的指令系统，只需要考虑解决的问题和算法即可。

计算机高级语言的种类很多，常用的有 C、C#、Java、Python 等。一般情况下，不同的语言适合于不同应用领域的开发工作，如 C 语言具有可移植性好、执行速度快、与底层硬件打交道的能力强等特点，适合开发一些系统软件；Java 语言具有跨平台性强等特点成为网络应用开发的主要编程语言；Python 语言由于简单、易学、免费并且开源、可移植性强、可扩展性好等特点被广泛应用于 Web 应用开发、人工智能、数据分析等领域编程。

② 高级语言的翻译。计算机只能理解与执行用二进制代码即机器指令编写的程序，所以用高级语言编写的源程序在计算机中不能直接执行，必须将其翻译成机器语言才可以执行。翻译的方式一般有两种，一种是编译，另一种是解释。

在编译方式中，将高级语言源程序翻译成目标程序的软件称为编译程序，这种翻译过程称为编译。在翻译过程中，编译程序要对源程序进行语法检查，如果有错误，将给出相关的错误信息，如果无错，才翻译成目标程序。编译程序生成的目标程序不能直接执行，还需要经过连接和定位后方可生成可执行程序。用来进行连接和定位的程序称为连接程序。经编译方式编译的程序执行速度快、效率高。如图 1-12 所示为高级语言源程序的编译过程。如 C 语言程序使用编译执行方式。

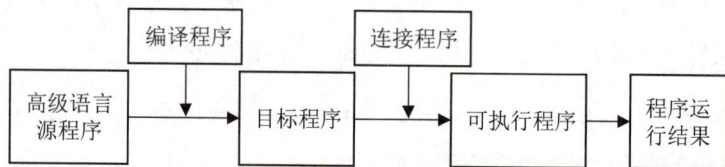

图 1-12　高级语言源程序的编译过程

在解释方式中，将高级语言源程序翻译和执行的软件称为解释程序。解释程序不是对整个源程序进行翻译，也不生成目标程序，而是将源程序逐句解释成机器可执行的代码，边解释边执行。如果发现错误，给出错误信息，并停止解释和程序执行；如果没有错误，解释执行到最后一条语句，程序即完成执行过程。解释方式对初学者较有利，便于查找错误，但效率较低。如图 1-13 所示为高级语言源程序的解释过程。如 Python 语言程序使用解释执行方式。

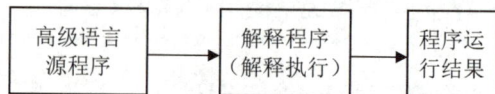

图 1-13　高级语言源程序的解释过程

无论是编译方式还是解释方式都起着将高级语言源程序翻译成计算机可以识别和运行的二进制代码的作用，但两种方式是有区别的。编译方式将源程序经编译、连接和定位得到可执行程序后，就可以脱离源程序和编译程序单独执行，所以编译方式的效率高，执行速度快；解释方式则必须源程序和解释程序同时参与其中才能执行，并且不产生目标程序和可执行程序，所以效率低，执行速度慢，但是便于人机对话。

3. 软件开发工具

计算机之所以能够在人类社会各个领域得到广泛应用，是由于有各种各样丰富的应用程序，这些应用程序的开发要使用各种软件开发工具。目前，开发各种应用程序的软件开发工具或平台具有如下特点。

（1）具有功能强大的源程序编辑器，可以方便、快速的录入、编辑源程序。

（2）使用可视化编程技术，用鼠标拖曳程序图形组件就可以完成程序设计。

（3）具有程序自动生成功能，在屏幕上根据提示进行简单输入或选择，计算机就可以自动生成相应的程序。

（4）具有程序代码的自动检查与更正功能，可以自动提示源程序中的语法错误，并按用户选择进行相应的修改。

（5）给用户提供了强大的帮助功能，用户可以通过在线帮助系统学习软件的操作使用与程序设计语言的语法等知识。

（6）提供了功能多样的软件包，用户可以直接调用软件包中的程序，极大地提高了编程效率。

如目前常用的 Java 语言集成开发工具 Eclipse 和 Intellij IDEA 等，Python 常用开发工具 PyCharm、Sublime Text 3 和 Eclipse + PyDec 等都具有以上特点。

使用软件开发平台为客户开发应用程序的人员就是程序员。

> **说明：** 💬
>
> 党的二十大报告中指出：科技是第一生产力、人才是第一资源、创新是第一动力。培养与储备我国软件行业的高素质人才，对于提升我国在信息技术领域的自主可控能力尤为重要。在此时代背景下，程序员这一职业具有广阔的发展空间。

1.4.2 应用软件

应用软件是指为了解决各种计算机应用中的实际问题而编写的软件，如文字处理软件、网上订票软件、财会软件、人事管理软件等。

应用软件在操作系统之上运行。开发应用软件涉及相关应用领域的行业知识，如开发物资管理系统、财务管理系统、人事管理系统等都需要具备相关领域的行业知识。应用软件可以由软件厂商开发，也可以由用户自行开发。

知识练习 1.4

一、选择题

1. 计算机能够直接识别和处理的语言是（　　）。

A. 数学公式　　　　　B. 高级语言　　　　　C. 汇编语言　　　　　D. 机器语言

2. 计算机软件应包括（　　）。

A. 系统软件与应用软件　　　　　　　B. 管理软件和应用软件

C. 通用软件和专用软件　　　　　　　D. 实用软件和编辑软件

3. 操作系统是（　　）。

A. 软件与程序的接口　　　　　　　B. 主机与外设的接口

C. 计算机与用户的接口　　　　　　D. 高级语言与机器语言的接口

4. 计算机的诊断程序属于（　　）。

A. 管理软件　　　　　B. 系统软件　　　　　C. 编辑软件　　　　　D. 应用软件

5. 某公司的财务管理软件属于（　　）。

A. 工具软件　　　　　B. 系统软件　　　　　C. 编辑软件　　　　　D. 应用软件

二、简答题

1. 什么是软件？软件就是程序吗？

2. 什么是系统软件？什么是应用软件？分别举例说明。

3. 说明源程序的编译和解释执行过程有什么不同，它们各自有什么特点。

技能练习 1.4

实训项目：学会查看微机配置信息。

1. 实训目标

（1）学会查看 CPU 的型号、内存容量。

（2）学会查看硬盘信息，显卡信息等。

2. 实训步骤

（1）查看 CPU 型号和内存容量。

查看 CPU 型号和内存容量主要有如下两种方法。

方法 1：在桌面右键单击"此电脑"图标，在弹出的快捷菜单中选择"属性"，打开"系统"设置窗口的"关于"界面，在"设备规格"组中即可查看 CPU 型号和内存容量，如图 1-14 所示。

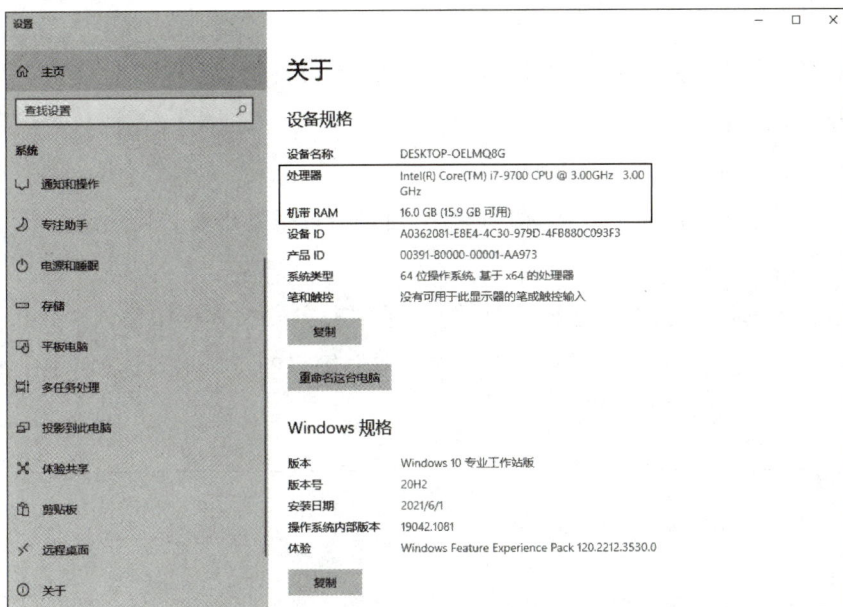

图 1-14　查看 CPU 型号和内存容量

方法 2：在"开始"菜单中，选择"设置→系统→关于"也同样可以查看到 CPU 型号和内存容量。

（2）下载并安装计算机性能查看软件，查看计算机的配置。

下载并安装 CPU-Z，打开该软件，即可查看计算机的各种配置。CPU-Z 软件界面如图 1-15 所示。

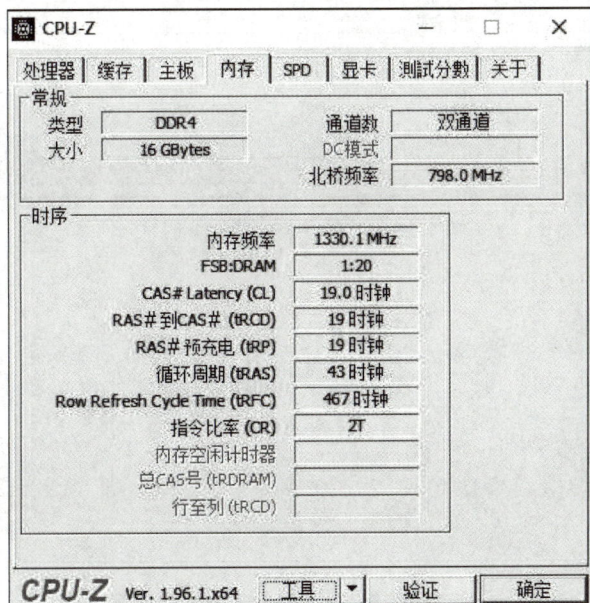

图 1-15　CPU-Z 软件界面

（3）查看硬盘信息。

在桌面右键单击"此电脑"图标，选择"管理→设备管理器→磁盘驱动器"，可以查看硬盘型号等信息。

（4）查看显卡信息。

在桌面右键单击"此电脑"图标，选择"管理→设备管理器→显示适配器"，可以查看显卡型号等信息。

使用组合键 Win+R 打开"运行"对话框，在"打开"文本框中输入"dxdiag"，然后单击"确定"按钮，在弹出的"DirectX 诊断工具"窗口的"显示"选项卡中，就能查看显卡的芯片等信息，如图 1-16 所示。

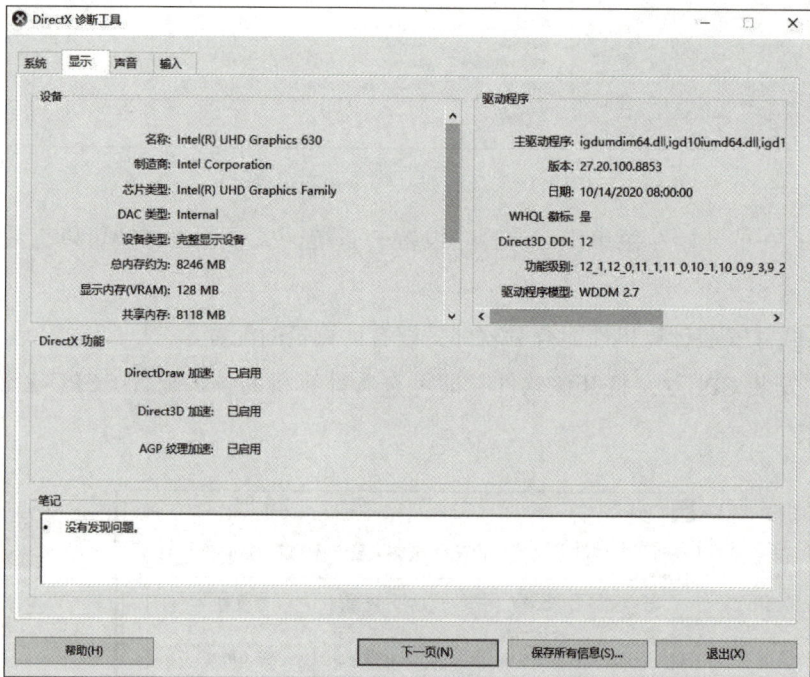

图 1-16　查看显卡的芯片等信息

第2章 信息技术基础

计算机的产生与发展促使人类进入信息化社会。在信息化社会，人们的生活、工作和学习都离不开各种信息技术。本章将介绍信息技术的概念、信息在计算机内的表示方法、信息编码技术和多媒体技术。

本章学习要点

1. 数据与信息的概念。

2. 信息技术的概念及其主要内容与特点。

3. 信息编码的概念与方法。

4. 计算机中使用二进制的原因，二进制、八进制和十六进制之间的相互转化。

5. 计算机中信息的表示与存储。

6. 多媒体的概念与特点、多媒体的应用、多媒体信息的存储格式。

2.1 信息技术概述　》》

🔍 知识与技能目标

1. 理解数据、信息与信息技术的概念，了解数据与信息的联系与区别。
2. 了解信息技术包含的内容。
3. 掌握现代信息技术的特点。

📧 知识与技能学习

在日常生活、学习和工作中，几乎每天都能听到"信息"这个词，那么什么是信息？什么是信息技术？现代信息技术又包含什么内容呢？

2.1.1　信息技术的概念

什么是信息技术（information technology，IT）？自从信息技术产生以来人们对信息技术还没有一个统一的定义。一般认为，以电子计算机和现代通信技术为主要手段，实现信息的获取、加工、传递和利用等功能的技术统称为信息技术。也可以说信息技术是管理、开发和利用信息资源的有关方法、手段与操作程序的总称。

信息技术主要包括感测技术、通信技术、计算机技术和控制技术等。感测技术就是获取信息的技术，通信技术就是传递信息的技术，计算机技术就是处理信息的技术，而控制技术就是利用信息的技术。一个信息技术应用系统主要是使用计算机技术和通信技术来设计、开发与实现的，因此信息技术也常被称为信息和通信技术（information and communications technology，ICT）。

需要说明的是，其实自人类社会产生以后，发明的各种文字和符号就是用来记录人们在生产与生活中相关信息的，如我国西汉时期发明的纸就是用来记录信息的介质，因此古代社会就已经有了"信息技术"，这里所讨论的是以计算机技术和通信技术为主的现代信息技术。

拓展：🔧

联合国教科文组织也对信息技术提出了定义，查找资料看看该定义对信息技术是如何描述的。

2.1.2　数据与信息

1. 数据

数据（data）是反映客观事物属性的记录，用于表示客观事物未经加工的符号表示。数据的表现形式可以是多种多样的，例如可以是文字、字母、数字和符号，或者是它们的组合。

数据可以是连续的值，例如声音、图像等；也可以是离散的值，例如符号、文字等。数据的表现形式没有意义，只有通过解释后数据才有意义，因此数据和数据的解释是不可分割的。例如单独的 86 是一个数据，它可以表示某位同学某门课程的成绩，也可以表示某个人的体重，还可以表示软件工程技术专业全体学生的人数。

提示：💬

（1）数据的解释是指对数据含义的说明，数据的含义称为数据的语义，数据与其语义是不可分的。

（2）在计算机技术中，数据是指所有能输入计算机并被计算机程序处理的符号的总称。

2. 信息

人们对信息（information）一词的定义多种多样，从广义来说，信息泛指人类社会传播的一切内容。由数学家香农（Shannon）于 1948 年给出的"信息是用来消除随机不定性的东西"作为经典性定义在学术界被广泛加以引用。在经济管理学家看来，"信息是提供决策的有效数据"这种说法却更容易被人们理解。

在计算机技术中，数据经过加工处理之后就成为信息，所有信息被认为是能够用于计算机处理的有意义的数据。

信息与数据既有联系，又有区别，具体归纳如下。

（1）数据是信息的表现形式和载体，可以是符号、文字、数字、语音、图像、视频等。

（2）信息是数据的内涵，它加载于数据之上，是对数据含义的解释。

（3）数据和信息是不可分离的，数据是信息的表现形式，信息是数据有意义的表示。数据本身没有意义，数据只有对实体行为产生影响时才成为信息。

提示：💬

在计算机系统中，所有数据和信息都是以二进制数"0"和"1"的形式表示。

2.1.3 信息技术包含的内容

信息技术包含的内容非常广泛，一般来说包含信息基础技术、信息系统技术和信息应用技术三个层次的内容。

1. 信息基础技术

信息基础技术是指构成信息技术最基本、最重要的基础器件的研发与制造技术，包括新材料、新器件、新工艺、新能源等的研究与生产技术。近几十年来，发展最快、应用最广泛、对信息技术乃至整个高科技领域的发展影响最大的是微电子技术和光电子技术。

（1）微电子技术

计算机主要由各种电子器件组成，电子器件的核心元件是晶体管（发明晶体管的三位科学家因此获得了诺贝尔物理学奖），它是组成集成电路的基础。集成电路是以半导体晶体材料为基片，经过专门的工艺技术，把电路的器件和连线集成在基片上的微型化的电路系统，集成电路常用硅材料做成，因此集成电路也叫做硅芯片或芯片。集成电路诞生于1958年，由于具有可以使电子设备微型化、可靠性高、功耗低、工作速度快、重量轻和物美价廉的特点，集成电路成为设计制造计算机与信息系统的基本元件。集成电路有通用电路和专用电路之分。通用电路应用中最典型的是存储器和处理器，计算机的换代就取决于这两项集成电路的集成规模。专用电路是为某个或某些应用而特别设计的电路。

微电子技术就是指制造并使用以集成电路为核心的微小型电子元件、器件和电路来实现电子系统功能的技术。微电子技术的核心是集成电路技术。微电子技术进步的标志有如下三个方面。

① 缩小芯片中器件结构的尺寸，即缩小加工线条的宽度。

② 增加芯片中所包含的元器件的数量，即扩大集成规模。

③ 开发有针对性的设计应用，即专用芯片的设计。

微电子技术影响着一个国家的综合国力，以及人们的工作方式、生活方式和思维方式，因此其被看作是新技术革命的核心技术之一。可以毫不夸张地说，没有微电子技术的发展就没有今天的信息产业，包括计算机、现代通信、互联网等产业的发展，也就没有今天的信息社会。因此，发达国家都把微电子技术作为重要的战略性技术加以高度重视，并投入大量的人力、财力和物力进行研究和开发。当代微电子技术正在向着高集成度、高速、低功耗、低成本的方向发展。

> **拓展：** 🛠
>
> 目前国际上集成电路的研究与发展达到了什么水平？我国集成电路的研究与发展情况又如何？

（2）光电子技术

光电子技术是由光子技术和电子技术相结合而形成的一门新技术，它是研究光与物质中的电子相互作用及其能量转换相关的技术，涉及光通信、光电显示、半导体照明、光存储、激光器等多个应用领域，是信息和通信产业的核心技术。

在信息技术发展过程中，电子作为信息的载体做出了巨大的贡献。但它也在速率、容量和空间相容性等方面受到严峻的挑战。采用光子作为信息的载体，其响应速度比电子快三个数量级以上。加之光子的高度并行处理能力，使其具有远超出电子的信息容量与处理速度的潜力。充分地利用电子和光子两大微观信息载体各自的优点，必将大大改善电子通信设备、电子计算机和电子仪器的性能。

20世纪70年代后期，随着半导体光电子器件和硅基光导纤维两大基础器件在原理和制造工艺上的突破，光子技术与电子技术开始结合并形成了具有强大生命力的信息光电子技术和产业。光电子技术是一个比较庞大的体系，它主要包括如下内容。

① 信息传输：如光纤通信、空间和海底光通信等。

② 信息处理：如计算机光互连、光计算、光交换等。

③ 信息获取：如光学传感和遥感、光纤传感等。

④ 信息存储：如光盘、全息存储技术等。

⑤ 信息显示：如大屏幕平板显示、激光打印和印刷等。

2. 信息系统技术

信息系统技术是指有关信息的获取、传输、处理、控制、存储等的设备和系统的技术。它包括信息获取技术、信息传输技术、信息处理技术、信息控制技术和信息存储技术等。

（1）信息获取技术：主要有传感技术、遥测技术和遥感技术等。

（2）信息传输技术：即通信技术，其功能是使信息在大范围内迅速、准确、有效地传递，包括光纤通信技术、卫星通信技术、无线通信技术等。

（3）信息处理技术：是指对获取的信息进行识别、转换、加工，使信息能安全地存储与传输，并使人们能方便地检索、再生、利用，或从中提炼知识、发现规律的工作手段。

（4）信息控制技术：是指利用信息传递和信息反馈来实现使目标系统达成人们所期望结果的控制手段。

（5）信息存储技术：其目标是使收集的信息能够在介质中较长时间或长期保存。信息存储技术的发展非常迅速，目前有半导体存储介质、光存储介质、磁存储介质等。

提示：💬

在一个信息系统中，通信技术、计算机技术和控制技术是三大关键技术，因此人们把通信技术、计算机技术和控制技术合称为 3C（communication, computer, control）技术。

3. 信息应用技术

信息应用技术是通过信息技术构建一个在某领域解决某问题的应用系统，其目的是提高生产与工作效率、提升生活质量与品质、保障安全等。如智慧工厂、智慧办公、智慧家庭和人工智能等。

2.1.4 现代信息技术的特点

在信息技术强大应用动力的推动下，信息技术将得到更深、更广、更快的发展。现代信息技术具有数字化、高速化、网络化、多媒体化、智能化等特点。

1. 数字化

在现代信息技术中，所有信息按数字化传输、存储与处理是其最基本的特征。数字化就是将信息用电磁介质或半导体存储器按二进制编码的方法加以传输、存储与处理。在信息处理和传输领域，广泛采用的是用"0"和"1"两个基本符号组成的二进制编码，二进制数字信号是现实世界中最容易被表达、物理状态最稳定的信号。可以说信息技术的世界是 0 和 1 的世界。

2. 高速化

高速化是指信息技术系统中计算机的处理速度要快，信息传输的带宽要高。目前计算机的处理速度已经达到每秒亿亿次，5G 网络其峰值理论传输速率可达 20 Gbps。

3. 网络化

目前，几乎所有的信息技术设备都要具有网络接入功能（如手机、智能手表、家用电器等），所有信息技术应用系统也要接入网络（如智慧校园、智慧工厂等）。只有通过网络，系统才能实现远程数据传输、共享、储存等功能。

4. 多媒体化

随着未来信息技术的发展，多媒体技术将文字、声音、图形、图像、视频等信息媒体与计算机集成在一起，使计算机的应用由单纯的文字处理发展到多种信息媒体的集成处理。多媒体化加快了信息技术推广与应用的速度，增强了人们的应用感受，方便了人们对信息技术的使用。

5. 智能化

在面向 21 世纪的技术变革中，信息技术发展的一个重要方向是智能化。智能化的应用体现在利用计算机模拟人的智能，目前在这方面已经取得了不少成就，如具有人脸识别功能的摄像头已经广泛应用于机场、火车站等公共安检场所，智慧音箱进入了普通家庭，工厂生产线上机器人逐步代替工人，智能化的 CAI（computer aided instruction，计算机辅助教学）软件可以实现学习过程的自动考核与评价等。

知识练习 2.1

一、选择题

1. 以电子计算机和现代通信技术为主要手段，实现信息的获取、（　　）、传递和利用等功能的技术统称为信息技术。

A. 通信　　　　　　B. 加工　　　　　　C. 输入　　　　　　D. 输出

2. 信息技术主要包括感测技术、通信技术、计算机技术和（　　）等。

A. 控制技术　　　　B. 传输技术　　　　C. 传感技术　　　　D. 存储技术

3.（多选题）数据是反映客观事物属性的记录，用于表示客观事物未经加工的符号表示。数据的表现形式可以是多种多样的，以下（　　）是数据的表现形式。

A. 文字　　　　　　B. 字母　　　　　　C. 数字　　　　　　D. 符号

4.（多选题）对信息和数据说法正确的是（　　）。

A. 数据和信息没有联系　　　　　　B. 数据是信息的表现形式

C. 信息是数据的解释　　　　　　　D. 数据和信息既有联系，又有区别

5.（多选题）信息基础技术包括（　　）等的研究与生产技术。

A. 新材料　　　　　B. 新器件　　　　　C. 新工艺　　　　　D. 新能源

6.（多选题）集成电路具有可以使电子设备（　　）、重量轻和物美价廉的特点，是设计制造计算机与信息系统的基本元件。

A. 微型化　　　　　B. 可靠性高　　　　C. 功耗低　　　　　D. 工作速度快

7.（多选题）光电子技术是一个比较庞大的体系，它主要包括（　　）等技术。

A. 信息传输　　　　B. 信息处理　　　　C. 信息获取　　　　D. 信息存储

E. 信息显示

8. 在一个信息系统中，下列不属于 3C 技术的是（　　）。

A. 通信技术　　　　B. 计算机技术　　　C. 存储技术　　　　D. 控制技术

二、简答题

1. 说明数据与信息的概念，解释其联系与区别。

2. 现代信息技术的发展趋势包括哪些方面？

2.2 信息编码技术 »

知识与技能目标

1. 了解信息编码的概念，掌握信息编码的原则与方法。
2. 理解计算机内使用二进制的原因。
3. 掌握二进制与十进制之间相互转换的方法。
4. 掌握二进制、八进制和十六进制之间相互转换的方法。
5. 掌握原码、反码与补码的概念，学会求一个数反码与补码的方法。
6. 掌握计算机中数值、英文和汉字的编码方法。
7. 理解汉字输入码、机内码和字形码的概念。

知识与技能学习

计算机本质上就是一台机器，用户使用数字、文字等信息与计算机进行交互，那么这些信息是如何在计算机内表示，即信息在计算机内是如何进行编码，理解这个问题对于计算机的深入应用非常重要。

2.2.1 信息编码技术基础

1. 信息编码的概念

人们为了便于记忆、书写、交流和处理，经常用字母、数字、符号以及它们的组合来表示特定的信息，如在日常生活中用到的学生学号、银行账号、身份证号、电话号码、门牌号、车牌号等，这就是所谓的编码，有时也称为代号。

信息编码是将事物或概念（编码对象）赋予有一定规律性且易于计算机和人识别与处理的符号。对信息进行编码是一种从编码对象到符号表示的映射过程；再由编码还原成原来的信息，是一种反向的映射过程，即译码。如身份证号码长度为 18 位，前 6 位表示编码对象户籍所在地的行政区划分代码，第 7 位至第 14 位为生日代码，表示编码对象出生的年、月、日，其他位也都有各自特定的含义。

信息编码一般有等长码和不等长码两种编码方式。等长码是指信息编码长度固定，如身份证用 18 位固定长度的编码。在信息编码中，为了便于存储和处理一般采用等长码编码方式，但其编码效率较低。为了压缩信息存储空间和节省信息传输时间，就需要提高信息的编码效率，此时可以采用不等长码编码方式。

2. 信息编码的基本原则

为了保证信息编码科学、有效，便于计算机进行处理，信息编码应遵循以下基本原则。

（1）唯一性原则。即一种信息只能有一种信息编码，不同的信息有不同的信息编码，不同的信息编码表示不同的信息。这是信息编码的最本质的属性，也是信息编码必须遵循的原则。例如电话号码、身份证、银行账号等必须是唯一的，否则会引起混乱。

（2）正确性原则。即表示信息编码应当科学、合理，既遵循编码的基本原理，又符合组织的实际情况；既能满足组织自身的需要，又能满足组织合作伙伴的特殊要求；既要符合国家的标准或规定，又应该尽可能地遵守国际标准或惯例；既不宜编码过长，也不宜编码过短。在许多情况下，信息编码应当采用折中的方式。

（3）分类性原则。分类是为了便于认识、描述和解析信息，该原则要求信息应该按照合理的规则划分成不同的类别，使得同一类信息的编码在某一方面具有相同或相近的性质，这样便于信息系统的管理和使用。例如某工厂给原材料进行了这样的编码：10表示原材料，101表示黑色金属原材料，102表示有色金属原材料，1023表示铝金属原材料，10232表示铝棒原材料。

（4）扩展性原则。随着组织的发展变化，组织中需要管理的信息也会随之发生变化。信息编码不能仅仅考虑组织当前的信息状况，而且应该考虑组织未来的发展状况和需要。信息编码应该有足够的编码资源，以便满足组织不断增长的对信息编码的需求，这就是信息编码的扩展性原则。

（5）统一性原则。即一个组织机构中，信息无论是否采取统一的编码体系，只要有了唯一性的编码，那么组织中的所有部门都应该使用这种唯一性的编码，不能出现各自为政、一码多用的现象。同一种信息只能有一种信息编码，只有这样才能准确地识别信息和充分地实现信息共享。现在有些单位由于对信息编码统一性原则的认识不足，在给信息进行编码时各自为政，给后期信息化建设带来了很多困难，也增加了信息化建设的投入。

3. 信息编码的常用方法

通常给信息进行编码时，常用的方法如下。

（1）顺序编码。顺序编码是一种用连续数字代表编码对象的编码方法。例如，工厂的产品可以根据生产或更新换代的时间顺序进行编码，如某工厂01表示第一代产品，02表示第二代产品等；在某些应用中可以用00到25分别代表大写的26个英文字母，用26到51代表小写的26个英文字母；汽车生产厂商以年号2019、2020、2021分别代表不同款型的车，等等。

（2）区间编码。区间编码是其编码由若干个区间组成，每一区间代表一个组，一个组的编码中数字的值和位置都代表一定意义。例如我国的邮政编码采用四级六位数编码结构，前两位数字表示省（直辖市、自治区）；第三位数字表示邮区；第四位数字表示县（市）；最后两位数字表示投递局（所），如 730060 代表位于甘肃省兰州市西固区的投递局。

（3）助记符编码。助记符编码是将编码对象的名称、规格等作为代码的一部分或全部的编码。例如用 TV-B-14 代码表示 14 寸黑白电视机，用 TV-C-29 代码表示 29 寸彩色电视机。这种编码方法的优点是逻辑性强、易记、易读，缺点是位数较多，不便于计算机存储与处理。常用于编码对象较少，需要表达物理属性的场合，如对产品进行编码。

在一个信息系统进行设计时，往往要将以上这些编码方法进行组合应用。

例 2.1 某服装厂对产品进行编码，其产品编码见表 2-1。

表 2-1 某服装厂产品编码

类 别	尺 寸	样 式	面 料	产 地
M（男式）	50	1（短款）	W1（全棉）	1（广州）
F（女式）	55	2（长款）	C1（全毛）	2（深圳）
—	60	—	W2（50% 棉）	3（上海）
—	65	—	—	—

由表 2-1 可知，该厂的服装信息使用长度为 7 位的编码，编码分 5 个区间，每个区间代表服装某个方面的属性。例如，编码为 M 60 1 W1 2 的产品，是指一款男式、尺寸为 60 的短款、全棉服装，其产地为深圳的工厂。

2.2.2 计算机编码使用的二进制数

1. 计算机采用二进制数的原因

在日常生活与工作中最常用的数制是十进制，即逢十向高位进一。其实第一台计算机 ENIAC 使用的也是十进制数，但是非十进制的计数方法也有着非常广泛的应用，例如计时采用六十进制，即 60 秒为 1 分钟，60 分钟为 1 小时；1 个星期有 7 天，是 7 进制；1 年有 12 个月，是十二进制，等等。

自从冯诺依曼体系结构计算机提出后，几乎所有的计算机内部都使用二进制，原因如下。

（1）物理上易于实现，可靠性高。采用二进制表示数据，只有 0 和 1 两个数码，所以用有两个稳定状态的电子器件或物理量就可以表示二进制，如开关的接通和断开、晶体管的导通与截止、电位和电平的低与高等，这些都可用来表示 0 和 1 两个数码。试想如果要

拓展阅读

信息的编码方法

教学视频

计算机使用二进制的原因

找出一个具有十个稳定状态的其他器件是非常困难的，因此使用电子器件来表示二进制非常易于实现。另外，两种状态表示分明、抗干扰能力强、可靠性高。

（2）运算法则简单，通用性强。在进行计算时，二进制数运算法则少，如二进制乘法只有 $0\times0=0$、$0\times1=0$、$1\times0=0$ 和 $1\times1=1$ 共 4 条运算法则，而十进制乘法的运算法则，在九九乘法口诀表中有 45 条运算法则，这使计算机在设计时其硬件结构大为简化。

（3）便于进行逻辑运算。二进制的两种状态可以表示"是"与"否"、"成立"与"不成立"、"真"与"假"等，因此实现逻辑运算时使用二进制非常方便与自然。

目前所有计算机毫无例外地使用二进制，是因为以二进制为基础设计和制造计算机元件少、成本低、速度快。可是，为什么在键盘上输入和显示器上看到的都是十进制数据呢？这是因为数据在输入和输出时，为了符合人们日常的习惯，计算机系统会将二进制数自动转化为十进制数来输出，而在输入数据时则会将十进制数自动转化为二进制数保存。数据在输入与输出时的转换过程如图 2-1 所示。

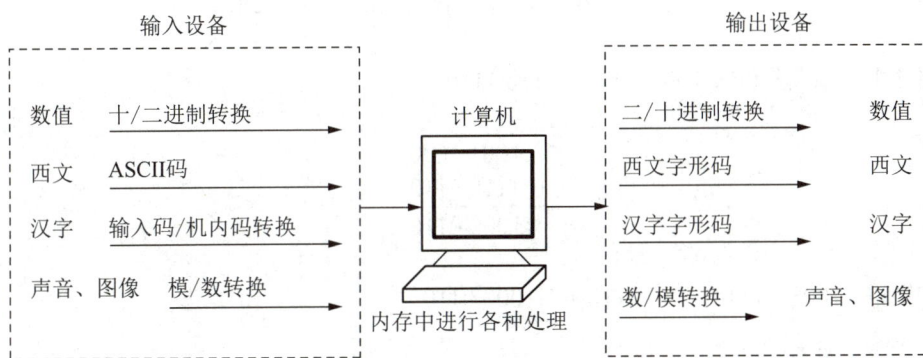

图 2-1　数据在输入与输出时的转换过程

2. 二进制数和 N 进制数的表示

二进制使用数字 0、1 来表示数值，且采用"逢二进一"的进位计数制。二进制数具有以下与十进制数相类似的三个特点。

（1）十进制数据用 $0\sim9$ 十个数码表示数据，二进制数使用 0 和 1 两个数码表示数据。

（2）十进制中的最大数字是 9，二进制中的最大数字是 1。

（3）每个数字表示的权值由该数字的位置确定。

例 2.2　将十进制数 3185.679 以权值的形式表示。

$$(3185.679)_{10}=(3\times10^3+1\times10^2+8\times10^1+5\times10^0+6\times10^{-1}+7\times10^{-2}+9\times10^{-3})_{10}$$

例 2.3　计算二进制数 1110.1011 的十进制表示结果。

$$(1110.1011)_2=(1\times2^3+1\times2^2+1\times2^1+0\times2^0+1\times2^{-1}+0\times2^{-2}+1\times2^{-3}+1\times2^{-4})_{10}$$
$$=(14.6875)_{10}$$

教学视频

二进制数

注意：十进制的基数为 10，二进制的基数为 2，权的幂次由每个数字所在的位置决定。一个二进制数，从个位开始向左各数字的权依次为 2^0、2^1、2^2、2^3、$\cdots$；从小数点向右各数字的权依次为 2^{-1}、2^{-2}、2^{-3}、$\cdots$。这也是将一个二进制数转换为十进制数的方法。

以上原理可以推广到一个 N 进制数。

（1）N 进制数据用 $0 \sim N{-}1$ 个数码表示，即使用 0、1、2、$\cdots$、$N{-}1$ 表示数据。

（2）N 进制的最大数字是 $N{-}1$。

（3）N 进制中每个数字表示的权值由该数字的位置确定。从个位开始向左的计数单位依次为 N^0、N^1、N^2、N^3、$\cdots$；从小数点向右的计数单位依次为 N^{-1}、N^{-2}、N^{-3}、$\cdots$。

3. 二进制数的运算

二进制数的运算中，常用的加法、乘法和移位运算规则如下。

（1）加法运算规则

$$0+0=0 \quad 1+0=1 \quad 0+1=1 \quad 1+1=10$$

例 2.4　求二进制数 1001 1000 + 1110 1110。

$$
\begin{array}{r}
1001\ 1000 \\
+\ 1110\ 1110 \\
\hline
11000\ 0110
\end{array}
$$

结果得：1001 1000 + 1110 1110 = 1 1000 0110。

（2）乘法运算规则

$$0\times0=0 \quad 1\times0=0 \quad 0\times1=0 \quad 1\times1=1$$

例 2.5　求二进制数 1001×1110。

$$
\begin{array}{r}
1001 \\
\times\ \ 1110 \\
\hline
0000 \\
1001 \\
1001 \\
1001 \\
\hline
1111110
\end{array}
$$

结果得：$1001 \times 1110 = 1111110$。

（3）移位运算规则

十进制数据小数点向右移一位，数就扩大 10 倍，反之，小数点左移一位，数就缩小 10 倍。例如：

$$3443.697 = 34436.97 \times \frac{1}{10}$$

$$3443.697 = 344.3697 \times 10$$

相应地对于二进制数，小数点向右移一位，数就扩大 2 倍，反之，小数点左移一位，数就缩小 2 倍。例如：

$$(1011.011)_2 = (10110.11)_2 \times \left(\frac{1}{10}\right)_2$$

$$(101.1011)_2 = (10.11011)_2 \times (10)_2$$

注意： ⚠

式中所有"1"和"0"都是二进制数，（10）$_2$ 等于十进制数的 2，而不是十进制数的 10。

提示： 💬

以上移位原理推广到 N 进制数的情况又是怎么样的呢？

4. 十进制数转化为二进制数

将数由一种数制转换为另一种数制称为数制之间的转换。由于日常生活中通常使用的是十进制数，而计算机中使用的是二进制数，所以，在使用计算机时必须将输入的十进制数转换成计算机所能接受的二进制数，计算机在完成运算后，再将二进制数转换为人们所习惯的十进制数输出，只不过这两个转换过程完全由计算机系统自行完成，而不需要人为的参与。

将十进制整数转换为二进制数采用"除 2 取余法"，即将十进制数逐次除以需转换为数制的基数 2，直到商为 0 为止，然后将所得的余数由下而上依次排列即可。

教学视频

二进制数与十进制数的相互转换

例 2.6　将十进制数 77 转换为二进制数。

```
            余数
    2 ⌐77   1   ↑
    2 | 38  0   排
    2 | 19  1   列
    2 | 9   1   顺
    2 | 4   0   序
    2 | 2   0
    2 | 1   1
        0
```

结果得：$(77)_{10} = (1001101)_2$。

提示： 💬

将十进制整数转换为二进制数，可以简单的总结为"除 2 取余逆排列"。

将十进制整数转换为 N 进制数，可以简单地总结为"除 N 取余逆排列"。

将十进制小数转换为二进制数采用"乘 2 取整法"，即将十进制小数乘以 2，取结果的整数位，再将小数部分乘以 2，依次进行下去，最后将乘积取得的整数位由上而下依次排列即可。

例 2.7 将十进制数 0.625 转换为二进制数。

$$
\begin{array}{r}
0.625 \\
\times \quad 2 \\
\hline
1.250 \\
\times \quad 2 \\
\hline
0.500 \\
\times \quad 2 \\
\hline
1.000
\end{array}
\qquad
\begin{array}{c}
\text{取整} \\
1 \\
\\
0 \\
\\
1
\end{array}
\qquad
\begin{array}{c}
\text{排} \\
\text{列} \\
\text{顺} \\
\text{序} \\
\downarrow
\end{array}
$$

结果得：$(0.625)_{10} = (0.101)_2$。

绝大部分十进制小数不能完全转换为二进制小数，这种情况下按精度要求取到一定位数即可。

5. 八进制数和十六进制数

（1）八进制数和十六进制数的表示方法

由于二进制数书写起来不方便，因此，为了方便起见可以将一个二进制数用八进制或十六进制数来书写。

八进制使用数字 0、1、2、3、4、5、6、7 来表示数值，且采用"逢八进一"的进位计数制。八进制数中处于不同位置上的数值代表不同的值，八进制数的基数为 8。

例 2.8 计算八进制数 $(201356)_8$ 用十进制表示的结果。

$$(201356)_8 = (2 \times 8^5 + 0 \times 8^4 + 1 \times 8^3 + 3 \times 8^2 + 3 \times 8^1 + 6 \times 8^0)_{10}$$

如果将上式中等号右边的数值计算出来，即可得到 $(201356)_8$ 转换为十进制数的结果：

$$
\begin{aligned}
(201356)_8 &= (2 \times 8^5 + 0 \times 8^4 + 1 \times 8^3 + 3 \times 8^2 + 3 \times 8^1 + 6 \times 8^0)_{10} \\
&= (65536 + 0 + 512 + 192 + 24 + 6)_{10} \\
&= (66270)_{10}
\end{aligned}
$$

十六进制数使用数字 0、1、2、3、4、5、6、7、8、9、A、B、C、D、E、F 来表示数值，其中 A、B、C、D、E、F 分别表示十进制数中的 10、11、12、13、14、15。十六进制数的计数方法为"逢十六进一"，十六进制数中处于不同位置上的数值代表不同的值。每一个数字的权由 16 的幂次决定，十六进制数的基数为 16。

例 2.9 计算十六进制数（B96E）$_{16}$用十进制表示的结果。

$$（B96E）_{16} = （B \times 16^3 + 9 \times 16^2 + 6 \times 16^1 + E \times 16^0）_{10}$$

如果将上式中等号右边的数值计算出来，即可得到（B96E）$_{16}$转换为十进制数的结果：

$$
\begin{aligned}
（B96E）_{16} &= （B \times 16^3 + 9 \times 16^2 + 6 \times 16^1 + E \times 16^0）_{10} \\
&= （11 \times 16^3 + 9 \times 16^2 + 6 \times 16^1 + 14 \times 16^0）_{10} \\
&= （45056 + 2304 + 96 + 14）_{10} \\
&= （47470）_{10}
\end{aligned}
$$

常用数制的说明见表 2-2。

表 2-2 常用数制的说明

数制	十进制	二进制	八进制	十六进制
规则	逢十进一	逢二进一	逢八进一	逢十六进一
基数	10	2	8	16
数字符号	0～9	0、1	0～7	0～9、A、B、C、D、E、F
表示符号	D(Decimal)	B(Binary)	O(Octal)	H(Hexadecimal)

计算机领域中涉及的数制有 4 种，即二进制（Binary）、八进制（Octal）、十进制（Decimal）和十六进制（Hexadecimal），可以分别用英文单词的第一个字母 B、O、D、H 表示（如果是十进制数，D 一般省略不写）。例如：36D、100100B、44O、24H 表示的十进制数都是 36。

（2）二进制数转化为八进制数

由于 3 位二进数恰好是一位八进制数，所以把二进制数转换为八进制数的方法是以小数点为界，将整数部分自右向左、小数部分自左向右分别按每 3 位为一组（不足 3 位用 0 补足），然后将各组 3 位二进制数转换为对应的一位八进制数，即得到转换的结果。反之，若把八进制数转换成二进制数，只要把每一位八进制数转换为对应的 3 位二进制数即可。二进制数和八进制数的对应关系见表 2-3。

教学视频

二进制数转换为八进制数

表 2-3　二进制数和八进制数的对应关系

二进制数	000	001	010	011	100	101	110	111
八进制数	0	1	2	3	4	5	6	7

例 2.10　将二进制 1101001011101111.11001111 转化为八进制数。

$$(1101001011101111.11001111)_2 = (\underbrace{001}_{1} \quad \underset{5}{101} \quad \underset{1}{001} \quad \underset{3}{011} \quad \underset{5}{101} \quad \underset{7\;6}{111.110} \quad \underset{3}{011} \quad \underbrace{110}_{6})_2$$

补两个零　　　　　　　　　　　补一个零

结果得：$(1101001011101111.11001111)_2 = (151357.636)_8$。

（3）二进制数转化为十六进制数

由于 4 位二进制数恰好是一位十六进制数，所以把二进制数转换为十六进制数的方法是以小数点为界，将整数部分自右向左、小数部分自左向右分别按每 4 位为一组（不足 4 位用 0 补足），然后将各组 4 位二进制数转换为对应的一位十六进制数，即得到转换的结果。反之，若把十六进制数转换成二进制数，只要把每一位十六进制数转换为对应的 4 位二进制数即可。二进制数和十六进制数的对应关系见表 2-4。

表 2-4　二进制数和十六进制数的对应关系

二进制数	0000	0001	0010	0011	0100	0101	0110	0111	1000	1001	1010	1011	1100	1101	1110	1111
十六进制数	0	1	2	3	4	5	6	7	8	9	A	B	C	D	E	F

例 2.11　将二进制 10011001011110.00111 转换为十六进制数。

$$(10011001011110.00111)_2 = (\underbrace{0010}_{2} \quad \underset{6}{0110} \quad \underset{5}{0101} \quad \underset{E\;3}{1110.0011} \quad \underbrace{1000}_{8})_2$$

补两个零　　　　　　　　　　　补三个零

结果得：$(10011001011110.00111)_2 = (265E.38)_{16}$。

一定要清楚，由于二进制书写与记忆不方便，引入八进制和十六进制的目的是为了相关应用中书写和表示上的方便，在计算机内部信息的存储和处理仍然采用二进制数。

提示：　💬

八进制数与十六进制数只在编程写书时使用，计算机内部只使用二进制数。

注意： ⚠

把一个二进制数转换为八进制和十六进制时遵循"两头补零"的原则。

2.2.3　数值编码

在计算机应用时，不管是一个科学计算问题还是一个信息处理问题，都要输入大量的各种数据，如学生成绩管理系统中输入的学生年龄和课程成绩、天气预报系统中的温度等。这些数据有整数的，也有带小数的数据，有正数也有负数。计算机中这些表示大小的数值型数据是如何表示的呢？

1. 整数的表示

在计算机中，一个整形正数与负数的表示方法非常简单，通常把一个数据的最高位设置为符号位，用"0"表示正数，用"1"表示负数，其格式如图 2-2 所示。

符号位（0 或 1）	数据位

图 2-2　整形正数与负数的表示格式

例如，二进制负数 −1011001 在计算机中的表示格式如图 2-3 所示。

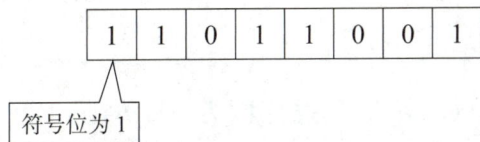

1	1	0	1	1	0	0	1

符号位为 1

图 2-3　二进制负数 −1011001 在计算机中的表示格式

例如，二进制正数 + 1011001 在计算机中的表示格式如图 2-4 所示。

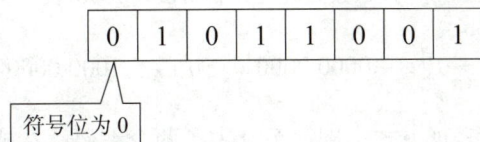

0	1	0	1	1	0	0	1

符号位为 0

图 2-4　二进制正数 + 1011001 在计算机中的表示格式

这种直接将数据的正、负用符号表示的数叫"机器数"，而它代表的数值叫此机器数的"真值"。如真值为 −1011001 的二进制数，其机器数为 11011001。

如果符号位在计算机中运算时直接参与计算，可能会产生错误的运算结果。例如将 −9 与 5 相加，其正确结果应为 −4；如果用 8 位二进制表示一个数据，且最高位为符号位，则这两个数相加的运算如下。

$$10001001 \qquad (-9 \text{ 的机器数})$$
$$+ \quad 00000101 \qquad (5 \text{ 的机器数})$$
$$\overline{\; 10001110 \qquad (\text{运算结果为 }-14)}$$

将数据的正负用符号表示的方式，将数据的符号统一到数据中，简化了数据的表示方法，但存在的问题是如果数据的符号位参与运算，则其结果可能会是错误的。而将符号位在运算时单独处理，则增加了计算机设计的复杂性。

如何解决以上问题呢？人们解决该问题的方法是设计出机器数的多种表示方法，常用的有原码、反码和补码，这些数据的表示方法其实质是对负数用不同的方式来进行表示，下面以字长为 8 位的整数举例说明。

（1）原码

原码是符号位用"0"表示正数，用"1"表示负数，其数值部分用原数的绝对值表示。

例如，+ 1 和 + 127 的原码分别为：

$$[+1]_{原} = 0000\ 0001 \quad [+127]_{原} = 0111\ 1111$$

例如，–1 和 –127 的原码分别为：

$$[-1]_{原} = 1000\ 0001 \quad [-127]_{原} = 1111\ 1111$$

思考：

为什么 8 位原码可以表示的数据范围为 –127 到 +127（即 –2^7–1 到 +2^7–1）之间？

使用原码表示数据时，存在如下两个问题。

问题 1： 原码 0000 0000 表示的数是正 0，而 1000 0000 表示的数是负 0，即：

$$[+0]_{原} = 0000\ 0000 \quad [-0]_{原} = 1000\ 0000$$

这样数值 0 就有两种表现方式，即一个 0 占了两个编码，造成编码资源的浪费。

问题 2： 用原码表示的数在进行运算时，符号位的处理比较复杂。当两个原码数据相加时，如果符号位相同则数值相加，符号位不变；如果符号位不同则数值要相减，符号位取两个数中绝对值大的原码数据的符号位。

由于上述这两个问题的存在，计算机中表示数据时较少使用原码。

（2）反码

正整数的反码，与其原码相同；负整数的反码是其符号位取"1"，数值部分是其绝对值取反（即 0 变 1，1 变 0）。

例如，+1 和 +127 的反码分别为：

$$[+1]_反 = 0000\ 0001 \quad [+127]_反 = 0111\ 1111$$

提示： 💬

一个正整数的原码与其反码相同。

例如，-1 和 -127 的反码分别为：

$$[-1]_反 = 1111\ 1110 \quad [-127]_反 = 1000\ 0000$$

在反码中 0 也有两种表示形式：

$$[+0]_反 = 0000\ 0000 \quad [-0]_反 = 1111\ 1111$$

由于 0 问题的存在等原因，反码在计算机中也很少使用。但下面将要介绍的求一个数的补码时需要先计算出其反码。

思考： 💡

用 8 位二进制表示反码数据时，其表示的数据范围是否与原码一样。

（3）补码

正整数的补码与其反码和原码相同；负整数的补码其符号位取"1"，数值部分是其绝对值取反后加 1 得到的结果。

例如，+1 和 +127 的补码分别为：

$$[+1]_补 = 0000\ 0001 \quad [+127]_补 = 0111\ 1111$$

例如，-1 和 -127 的补码分别为：

$$[-1]_补 = 1111\ 1111 \quad [-127]_补 = 1000\ 0001$$

在补码中可以发现 0 有唯一的表示方法：

$$[+0]_补 = [-0]_补 = 0000\ 0000$$

提示： 💬

负 0 的反码为 1111 1111，求补码时加 1，最高位的进位 1 舍去。

在补码中，所有编码都可以表示数据，因此其数据表示范围为 0000 0000 ～ 1111 1111，可以分解为 0000 0000 ～ 0111 1111（正数部分）和 1000 0000 ～ 1111 1111（负

教学视频

求一个负数的补码

数部分）两个部分，即表示的数据范围正数为 0 到 127 和负数为 -1 到 -128，也就是说 8 位补码可以表示的数据范围为 -128 ～ + 127。

补码除了数据的表示范围大外，其最大的优点是便于计算。以加法运算为例，两个数相加有三种情况，即两个正数相加；一个正数加一个负数（这种情况与一个负数加一个正数类似）；两个负数相加。

（1）两个正数：相加情况比较简单，按原码直接相加即可（因为正数的原码与补码相同）。

（2）一个正数和一个负数相加，以下举例说明。

例 2.12　用补码计算 -9 与 5 相加的结果。

用补码运算如下：

$$
\begin{array}{r}
1\,1\,1\,1\,0\,1\,1\,1 \quad (-9\text{的补码}) \\
+\ \ 0\,0\,0\,0\,0\,1\,0\,1 \quad (5\text{的补码}) \\
\hline
1\,1\,1\,1\,1\,1\,0\,0
\end{array}
$$

为什么计算结果为 11111100，其真值不是 -4 呢？

这里要注意，计算结果符号位为 1 则说明结果是负数，要求其对应的真值，则需对计算结果的数据位再求一次补码即可（可以总结为"求反加 1"），得到真值 10000100，即为 -4。

下面再举一个正数和一个负数相加的例子。

例 2.13　用补码计算 -9 与 15 相加的结果。

用补码运算如下：

$$
\begin{array}{r}
1\,1\,1\,1\,0\,1\,1\,1 \quad (-9\text{的补码}) \\
+\ \ 0\,0\,0\,0\,1\,1\,1\,1 \quad (15\text{的补码}) \\
\hline
1\,0\,0\,0\,0\,0\,1\,1\,0
\end{array}
$$

计算结果为 1 0000 0110，是一个 9 位数，超过了 8 位，最高位丢弃，则得 0000 0110，其符号位为"0"表示一个正数，其补码与原码相同，运算结果为 6。

（3）两个负数相加，举例说明如下。

例 2.14　用补码计算 -9 与 -15 相加的结果。

用补码运算如下：

$$
\begin{array}{r}
1\,1\,1\,1\,0\,1\,1\,1 \quad (-9\text{的补码}) \\
+\ \ 1\,1\,1\,1\,0\,0\,0\,1 \quad (-15\text{的补码}) \\
\hline
1\,1\,1\,1\,0\,1\,0\,0\,0
\end{array}
$$

计算结果为 1 1110 1000，是一个 9 位数，超过了 8 位，同样最高位丢弃，则 1110 1000 符号位为"1"表示一个负数，其数值部分"求反加 1"得 1001 1000，运算结果为 -24。

从例 2.11 到例 2.13 可以发现，只要在数据的有效范围内（8 位时为 -128 ～ + 127），利用补码可以方便地实现正负数的加法运算，并且符号位与数值位一样参加运算，极大地方便了计算机中运算逻辑的设计。因此补码被广泛应用于计算机运算逻辑部件的设计中。

提示： 💬
（1）用补码可以将加法运算统一为一种算法；（2）用补码进行加法运算时，符号位产生的进位要丢弃。

2. 浮点数的表示

上面讨论了整数情况下正数与负数的表示和运算方法。在实际应用中还会遇到大量带小数的数据。在计算机中存放小数时没有必要保存小数点，只要确定小数点在数据中的位置即可。前面介绍的整数可以看作其小数点在整个数据的最后，这就是所谓的定点整数。

如规定小数点在符号位与数值部分之间，这就是所谓定点小数表示法，如图 2-5 所示。

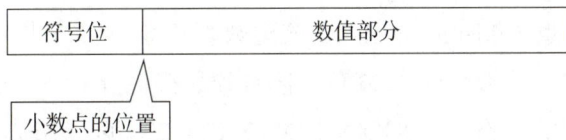

图 2-5　定点小数表示法

在科学计算中定点数表示的数值范围比较小，在实际应用中往往是不够用的。为了能表示特大或特小的数，在计算机中常采用指数形式表示一个数据。

例 2.15　用指数形式表示二进制数 100010.000111。

将该数的小数点向左移 6 位得：

$$100010.000111 = 0.100010000111 \times 2^6$$

例 2.16　用指数形式表示二进制数 0.00010111011。

将该数的小数点向右移 3 位得：

$$0.00010111011 = 0.10111011 \times 2^{-3}$$

通过例 2.15 和例 2.16 可以发现，任何一个小数都可以用这种指数形式表示成如下格式。

$$0.1XXXXXXXXXXX \times 2^n \qquad （式 2-1）$$

教学视频
浮点数据的表示法

教学视频
格式化一个数据

说明：

式 2-1 中，X 可以是二进制的数码“1”或“0”，其中“1XXXXXXXXXXXX”叫尾数；n 叫阶码，n 可以是一个正整数也可以是一个负整数。

将一个小数用式 2-1 所示的格式进行表示，就是将这个小数进行格式化处理。经过格式化处理的小数有统一的表示方式，便于计算机存储与处理。

提示：

格式化处理后，数据尾数的最高位必须是 1。

一个数据格式化处理后，在计算机中存放时只要保存其尾数数值与指数数值即可。这种表示方式中小数点的位置是由阶码数值确定的，根据数据的情况是变化的，即“浮动”的，这就是将格式化处理并保存的数据称为浮点数的原因。

浮点数由阶码和尾数两部分组成，阶码用定点整数来表示，阶码所占的位数确定了数的范围；尾数用定点小数表示，尾数所占的位数确定了数的精度。由此可见，浮点数是定点整数和定点小数的结合。

在程序设计语言中，最基本的浮点数有如下两种格式。

（1）单精度浮点数（float 或 single）。该类数据用 4 个字节表示，共有 32 位（二进制），阶码部分占 7 位，尾数部分占 23 位，阶符和数符各占 1 位（分别表示正与负）。例如一个格式化处理后的数据 $0.1XXXXXXXXXXXX \times 2^n$，可以用如图 2-6 所示的方式表示，其中数据行列举了单精度浮点数 $100010.101000111 = 0.100010101000111 \times 2^6$ 在计算机中的存储方式。

阶码（n）		尾数（1XXXXXXXXXXXX）	
阶符（1 位）	阶码（7 位）	数符（1 位）	尾数（23 位）
0	000 0110	0	10001010100011100000000

图 2-6　单精度浮点数在计算机中的存储方式

提示：

浮点数在计算机中的存储位数不够时，阶码部分在高位补 0，尾数部分在低位被 0。

（2）双精度浮点数（double）。该类数据用 8 个字节表示，共有 64 位（二进制），阶码部分占 10 位，尾数部分占 52 位，阶符和数符各占 1 位。

单精度浮点数与双精度浮点数的区别在于，双精度浮点数占的内存空间大，因此其能表示的数的精度更高，数据范围更大。

拓展： 🔧
可否计算出单精度浮点数与双精度浮点数分别表示的数据范围？

2.2.4　英文编码

计算机中只能存储"0"和"1"，因此英文字母及各种符号必须以二进制编码的形式才能存入计算机的存储器中，也就是说每个字母或符号都要为其确定一个唯一的二进制编码，即不同的字符要使用不同的二进制编码。

为了达到使不同计算机之间能够进行信息交互的目的，英文字母及各种符号的编码需要有统一的规范。目前计算机内英文字符及其他各种西文符号采用国际通用的 ASCII（American Standard Code for Information Interchange，美国信息交换标准代码）码。ASCII 码是由美国国家标准委员会制定的一种包括数字、字母、标点与常用符号、控制符等在内的字符编码，广泛应用于各种类型的计算机中。

ASCII 码采用 7 位二进制编码表示一个字符，共能表示 128 个国际上通用的各类字符，7 位 ASCII 码编码表见表 2-5。每个字符的 7 位二进制编码用 $b_6b_5b_4b_3b_2b_1b_0$ 表示，其中高 3 位用 $b_6b_5b_4$ 表示，低 4 位用 $b_3b_2b_1b_0$ 表示。

表 2-5　7 位 ASCII 码编码表

教学视频

ASCII 码
介绍

$b_3b_2b_1b_0$		$b_6b_5b_4$						
		000	001	010	011	100	101	110	111
		0	1	2	3	4	5	6	7
0000	0	NUL	DLE	SP	0	@	P	`	p
0001	1	SOH	DC1	!	1	A	Q	a	q
0010	2	STX	DC2	"	2	B	R	b	r
0011	3	ETX	DC3	#	3	C	S	c	s
0100	4	EOT	DC4	$	4	D	T	d	t
0101	5	ENQ	NAK	%	5	E	U	e	u
0110	6	ACK	SYN	&	6	F	V	f	v
0111	7	BEL	ETB	'	7	G	W	g	w
1000	8	BS	CAN	(	8	H	X	h	x
1001	9	HT	EM	)	9	I	Y	i	y
1010	A	LF	SUB	*	:	J	Z	j	z
1011	B	VT	ESC	+	;	K	[	k	{
1100	C	FF	FS	,	<	L	\	l	|
1101	D	CR	GS	−	=	M	]	m	}
1110	E	SO	RS	.	>	N	^	n	~
1111	F	SI	US	/	?	O	_	o	DEL

利用表 2-5 可查找数字、字母、标点与常用符号以及控制符等与 ASCII 码之间的对应关系。例如数字 "0" 的 ASCII 码为 011 0000，大写字母 "A" 的 ASCII 码为 100 0001，小写字母 "a" 的 ASCII 码为 110 0001。另外，知道一个字母或数字的编码后，很容易得到其对应的字母或数字。

观察表 2-5 可以发现 ASCII 码中有如下 4 类符号的编码。

（1）控制符。编码中前 33 个码和最后一个码（DEL）通常是计算机系统专用的，代表一个不可见的控制字符，也称为非打印字符，主要集中在高 3 位为 000 和 001 的两列，例如 NUM 表示空白、STX 表示文本开始、ETX 表示文本结束、EOT 表示发送结束、CR 表示回车、CAN 表示作废、SP 表示空格、DEL 表示删除等。

（2）标点与常用符号。共有 32 个，如 "："""！" 等。

（3）数字 0 ～ 9。

（4）大、小写英文字母。

在 ASCII 码表中，数字与大、小写英文字母的编码是连续的，见表 2-6。

表 2-6　数字与大、小写英文字母的编码

编码类别	编码符号	十六进制编码	对应的十进制数
数字	0~9	30H~39H	48~57
大写英文字母	A~Z	41H~54H	65~90
小写英文字母	a~z	61H~74H	97~122

提示： 💬

（1）记住表 2-6 所示的 "0""A""a" 的编码值，对以后程序设计的学习会带来很大的方便。（2）ASCII 编码的所有符号之间是可以比较大小的，比较的原则是用其编码值的大小，这也是各类应用软件（如 WPS）中字段可以进行排序的依据。如字符 "a" 大于 "A"。

在计算机中用一个字节 $b_7b_6b_5b_4b_3b_2b_1b_0$（8 位二进制）存储 ASCII 码时，一般将 ASCII 码的最高位（b_7）设置为 0，因此 ASCII 码的编码范围为 0000 0000 ～ 0111 1111。

提示： 💬

计算机内存中某存储单元保存了 97，其代表的是数据 97 还是小写字符 "a"，这是由计算机访问该存储单元的程序来决定的。

2.2.5　汉字编码

计算机在处理汉字时同样要将其转换为二进制码。由于汉字结构复杂，数量与笔画多

等特点，决定了汉字在输入、存储过程中所使用的代码各不相同，因此汉字的编码具有一定的复杂性，例如输入汉字时使用输入码，计算机存储与处理汉字时使用机内编码，显示与打印汉字时使用字形码。

汉字在输入、存储、处理和输出时由于使用了不同的编码，这些编码之间还要进行相互转换，如图 2-7 所示为汉字"啊"的处理过程。

图 2-7　汉字信息处理过程示意图

1. 汉字输入码

汉字输入码主要指通过键盘向计算机输入汉字时所使用的汉字代码，一般用键盘上一组确定的符号代表一个汉字，因此汉字输入码也叫外部码（简称外码）。现行的汉字输入方案众多，用户常用的有十几种，根据其编码原理可以分为以下两类。

（1）音码。以拼音编码作为汉字的输入码就是"音码"，如全拼、简拼和智能 ABC 等输入法。要输入"美"字，在全拼状态下只要输入拼音"mei"即可。音码的特点是编码易于学习与记忆，但重码率较高，影响了汉字录入的速度。但随着技术的发展，现在带智能识别与联想功能的音码输入法效率也很高。

（2）形码。根据汉字的字形特点编制其输入码的就是"形码"，如五笔字型输入法就属于形码。在五笔字型输入状态下输入字符编码"khlg"就可以录入"中国"。形码的特点是重码率较低，录入速度快，但要学习与记忆汉字的编码规律。

> **提示：**
> 虽然使用不同的输入法对同一汉字的输入编码不太相同，但经过转换后存入计算机内的编码是相同的。

2. 汉字机内码

为了便于信息交换，计算机系统内部对汉字进行存储、处理、传输时要使用统一的代码，常用的汉字标准编码有 GB 2312—1980 国标码和 GB 18030—2000 等。

（1）GB 2312—1980 国标码

为了规范信息处理时汉字的编码，我国于 1980 年发布了《信息交换用汉字编码字符集·基本集》（GB 2312—1980），简称国标码，它是国家规定的用于汉字信息处理使用的标准代码。

GB 2312—1980 国标码用 2 个字节来给一个汉字或字符进行编码，每个字节的最高位为 0，理论上共可以有 $128 \times 128 = 16\ 384$ 个不同的编码。为了简便起见国际码常

教学视频

汉字
输入码

教学视频

汉字
机内码

用一个 4 位的十六进制数表示，每个字节的取值范围与 ASCII 码中可打印字符的取值范围一样（即二进制的 0010 0001 ～ 0111 1110），见表 2-5。如汉字"啊"的国际码是 3021 H。

（2）区位码

国标码是一个四位十六进制数，每个字节的取值范围为 33 到 126，共计 94 个值，因此整个国标码字符集可分成 94 个区，每区有 94 个位，如果用这种区号和位号来表示一个字符，即每个区位上对应一个字符，这种表示方式称为区位码。

> **思考：**
> 为什么国标码每个字节的取值范围为 33 到 126？

教学视频

汉字区
位码

区位码共有 94 × 94 = 8 836 个码位。其符号编码情况如下。

① 01 ～ 09 区收录除汉字外的 682 个字符。

② 10 ～ 15 区为空白区，没有使用。

③ 16 ～ 55 区收录 3 755 个一级汉字，按拼音排序。

④ 56 ～ 87 区收录 3 008 个二级汉字，按部首 / 笔画排序。

⑤ 88 ～ 94 区为空白区，没有使用。

举例来说，"啊"字是 GB 2312 编码中的第一个汉字，它位于 16 区的 01 位，所以它的区位码就是 1601（1001H）。

（3）机内码

GB 2312—1980 国标码对字符编码时 2 个字节的最高位为"0"，ASCII 码用一个字节的低 7 位编码表示一个字符，第 8 位即最高位也是"0"，这样计算机内部在处理时就会出现混乱。为了解决这个问题，汉字编码时引入了机内码（简称内码），将 GB 2312 编码中两个字节的最高位都设置成"1"（即国际码加 8080H），这个首位上的"1"就可以作为识别汉字代码的标志，计算机在处理到首位是"1"的代码时把它理解为是汉字的编码，在处理到首位是"0"的代码时把它理解为是 ASCII 码。例如"啊"字的机内码就是 B0A1H。

例 2.17 已知汉字"啊"的区位码为 1601，计算其国际码与机内码。

将"啊"的区码 16 转换为用 1 个字节表示的二进制数为 0001 0000，十六进制数为 10H。

将"啊"的位码 01 转换为用 1 个字节表示的二进制数为 0000 0001，十六进制数为 01H。

这样"啊"字的十六进制区位码为 1001H。

"啊"字的国际码为 1001H + 2020H = 3021H，运算如下：

$$
\begin{array}{rll}
 & 0001\ 0000 \quad 0000\ 0001 & 1001\text{H} \\
+ & 0010\ 0000 \quad 0010\ 0000 & 2020\text{H} \\
\hline
 & 0011\ 0000 \quad 0010\ 0001 & 3021\text{H}
\end{array}
$$

"啊"字的机内为 3021H + 8080H = B0A1H，运算如下：

$$
\begin{array}{rll}
 & 0011\ 0000 \quad 0010\ 0001 & 3021\text{H} \\
+ & 1000\ 0000 \quad 1000\ 0000 & 8080\text{H} \\
\hline
 & 1011\ 0000 \quad 1010\ 0001 & 3021\text{H}
\end{array}
$$

提示：💬

汉字的机内码、国际码和区位码之间转换关系是（以下数据都用十六进制的两个字节表示）：

汉字机内码 = 国标码 + 8080H = 区位码 + A0A0H

国标码 = 区位码 + 2020H

（4）其他汉字编码

GB 2312—1980 国标码由于制定时间较早，6 763 个汉字中不包含一些生、偏、难字，给出版、邮政、户政等系统的使用带来了不便，另外 GB 2312—1980 中没有繁体字。所以除了 GB 2312—1980 之外，为了统一表示世界各国、各地区使用的汉字，便于全球范围的信息交流，还有其他的汉字编码方案。

① GB 18030—2000 编码

2000 年由国家信息产业部和国家质量技术监督局联合发布了《信息技术　信息交换用汉字编码字符集　基本集的扩充》(GB 18030—2000)。GB 18030—2000 编码标准是在原来的 GB 2312—1980 等标准的基础上进行了扩充，共收录了 27 000 多个汉字。GB 18030—2000 标准的实施为中文信息在 Internet 上的传输和交换提供了保障，为中文系统更好的使用奠定了基础。

② GBK 编码

GBK 编码是我国制定的对于 GB 2312—1980 国标码的扩充，它对 2 万多个简、繁体汉字进行了编码。这种内码仍以 2 字节表示一个汉字，第一个字节的最高位为 "1"，第二个字节的最高位根据编码情况可以是 "1" 或 "0"，因为汉字内码总是以 2 字节的形式连续出现的，所以即使与 ASCII 码混合在一起，计算机也能够加以正确区别。简体中文版 Windows 95/98/2000/XP 使用的是 GBK 内码。

③ Unicode 编码

随着 Internet 的发展，需要能满足多种语言、跨平台进行信息交换与处理要求，还

能与 ASCII 码兼容通用的编码，在 Apple 公司发起下，由多家计算机厂商共同开发了
Unicode 编码。Unicode 编码系统分为编码方式和实现方式两个层次。Unicode 编码在网络、
Windows 系统和很多大型软件中得到应用。

　　Unicode 编码方式与国际标准化组织制定的 ISO10646 通用字符集（universal character set，UCS）概念相对应，目前实用的 Unicode 版本对应于 UCS-2，使用 16 位的编码空间。
也就是每个字符占用两个字节，最多可表示 65 536 个字符，基本可以满足各种语言的使
用，但其缺点是和 ASCII 码不兼容。

　　Unicode 实现方式称为 Unicode 转换格式（unicode translation format，UTF），一个字
符的 Unicode 编码是确定的，但是在实际传输过程中，Unicode 的实现方式即转换格式分
为 3 种：UTF-8、UTF-16 和 UTF-32。UTF-8 是以字节为单位对 Unicode 编码，用一个或
几个字节来表示一个字符，是一种变长编码，这种方式的最大好处是保留了 ASCII 码作为
它的部分；UTF-16 和 UTF-32 分别是 Unicode 的 16 位和 32 位编码方式。

　　④ BIG5 码

　　BIG5 码又称为大五码，是中国台湾和香港地区普遍使用的一种繁体汉字的编码标准，
采用两个字节编码，共收录 13 060 个汉字。中文繁体版 Windows 95/98/2000/XP 使用的是
BIG5 内码。

3. 汉字字形码

教学视频

汉字
字形码

　　存储在计算机内的汉字编码在屏幕上显示或在打印机上输出时，不能直接输出其编
码，必须以人们熟悉的字形方式输出，才能被人们所接受和理解。汉字字形通常有如下两
种表示方式。

（1）点阵汉字字形

　　点阵汉字字形就是将汉字分解成由若干个"点"组成的点阵，将此点阵字形置于网状
方格上，每一个小方格就是点阵中的一个"点"。汉字字形点阵中每个点的信息用一位二
进制码来表示，1 表示对应位置处是黑点，0 表示对应位置处是空白。根据汉字输出精度
的要求，有不同密度的点阵，常用的有 16×16、24×24、32×32 等点阵。

　　如图 2-8 所示是汉字"跑"的字形点阵，它呈网状横
向划分为 24 格，纵向也划分为 24 格，这样共有 24×24 = 576 个"点"，点阵中的每个点可以有黑、白两种颜色，有
字形笔画的点用黑色，反之用白色，用这样的点阵就可以
描写出汉字的字形。

图 2-8　汉字"跑"的字形点阵

　　字形点阵信息越密，输出时其表示的字形越逼真，但
需要的存储量也越大。如图 2-8 所示的"跑"字用 24×24

点阵表示时，1 个汉字要用 24×24 = 576 个二进制位来表示，存储时就要占用 72 字节。将不同汉字的点阵字形存放在一起，就构成了"字库"，字库中存储了每个汉字的字形点阵代码，不同的字体由于其结构不一样，所以同一个汉字其字库中的代码也有区别，这就是每种字体对应不同字库的原因。

在输出汉字时，计算机先根据汉字编码到字库中找到它的字形描述信息，然后将字形描述信息传送到输出设备。用户可以根据需要和爱好选择安装自己需要的字库。

提示： 💬

制作字库是比较耗时的一件事，所以有些系统中较为特别的字库需要额外付费，同时安装更多的字库也要占用计算机更多的存储空间。

（2）矢量汉字字形

每一个汉字都有不同的轮廓形状，如果将一个汉字笔画上的关键点用数学曲线来描述（比如一个笔画的起始、终止坐标，半径、弧度等），在汉字输出时通过计算产生出所描述汉字的形状，这就是矢量汉字。矢量汉字的优点是字体实际尺寸可以任意缩放而不变形。矢量字体主要包括 TrueType、OpenType 等。

点阵字库汉字最大的缺点是汉字放大后会出现文字边缘的锯齿，影响字形的美观，但其编码与存储简单，输出速度快。矢量字库保存的是对每一个汉字形状的描述信息，在显示、打印这一类字库时，要经过一系列的数学运算才能输出结果，在理论上可以被无限地放大，笔画轮廓仍然能保持圆滑，但缺点是字形描述复杂，由于输出时要进行相应的计算，影响了其输出速度。如图 2-9 所示的"京"字，分别用点阵和矢量两种字形表示，其放大后区别非常明显。

点阵字体"京"　　矢量字体"京"

图 2-9　点阵字和矢量字放大后的效果比较

字库中字形信息是按一定顺序（大多数按标准汉字交换码中汉字的排列顺序）连续存放在存储介质中（一般是硬盘），为了在存储介质中找到汉字，每个汉字字形都有一个唯一的编码，这就是汉字的地址码。地址码是连续编码的，而且与汉字内码间有着简单的对应关系，以简化汉字内码到汉字地址码的转换。在打印与显示汉字时，必须通过地址码对汉字字库进行访问，找到对应的汉字字形。

知识练习 2.2

一、选择题

1.（多选题）信息编码为了便于计算机进行处理，应遵循的基本原则有（　　　）。

A. 唯一性原则　　　　B. 正确性原则　　　　C. 分类性原则

D. 统一性原则　　　　E. 扩展性原则

2. 计算机内部使用的数是（　　　）。

A. 二进制数　　　　B. 八进制数　　　　C. 十进制数　　　　D. 十六进制数

3. 十进制数 47 用二进制表示为（　　　）。

A. 111111　　　　B. 101111　　　　C. 111101　　　　D. 100111

4. 二进制数 1011 + 1001 等于（　　　）。

A. 10100　　　　B. 10101　　　　C. 11010　　　　D. 10010

5. 十六进制数（AB）$_{16}$ =（　　　）$_2$。

A. 10101011　　　　B. 10111010　　　　C. 11111010　　　　D. 10011011

6. ASCII 码使用（　　　）位二进制数对字符进行编码。

A. 6　　　　B. 7　　　　C. 8　　　　D. 4

7. 在 ASCII 编码中，下列字符按由小到大排列正确的是（　　　）。

A. "1" < "A" < "a"　　　　　　　　B. "A" < "1" < "a"

C. "a" < "A" < "1"　　　　　　　　D. "a" < "1" < "A"

8. GB 2312—80 国标码中一个汉字的编码使用（　　　）字节。

A. 1　　　　B. 2　　　　C. 3　　　　D. 4

9. 字库中使用 24×24 点阵的汉字字形码时，一个汉字占用（　　　）字节。

A. 24　　　　B. 72　　　　C. 48　　　　D. 576

二、简答题

1. 计算机内为什么要使用二进制数？

2. 简要说明各类英文字符和汉字的常用编码。

3. 说明计算机内用补码计算的优点。

4. 什么是区位码、国际码与机内码？它们之间的转化关系如何？

三、计算题

1. 将十进制数 76.125 分别转换为二进制数、八进制数和十六进制数。

2. 用补码计算 −19 与 −15 相加的结果，要求列出二进制计算过程。

3. 已知"阿"字的区位码是 1602，计算其国际码与机内码。

技能练习 2.2

实训项目： 在 Windows 10 中进行各种数制转换。

1. 实训目标

（1）了解 Windows 10 自带计算器的功能。

（2）学会使用计算器进行各种数制转换。

2. 实训步骤

（1）Windows 10 中打开"开始"菜单中"计算器"。

（2）单击"打开导航"按钮，在弹出的导航窗格中选择"程序"，打开如图 2-10 所示的"程序员"界面，可以进行各种数制的相互转换。

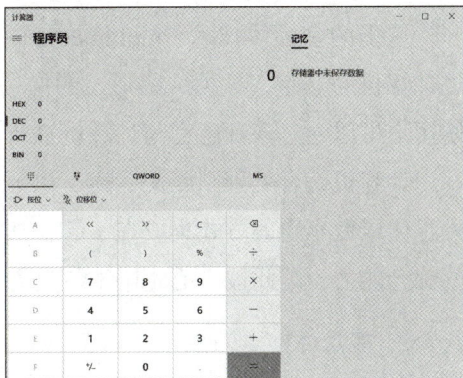

图 2-10　计算器的"程序员"界面

2.3　多媒体技术基础　》》

知识与技能目标

1. 掌握多媒体技术的概念和特点。
2. 了解多媒体系统的组成。
3. 了解多媒体技术的应用情况。
4. 掌握常用多媒体文件的格式及其特点。

知识与技能学习

目前人们在使用电脑、手机等设备时，离不开处理文字、声音、图像等多种信息的媒体技术，那么什么是多媒体技术？它由哪些内容组成？可以应用在哪些方面呢？

2.3.1 多媒体的概念

1. 什么是多媒体技术

这里的多媒体技术（multimedia technology）是指计算机多媒体技术，其含义是指通过计算机对文字、数据、图形、图像、动画、声音等多种媒体信息进行综合处理和管理，使用户可以通过多种感官与计算机进行实时信息交互的技术。简单地说，多媒体技术就是利用计算机综合处理图、文、声、像等信息的技术。多媒体技术由于利用计算机技术将各种媒体以数字化的方式集成在一起，从而使计算机具备了表现、处理、存储多种媒体信息的综合能力，因此被广泛应用于各类需要人机交互的计算机应用系统中。

2. 多媒体技术的特点

（1）多样性

多样性是指多媒体技术使计算机处理信息的范围从传统的数值和文字扩展到了图像、图形、音频和视频等多种形式，从而改变了计算机信息处理的单一模式，使它能够与人进行交互并处理多种信息。

（2）集成性

集成性是指多媒体技术能以计算机为中心，采用数字化的方式来综合处理文字、声音、图形、动画、图像、视频等多种信息，并将这些不同类型的信息有机地结合在一起。集成性包括信息媒体的集成和处理这些媒体的设备的集成两个方面。

（3）交互性

交互性是指多媒体技术能让用户与计算机进行多种信息媒体的交互操作，从而为用户提供更加有效地控制和使用信息的手段。借助于交互性，人们将不再是被动地接受文字、图像、声音等信息，而是可以主动地进行检索、提问和回答。

（4）智能性

智能性是指多媒体技术提供了易于操作、十分友好、带有智能"思考"功能的界面，使计算机的应用更直观、方便、亲切和人性化，进一步促进了多媒体技术的广泛应用。

> **思考：**
> 智能手机其实就是一台多媒体设备，它可以完成哪些多媒体交互功能？

2.3.2 多媒体系统的组成

多媒体系统能够对文本、音频、图形、图像、动画和视频等多种媒体信息进行获取、编辑、存储和演播等功能，它由多媒体硬件系统和多媒体软件系统两大部分组成。

1. 多媒体硬件系统

多媒体硬件系统除了要具有高性能的 CPU 和足够大的存储空间的主机外，还要有高分辨率的显示设备、高质量的声音系统等，主要包括如下设备。

（1）声卡。声卡是多媒体硬件系统中最基本的组成部分，是实现声波与数字信号相互转换的一种硬件设备。声卡的基本功能是把来自话筒、磁带、光盘等音源的原始声音信号转换为数字信号输入计算机，或将计算机输出到耳机、扬声器、扩音机、录音机等声响设备的信号转换为模拟信息输出。现在声卡基本是集成在主机板上的。

（2）显卡。显卡又称图形适配器，是显示高分辨率彩色图像的处理设备，显卡性能直接决定了图像显示的速度与质量。为了降低成本，大部分显卡集成在主机板上。

（3）视频卡。视频卡也叫视频采集卡（video capture card），用以将模拟录像机等设备输出的视频信号或者视频和音频的混合信号输入计算机，并转换成计算机可辨别的数字数据存储在计算机中，使其成为可编辑处理的视频数据文件。

另外，多媒体的硬件还包括扫描仪、音箱、话筒、摄像头等作为多媒体系统的输入或输出的设备。

2. 多媒体软件系统

多媒体软件系统包括多媒体操作系统、多媒体驱动程序、多媒体制作工具等。

（1）多媒体操作系统。多媒体操作系统是多媒体系统的核心，具有多媒体数据转换、多媒体设备控制与管理等功能，同时要提供多媒体系统与用户的接口。现在常用的操作系统如 Windows 等都具有多媒体系统的功能。

（2）多媒体驱动程序。它具有设备的初始化、各种设备操作以及设备的打开和关闭、基于硬件的压缩和解压、图像快速变换等功能。多媒体驱动程序一般随着硬件由制造厂商提供。

（3）多媒体制作工具。用于各种多媒体信息的收集、制作、编辑等的工具软件。常用的多媒体制作工具有声音处理软件（如 Adobe Audition、Wave Edit 等）、图像处理软件（如 Photoshop、PaintBrush 等）、视频处理软件（如 Premiere、QuickTime 等）和动画处理软件（如 Flash、3DS Max 等）。

2.3.3 多媒体技术的应用

目前，多媒体技术的应用几乎覆盖了生活、学习、娱乐等计算机应用的绝大多数领域。多媒体技术的典型应用包括以下几个方面。

1. 教育培训

多媒体技术使教材内容不仅有文字、静态图像，还具有动态图像和语音等，使教育培训的表现形式更加多样化，提升了学习者的学习兴趣，学习起来更方便，教学效果更好。

2. 办公系统

多媒体技术应用于办公是指视听一体化的办公信息处理系统和通信系统，主要包括：办公信息管理，视频会议系统，管理信息系统等，各种办公设备与多媒体系统相结合，真正实现了办公自动化和办公智能化。

3. 电子出版物

多媒体技术在出版方面的普及，给出版业带来巨大的影响，电子图书、电子报纸和电子杂志等电子出版物都是多媒体技术的产物。电子出版物容量大、体积小、成本低、检索快、易于保存和复制，能存储图文声像信息等优点。

4. 娱乐游戏

多媒体技术将简单的卡通片与游戏发展到图文并茂、声像俱佳的实体模拟，画面、声音更加逼真，趣味性和娱乐性增加。物美价廉的游戏产品备受人们的欢迎，对启迪青少年智慧、丰富成年人的娱乐活动大有益处。

2.3.4 多媒体信息的存储格式

1. 音频文件的常用格式

自然界中存在着丰富多彩的声音，人类通过声音认识世界，与世界交流。音频在多媒体技术中有着极为重要的地位。在多媒体技术中，存储音频信息的常用文件格式主要有以下几种。

（1）WAV（.wav）格式

WAV 是微软公司专门为 Windows 开发的一种标准数字音频文件格式，是一种没有经过压缩的存储格式。该格式文件能记录通过话筒等设备输入并由声卡转化为数字信息的声音，并能基本保证声音不失真。

WAV 文件的缺点是占用的存储空间太大，因此多用于存储简短的声音片段。WAV 是 PC 机上最为流行的声音文件格式。

（2）MIDI（.mid）格式

MIDI（musical instrument digital interface）是乐器数字接口的缩写，它是编曲界广泛使用的音乐格式。MIDI 文件实际上是一段音乐的描述，只记录产生某种声音的指令，指令中包括了使用 MIDI 设备的音乐、音量和持续时间长短等信息。MIDI 生成的文件较小，一首完整的 MIDI 音乐只有几十 KB 大，由于其易于编辑，而且能够和数字电视、图形、动画、语音等一起播放，因此常作为背景音乐，用来加强演示效果，如在多媒体应用中一般用 WAV 文件存放解说词，用 MIDI 文件存放背景音乐。

MIDI 文件的特点是用乐谱指令代替声音数据，有效记录和重现各种乐器声音，适合乐曲创作和远距离传输。它的缺点是不适宜用来记录语言，如对话、解说等。

（3）MP3（.mp3）格式

MP3 是一种音频压缩技术，其全称是动态影像专家压缩标准音频层面 3（moving picture experts group audio layer III），简称为 MP3。它被设计用来大幅度地降低音频数据量，利用 MPEG Audio Layer 3 的技术，将音乐以 10∶1 甚至 12∶1 的压缩比压缩成容量较小的文件，而对于大多数用户来说压缩后的音频音质没有明显的下降。一分钟 CD 音质的音乐，未经压缩需要大约 10 MB 的存储空间，而经过 MP3 压缩编码后只有 1 MB 左右。几乎所有的音频编辑工具都支持 MP3 文件，还有许多硬件播放器也支持 MP3 文件。

（4）CD（.cda）格式

CD 格式文件是以固定频率对声音信号进行采样，采样数据经量化后存储在 CD 音轨中，它的声音基本上是忠于原声的，因此具有较高的音质。CD 音频文件的扩展名是 .cda，但这只是一个索引信息，并不真正包含声音信息，所以不论 CD 音乐的长短，在电脑上看到的 CDA 文件大小都是 44 Byte。CD 格式的 CDA 文件不能直接复制到硬盘上播放，需要使用 Windows Media Player 等进行格式转换后以 WAV 等格式存储后再进行播放。CD 格式因为音质较好而被音乐爱好者广泛使用。

（5）RealAudio（.ra）格式

RealAudio 是一种适合在网络上实时传送和播放音乐文件的音频格式，其压缩比例高达 96∶1。这种格式的特点是可以随网络带宽的不同而改变声音的质量，在保证大多数人听到流畅声音的前提下，令带宽较富裕的听众获得较好的音质。

（6）WMA（.wma）格式

WMA（Windows Media Audio）是由微软公司开发的一种音频格式，其音质要强于 MP3 格式，更远胜于 RA 格式，它的压缩比一般都可以达到 18∶1 左右。WMA 的优点是内置了版权保护技术，可以限制复制、播放时间和播放次数甚至于播放的设备等。Windows 操作系统的 Windows Media Player 可以直接播放 WMA 音乐。在 Windows XP 中，WMA 是默认的音频格式。

> **提示：** 💬
>
> 一般情况下，压缩比越高，音频质量就损失越大。

2. 图像文件的常用格式

凡是具有视觉效果的画面都可以被称为图像，例如记录在纸上、拍摄在照片上或显示在屏幕上的画面都被认为是图像。图像适用于表现含有大量细节（如明暗变化、场景复杂、轮廓色彩丰富）的对象，如照片、绘画等。

图像根据其在计算机中的表示方式不同，可以分为位图和矢量图两种类型。

（1）位图：是以点阵形式描述图形图像，点阵中的元素为像素点，像素是组成图像的最小单位。位图图像与分辨率有关，即在一定面积的图像上包含有固定数量的像素。因此，如果在屏幕上以较大的倍数放大显示图像，或以过低的分辨率打印，位图图像就会出现锯齿边缘而导致失真。位图图像的优点是适合表现具有细致层次和丰富色彩特点的图像，并且易于输入输出；其缺点是需要占用较大存储空间，编辑较为困难。

（2）矢量图：是用数学计算的方式实现的，它由一组指令集合来描述图形的内容，通过这些指令的描述，可以构成一幅图的所有点、直线、曲线、矩形和椭圆等的位置、大小、维数、形状和颜色。在实际应用中，Adobe Illustrator、CorelDraw、CAD 等软件是以矢量图形为基础进行创作的。矢量图形的优点是图形缩放不变形，并且需要的存储空间较小。

对于图像，由于记录的内容不同、压缩方式不同，其文件格式也不同。每种格式的图像文件都有不同的特点、产生的背景和应用的范围。按照不同的表示方式，属于位图的文件格式主要有：BMP、PCX、TGA、TIFF、GIF、JPEG、PNG 等；属于矢量图的文件格式主要有：WMF、EMF、EPS、DXF、SWF 等。下面介绍几种图像文件较为常用的格式。

（1）BMP（.bmp）格式

BMP（Bitmap，位图）文件是 Windows 系统下使用的与设备无关的点阵位图文件，允许在任何输出设备上显示该点阵文图。BMP 格式的特点是包含的图像信息较丰富，几乎不进行压缩，因此它的缺点是占用磁盘空间过大。目前 BMP 在 PC 机中使用较为广泛。

（2）GIF（.gif）格式

GIF（graphics interchange format，图形交换格式）文件非常适合于表示较简单的图像，主要用于图像文件的网络传输。它分为静态 GIF 格式和动态 GIF 格式，动态 GIF 格式可以存储若干幅静止的图像而形成连续的动画。GIF 格式除了一般的逐行显示方式外，还有渐显方式，也就是说，图像在传输过程中，用户可以先看到图像的大致轮廓，再随着传输过程的继续而逐渐看清图像的细节部分。GIF 格式广泛应用于 Internet 中。

（3）JPEG（.jpg）格式

JPEG（joint photographic experts group，联合图像专家小组）是用 JPEG 压缩标准压缩的图像文件格式，该标准由国际标准化组织（international standardization organization，ISO）制订，是面向连续色调静止图像的一种压缩标准。JPEG 格式是最常用的图像文件格式，文件扩展名为 .jpg 或 .jpeg。JPEG 有损压缩时可以将人眼很难分辨的图像信息删除，提高压缩比，但存在一定的图像失真。JPEG 格式的压缩比是目前各种图像文件格式中最高的。JPEG 文件目前已广泛用于彩色传真、静止图像、电话会议、印刷及新闻图片的传送。由于各种浏览器都支持 JPEG，因此它也被广泛用于图像预览和网页制作。

（4）PNG（.png）格式

PNG 格式是为网络传输而设计的一种位图格式，采用无损压缩方式减少文件的大小。它的压缩比要高于 GIF 文件格式，但它不支持动画效果。目前，越来越多的软件开始支持这一格式，而且在网络上也开始流行。

（5）WMF（.wmf）格式

WMF 格式是微软公司的一种矢量图格式，在 Office 剪辑库中的图形使用的就是这种格式。它具有文件短小、图案造型化的特点，由于整个图形由各个独立的组成部分拼接而成，因此图形质量比较粗糙。

（6）SWF（.swf）格式

SWF（shock wave flash）格式是二维动画软件 Flash 中的矢量动画格式，一般用 Flash 软件创作并生成 SWF 格式文件，也可以通过相应软件将 PDF 等类型文件转换为 SWF 格式文件。SWF 格式文件由于包含丰富的视频、声音、图形和动画，主要用于 Web 页面上的动画发布。

3. 视频文件的常用格式

根据人类的视觉暂留原理，即当一系列单幅静态画面连续播放时［每秒超过 24 帧（frame）画面以上］，人眼无法辨别单幅的静态画面，看上去是平滑连续的视觉效果，就形成了所谓视频。视频技术泛指将一系列静态影像通过多媒体软硬件技术加以捕捉、纪录、处理、储存、传送与重现的各种技术。

视频格式可以分为适合本地播放的本地影像视频和适合在网络中播放的网络流媒体影像视频两大类。在计算机中常见的数字视频文件格式有 MPEG、AVI、MOV、ASF 和 WMV 等。

（1）MPEG（.mpg）格式文件

MPEG（moving picture experts group，动态图像专家组）是 ISO 与 IEC（international electrotechnical commission，国际电工委员会）两个机构于 1988 年联合成立的专门针对运动图像和语音压缩制定国际标准的组织，其成员为视频、音频及系统领域的技术专家。该组织制定了将声音和影像用数字化方式记录的国际标准（ISO/IEC 11172 压缩编码标准），并制定了 MPEG 格式的视频压缩编码技术，MPEG 系列标准已成为国际上影响最大的多媒体技术标准之一，对多媒体通信等信息产业的发展产生了巨大而深远的影响。

（2）AVI（.avi）格式

AVI（audio video interleaved，音频视频交错格式）是最早出现在 Windows 中的一种数字视频格式，它将音频和视频信息交织在一起。AVI 格式调用方便、图像质量好，压缩标准可任意选择，是应用最广泛的格式。AVI 文件占用的存储空间较大，但是不用安装其他视频播放软件，就可以利用 Windows 默认的媒体播放器进行播放。各种网络上的电视、电影常用这种格式文件保存。

（3）MOV（.mov）格式

MOV 是 Apple 公司开发的一种视频格式，专门用于 Apple 的 Macintosh 计算机，后来被移植到 Windows 系统中。MOV 格式的缺点是占用的磁盘空间较大。

（4）ASF（.asf）格式

ASF（advanced streaming format，高级串流格式）是微软公司开发的可以直接在网上观看视频节目的串流多媒体文件格式。ASF 文件具有可以实现点播功能、直播功能以及网络回放等优点。

（5）WMV（.wmv）格式

WMV（Windows Media Video）是微软公司开发的 Windows 媒体视频格式。WMV 格式的文件可以边下载边播放，因此很适合在网上播放和传输。

知识练习 2.3

一、选择题

1. 一个完整的多媒体系统包括（　　　）。

A. 键盘、显示器　　　　　　　　　　B. 多媒体驱动程序与多媒体制作工具

C. 计算机及其外部设备　　　　　　　D. 多媒体硬件系统与多媒体软件系统

2. Adobe Audition 属于（　　　）。

A. 视频处理软件　　B. 动画制作软件　　C. 声音处理软件　　D. 图像处理软件

3. 办公系统主要包括：办公信息管理，（　　　），管理信息系统等。

A. 远程教育系统　　B. 视频会议系统　　C. 电子报纸　　　　D. 电脑制图系统

4. 以下格式中属于声音文件格式的是（　　　）。

A. AVI　　　　　　B. RAR　　　　　　C. WMA　　　　　　D. PG

5. MIDI 是（　　　）的缩写。

A. 乐器数字接口　　B. 声音数字接口　　C. 数字声音接口　　D. 数字乐器接口

6. 以下哪个概念不是用来描述位图的（　　　）。

A. 像素　　　　　　B. 分辨率　　　　　C. 位图字体　　　　D. 失真

7. （　　　）是二维动画软件 Flash 中的矢量动画格式，主要用于 Web 页面上的动画发布。

A. SWF 文件格式　　B. WMF 文件格式　　C. GIF 文件格式　　D. EMF 文件格式

8. 视频会议属于（　　　）。

A. 点对点非实时交互式应用程序　　　　B. 实时交互式点对点应用程序

C. 一对多非实时交互式应用程序　　　　D. 多点实时交互式应用程序

二、简答题

　　1. 什么叫多媒体技术？它有哪些特点？

　　2. 简述多媒体技术在当今社会有哪些应用。

　　3. 多媒体系统由哪些部分组成？

　　4. 分别列出多媒体中声音、图像和视频最常用的三种文件格式，并说明每种格式的特点。

技能练习 2.3

　　实训项目： 学习数字音乐编辑软件的操作技术。

　　1. 实训目标

　　（1）了解数字音乐编辑软件 Adobe Audition 的功能。

　　（2）学会对音频文件进行剪辑、合并、降噪和混响等操作。

　　2. 实训步骤

　　（1）安装数字音乐编辑软件 Adobe Audition。

　　（2）剪辑文件：打开 Adobe Audition 软件主界面，在多轨操作界面下，单击"文件→打开"，导入一首音乐，单击菜单栏上的"波形编辑"按钮将界面切换到"波形编辑"窗口，通过设置播放的起始点和终止点，截取音乐中所需要的一段并将其保存为新的音频文件。

教学视频

Adobe Audition 软件的使用

　　（3）降噪处理：打开一段音频，在主窗口中通过单击"效果→修复→降噪器"，打开"降噪器"窗口，对音频进行降噪处理。

　　（4）混响效果：对已经做过降噪处理的音频文件，可以进行混响效果设置，单击"效果→混响→完美混响"，打开 VST 插件，对其进行完美混响设置。

　　（5）音频合并：通过自学的方式对两个音频文件进行合并处理。

　　（6）保存音频：将编辑好的音乐另存为一个音频文件。

第 3 章　操作系统应用基础

　　操作系统是管理和控制计算机硬件与软件资源的计算机程序，是直接运行在"裸机"上的最基本的系统软件，任何其他软件都必须在操作系统的支持下才能运行。本章主要介绍操作系统的相关概念、功能和分类，以及目前常用的桌面操作系统Windows的功能与使用方法。

本章学习要点

1. 操作系统的相关概念、功能和分类。
2. Windows 操作系统的功能与操作技术。

3.1 操作系统概述 »

知识与技能目标

1. 掌握操作系统的相关概念与功能。
2. 了解操作系统的分类和常用操作系统。
3. 了解常用的智能手机操作系统。

知识与技能学习

用户操作与使用计算机是在操作系统提供的界面下完成的，那么什么是操作系统？操作系统有什么功能？常用的操作系统有哪些呢？

3.1.1 操作系统的相关概念

在计算机发展的初期是没有操作系统的，机器的整个执行过程完全由人工来操作。随着科技的发展，计算机越来越复杂、功能越来越强大，人们已经没有能力来直接掌控计算机，于是编写了操作系统来代替人的操作，这样极大地提高了计算机的工作效率。

1. 操作系统的概念

操作系统是控制和管理计算机系统内各种硬件和软件资源、有效地组织多道程序运行的系统软件，它是用户与计算机之间的接口，用户通过操作系统来操作与使用计算机。

对于整个计算机系统而言，操作系统是计算机系统的资源管理者，这些资源包括硬件和软件。对于操作系统本身来讲，操作系统是程序和数据结构的集合。操作系统是直接和硬件相邻的第一层软件，它是由大量复杂的系统程序和众多的数据结构集合而成。

对于用户而言，操作系统是用户使用计算机的入口。操作系统作为用户与计算机硬件之间的接口，一般可以通过命令方式、系统调用、图形界面三种形式使用操作系统。

2. 进程的概念

进程是操作系统中的一个核心概念。进程是程序的一次执行过程，是系统进行调度和资源分配的一个独立单位。或者说，进程是一个程序与其数据一起在计算机上顺利执行时所发生的活动，简单地说，进程就是一个正在执行的程序。

一个程序被加载到内存，系统就创建了一个进程，程序执行结束后，该进程也就消亡了。进程和程序的关系犹如演出和剧本的关系。其中，进程是动态的，而程序是静态的；进程有一定的生命期，而程序可以长期保存；一个程序可以对应多个进程，而一个进程只能对应一个程序。

在 Windows 操作系统下，可以调出任务管理器，查看运行的进程，方法如下。

方法一：在快捷菜单中启动。右击任务栏空白处，在弹出的快捷菜单中选择"任务管理器"；

方法二：在"开始"菜单中启动。选择"开始→ Windows 系统→任务管理器"；

方法三：在任务栏搜索框中启动。单击任务栏上的搜索框或搜索图标，输入"任务管理器"，单击搜索结果。

以上三种方法都可启动任务管理器，在打开的"任务管理器"窗口中单击"进程"选项卡即可显示当前的进程列表，如图 3-1 所示。

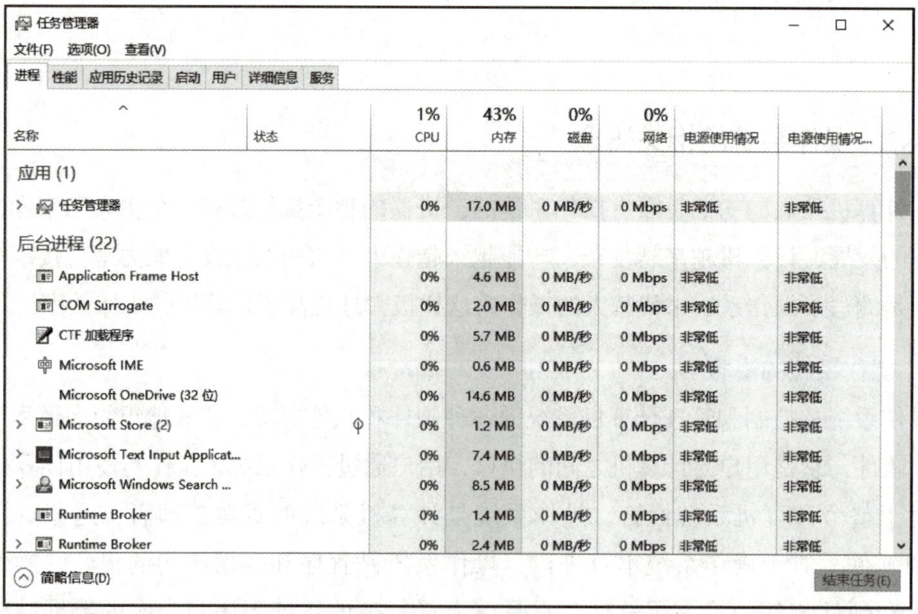

图 3-1 "任务管理器"窗口

> **提示：** 💬
> 也可以通过使用"Ctrl + Alt + Del"组合键，在调出的选项中启动任务管理器。

3. 线程的概念

随着硬件和软件技术的发展，为了更好地实现并发处理和共享资源，提高 CPU 的利用率，目前许多操作系统把进程再细分为"线程"，线程又被称为轻量级进程。实际上线程是进程概念的延伸，是 CPU 调度和分派 CPU 资源的基本单位。

比如 CPU 有 10 个时间片（分时操作系统分配给每个正在运行的进程微观上的一段 CPU 占用时间），每个时间片处理一个进程或线程。如果有需要处理的 2 个进程，则 CPU 的利用率为 20%；而如果每个进程由 3 个线程组成，共有 6 个完成特定任务的线程，则根据 CPU 的分配原则，其使用率会达到了 60%，这样就提高了 CPU 的利用率。

4. 内核态和用户态

操作系统需要限制不同的程序之间的访问能力，防止它们获取其他程序的内存数据，或者获取外围设备的数据，为此操作系统将 CPU 划分出两个权限等级：内核态和用户态。

（1）内核态：CPU 可以访问内存所有数据，包括外围设备，例如硬盘、网卡等。CPU 也可以将自己从一个程序切换到另一个程序。

（2）用户态：只能受限的访问内存，且不允许访问外围设备，占用 CPU 的能力可以被剥夺，CPU 资源可以被其他程序获取。

为了系统安全起见，所有用户程序都是运行在用户态的，但是有时候程序确实需要完成一些内核态所做的工作，例如从硬盘上读取数据，或者从键盘获取输入等，此时用户程序就需要向操作系统提出请求，以程序的名义来执行这些操作。此时就需要这样一个机制：用户态程序切换到内核态，但是不能控制在内核态中执行的指令，这种机制叫系统调用。

3.1.2 操作系统的功能

为了使计算机系统能协调、高效和可靠地进行工作，同时也为了给用户提供一种方便、友好地使用计算机的环境，在操作系统中，通常都设有处理器管理、存储器管理、设备管理、文件管理等功能模块，它们相互配合，共同完成操作系统的具体功能。

1. 处理器管理

在现代操作系统中，处理器的分配和运行都是以进程为基本单位的，因而对处理器的管理也可以视为对进程的管理，其主要功能是对进程分配和回收处理器时间。处理器在计算机系统中可能有一个，也可能有多个，不同类型的操作系统将针对不同情况采取恰当的调度策略来分配处理器的时间。

2. 存储器管理

存储器管理主要是指针对内存储器的管理。其主要功能是：分配内存空间，保证各程序占用的存储空间不发生矛盾，并使各程序在自己所属存储区中不互相干扰。

3. 设备管理

设备管理是指负责管理各类外围设备，包括分配资源、启动设备和处理故障等。其主要功能是：当用户使用外部设备时，必须提出请求，待操作系统进行统一分配后方可使用。

4. 文件管理

文件是在逻辑上具有完整意义的一组相关信息的有序集合，每个文件都有一个文件名。文件管理支持文件的存储、检索和修改等操作，以及具有文件保护的功能。

3.1.3 操作系统的分类

随着计算机的发展，出现了应用于各种不同场景的计算机，因此操作系统的种类比较多。根据其功能和特性可分为：批处理操作系统、分时操作系统和实时操作系统；根据同时管理用户数的多少可分为：单用户操作系统和多用户操作系统；根据有无网络管理能力可分为：网络操作系统和非网络操作系统。下面介绍几种常用的操作系统类型。

1. 单用户操作系统

单用户操作系统是指一台计算机在同一时间只能由一个用户使用，一个用户独自享用系统的全部硬件和软件资源，而如果在同一时间允许多个用户同时使用计算机，则称为多用户操作系统。

早期的 DOS 操作系统是单用户单任务操作系统；Windows 95 是单用户多任务操作系统；Windows XP/7 则是多用户多任务操作系统；Linux、Unix 是多用户多任务操作系统。

2. 批处理操作系统

批处理是指用户将一批作业提交给操作系统后就不再干预，由操作系统控制它们自动运行。这种采用批量处理作业技术的操作系统称为批处理操作系统。IBM 的 DOS/VSE 就是这类系统。

3. 分时操作系统

分时操作系统是一台主机连接了若干个终端，每个终端有一个用户在使用。分时操作系统也是多用户多任务操作系统，Unix 便是国际上最流行的分时操作系统。

4. 实时操作系统

实时操作系统是指当外界事件或数据产生时，能够接受并以足够快的速度予以处理，其处理的结果又能在规定的时间之内来控制生产过程或对处理系统做出快速响应，调度一切可利用的资源完成实时任务，并控制所有实时任务协调一致运行的操作系统。提供及时响应和高可靠性是其主要特点。

5. 网络操作系统

通过网络，用户可以突破地理条件的限制，方便地使用远端的计算机资源，提供网络通信和网络资源共享功能的操作系统称为网络操作系统。常见的网络操作系统有 Windows Server、NetWare、Unix、Linux 等。

3.1.4　常用操作系统简介

1. 常用的服务器操作系统

服务器操作系统是可以实现对计算机硬件与软件的直接控制和管理协调并安装在大型计算机上的操作系统，其主要分为 Windows、Unix、Linux 等流派。

（1）Windows 是美国微软公司开发的基于图形用户界面的操作系统，特点是生动友好的用户界面、简便的操作方法，成为现如今使用率最高的一种操作系统。Windows 的服务器代表版本有：Windows NT Server 4.0、Windows 2000 Server、Windows Server 2003、Windows Server 2008 R2、Windows Server 2012 等。

（2）Unix 系统是美国 AT&T 公司开发的操作系统。它具有多用户多任务，支持多种处理器架构的特点。但 Unix 缺乏统一的标准，且操作复杂、不易掌握，可扩充性不强，这些都限制了 Unix 的普及应用。

（3）Linux 是一款由 C 语言编写的免费、开源、多用户多任务操作系统，具有安全稳定、模块化程度高、硬件支持丰富等特点，因此 Linux 获得众多开发者的推崇。用户可以通过 Internet 免费获取 Linux 源代码，并对其进行分析、修改和添加新功能。但 Linux 图形界面不够友好，这是影响它推广的重要原因。

2. 常用的 PC 操作系统

PC 操作系统是指安装在个人计算机上的操作系统，常见的 PC 操作系统有：DOS、Windows、macOS 等。

（1）DOS 操作系统是微软公司开发的配置在 PC 机上的单用户、命令行界面的操作系统。DOS 系统功能简单，对硬件要求低，但用户需要记住各种命令，使用起来很不方便。

DOS 操作系统的操作界面和操作方式类似于现在的 Windows 操作系统提供的命令行操作方式。单击 Windows 10 操作系统任务栏左侧的"开始"按钮，在弹出的"开始"菜单中选择"Windows 系统→运行"，在弹出的"运行"对话框中输入"cmd"后单击"确定"按钮，即可打开"命令提示符"窗口，在其中输入命令行字符串"dir"后按下回车键，即可显示当前目录下的目录结构，如图 3-2 所示。

除 dir 命令外，DOS 常用命令还有：md（创建目录）、cd（更改当前目录）、rd（删除目录）、copy（复制）、del（删除文件）、ren（重命名文件）、type（显示文本文件内容）等。

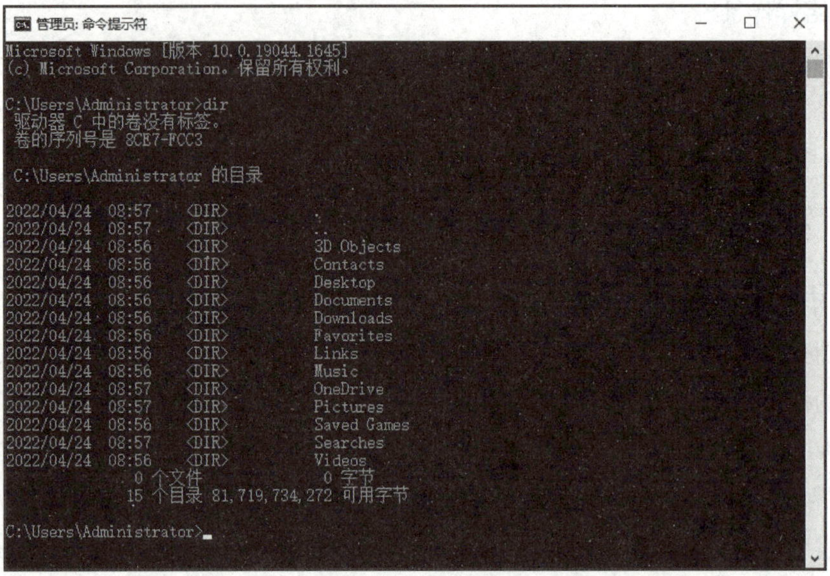

图 3-2 "命令提示符"

（2）微软公司开发的 Windows 操作系统与 DOS 操作系统的最大区别是其提供了图形用户界面，使得用户的操作变得简单高效。Windows 操作系统有很多种版本。

（3）macOS 是由苹果公司自行设计开发的，专用于 Macintosh 等苹果计算机，一般情况下无法在普通计算机上安装。它具有较强的图形处理能力，广泛应用于图形图像处理和多媒体应用等领域。macOS 的缺点是与 Windows 缺乏较好的兼容性，因此影响了它的普及。

3. 国产操作系统

目前国产操作系统基本上是基于 Linux 内核进行二次开发而成的。常见的国产操作系统如下。

（1）OpenEuler 操作系统

OpenEuler 是华为公司提供技术支持的一个开源、免费、基于 Linux 的操作系统平台，它可以为企业用户提供稳定、安全的高端计算平台，具有可伸缩、高性能、高可靠性和开放性的优势。

（2）麒麟操作系统

中标麒麟操作系统全面支持国内外主流开放硬件平台，产品已经兼容适配了超过4 000 款的软件和硬件产品，生态环境丰富。近几年在国内市场占有率较高，目前中标麒麟已经完成所有国产 CPU 芯片的适配。

银河麒麟操作系统支持以飞腾为代表的国产 CPU 和以 X86、ARM 为代表的国际主流 CPU，在操作系统领域拥有核心竞争力。在高性能计算方面，我国的超级计算机天河一号和天河二号均部署银河麒麟操作系统，有效保障了千万亿次超级计算机稳定、高速地运行。

2019 年 12 月，中国软件与技术服务股份有限公司在北京召开新闻发布会，宣布旗下中标软件和天津麒麟两家操作系统公司正式整合。

（3）统一操作系统 UOS

统一操作系统 UOS 是由中国电子集团（China Electronics Corporation，CEC）、武汉深之度科技有限公司、南京诚迈科技、中兴新支点在内的多家国内操作系统核心企业自愿发起"UOS（unity operating system，统一操作系统）筹备组"，共同打造的中文国产操作系统。2020 年 1 月，UOS 正式版面向合作伙伴发布。国产 UOS 操作系统已经正式获得了工信部的测试认证，其功能完全支持我国在关键领域的自主可控和自主研发。UOS 也已经与 CPU、数据库、中间件、安全产品等领域的众多国内厂商完成了适配测试。

3.1.5 智能手机操作系统概述

智能手机包含电脑所具有的处理器、存储器、I/O 设备等，因此智能手机其实是一台功能强大的信息处理机，它也需要安装操作系统。智能手机还可以像个人电脑一样安装第三方软件，所以智能手机有丰富的功能和良好的用户界面，同时有很强的应用扩展性，能方便地安装和卸载应用程序。智能手机使用较多的操作系统有 HarmonyOS、Android、iOS、Symbian、Windows Phone 和 BlackBerry OS 等。

1. HarmonyOS

HarmonyOS（即鸿蒙操作系统）是华为公司开发的一款基于微内核、面向 5G 物联网、面向全场景的性能优秀的操作系统。HarmonyOS 能为基于安卓生态开发的应用程序提供平稳迁移，即在安卓平台下开发的应用软件能够在鸿蒙操作系统平台上很好的安装与运行。

对于消费者而言，HarmonyOS 通过分布式技术能将手机、电脑、平板、电视、工业自动化控制、无人驾驶、车机、智能穿戴等设备统一起来，实现多设备智慧交互的能力，给用户提供跨终端无缝协同体验。

HarmonyOS 是为面向下一代技术而设计的，能兼容全部安卓的 Web 应用，创造一个超级虚拟终端互联的世界，将人、设备、场景有机联系在一起。

HarmonyOS 微内核的代码量只有 Linux 宏内核的千分之一，基于微内核架构使终端设备可信且安全，其受攻击的概率也大幅降低。

对于智能硬件开发者，HarmonyOS 可以使其实现硬件创新，并融入华为全场景的大生态；对于应用开发者，HarmonyOS 让他们不用面对硬件复杂性，通过使用封装好的分布式技术 APIS（application programming interface system，应用程序接口服务），以较小投入专注开发出各种全场景新体验。

HarmonyOS 技术先进、可靠性和安全性高、操作界面简单、易于使用，一经推出得到了广大用户的积极响应，应用越来越广泛。

2. Android

Android 英文原意为"人形机器人"，中文名为安卓。Android OS 是由美国 Google 公司主导基于 Linux 开发的开源手机操作系统，在全球有着较为广泛的应用。

3. iOS

iOS 是由苹果公司于 2007 年面向 iPhone 和 iPod Touch 平台开发的一款移动操作系统，现在该系统已经扩展到其他苹果设备。苹果 iOS 不同于谷歌的 Android，它并不授权安装在非苹果硬件上。

知识练习 3.1

一、选择题

1. 操作系统是对（   ）进行管理的软件。

A. 软件　　　　　　B. 硬件　　　　　　C. 计算机资源　　　　D. 应用程序

2. 操作系统是提供了处理器管理、（   ）管理、设备管理和文件管理的软件。

A. 存储器　　　　　B. 用户　　　　　　C. 软件　　　　　　D. 数据

3. 从用户的观点看，操作系统是（   ）。

A. 用户和计算机硬件之间的接口

B. 控制和管理计算机资源的软件

C. 合理的组织计算机工作流程的软件

D. 由若干层次的程序按一定的结构组成的有机体

4. 在操作系统中，对系统中的信息进行管理的部分通常称为（   ）。

A. 数据库系统　　　B. 软件系统　　　　C. 文件系统　　　　D. 检索系统

5. 当操作系统完成用户请求的"系统调用"功能后，应使 CPU（   ）工作。

A. 维持在用户态　　　　　　　　　B. 从用户态转到内核态

C. 维持在内核态　　　　　　　　　D. 从内核态转到用户态

6. 以下对进程的描述中，错误的是（   ）。

A. 进程是动态的概念　　　　　　　B. 进程执行需要处理机

C. 进程是有生命期的　　　　　　　D. 进程是指令的集合

7. 存储器管理的目的是（   ）。

A. 方便用户　　　　　　　　　　　B. 提高内存利用率

C. 方便用户和提高内存利用率　　　D. 增加内存实际容量

8. 以下选项中，（　　）不是操作系统关心的主要问题。

A. 管理计算机裸机

B. 设计、提供用户程序与计算机硬件系统的界面

C. 管理计算机系统资源

D. 高级程序设计语言的编译器

二、简答题

1. 什么是操作系统？它有哪些功能？

2. 举例说明常用的计算机操作系统。

3. 说明 HarmonyOS 有什么特点。

技能练习 3.1

实训项目 1：进程的查看与管理。

1. 实训目标

（1）进一步加深对进程概念的了解。

（2）学会对进程进行简单管理。

2. 实训内容

（1）打开"任务管理器"窗口。

（2）查看系统中运行的进程，了解每个进程 CPU、内存的使用情况。

（3）选定某个进程，停止其运行（注意：停止运行中的某些系统进程可能导致计算机无法正常工作）。

实训项目 2：练习 DOS 命令。

1. 实训目标

（1）认识 DOS 操作系统的特点。

（2）了解 DOS 操作系统命令的执行方式。

2. 实训内容

（1）打开 DOS 命令窗口。

（2）练习查看目录命令 dir。

（3）练习创建目录命令 md。

（4）练习更改当前目录命令 cd。

（5）练习删除目录命令 rd。

（6）练习删除文件命令 del。

3.2　Windows 的基本知识　»

知识与技能目标

1. 了解 Windows 的安装过程。
2. 掌握 Windows 基本术语。
3. 学会 Windows 的基础操作。

知识与技能学习

Windows 系列操作系统是全球使用最多的桌面操作系统，那么它如何安装？安装后其操作界面是什么样的？操作与使用 Windows 需要掌握哪些基本知识？

3.2.1　Windows 简介

Windows 系列操作系统是美国微软公司开发的，在全球有着广泛地应用。本课程以 Windows 10 为例介绍 Windows 的功能与操作技术。

Windows 10 是微软公司研发的跨平台操作系统，应用于计算机和平板电脑等设备，于 2015 年 7 月 29 日发行。

Windows 10 在易用性和安全性方面有了极大的提升，除了针对云服务、智能移动设备、自然人机交互等新技术进行融合外，还对固态硬盘、生物识别、高分辨率屏幕等硬件进行了优化完善与支持。随着 Windows 10 的发行，Windows 和 Windows Phone 两个平台正式得到了整合。Windows 10 共有 12 个版本：Windows 10 家庭版（Home）、Windows 10 专业版（Pro）、Windows 10 专业版工作站版（Pro Workstation）、Windows 10 教育版（Education）、Windows 10 专业教育版（Pro Education）、Windows 10 企业版（Enterprise）、Windows 10 企业版 LTSB（Long Term Servicing Branch，长期服务分支）、Windows 10 企业版 LTSC（Long Term Servicing Channel，长期服务渠道）、Windows 10 移动版（Mobile）、Windows 10 企业移动版（Mobile Enterprise）、Windows 10 物联网版（IoT Core）、Windows 10 S 版。

3.2.2　Windows 的安装

1. Windows 10 操作系统对主要硬件配置的要求

Windows 10 操作系统对主要硬件配置的要求：CPU 要求 1 GHz 或更快的处理器或系统单芯片（SoC）；内存在 1 GB（32 位）或 2 GB（64 位）以上；硬盘空间在 16 GB（32

位操作系统）或 32 GB 以上（64 位操作系统）；显卡要求 DirectX 9 或更高版本（包含 WDDM 1.0 驱动程序）。

2. Windows 10 的安装准备与安装步骤

（1）安装准备

Windows 10 操作系统可以通过系统光盘、U 盘、硬盘等存储介质进行安装，在此介绍使用系统 U 盘安装 Windows 10 操作系统的主要步骤。

在可以正常使用的 Windows 系统电脑环境下进行安装前的准备工作。首先准备 1 个 8 GB 以上容量的空 U 盘，然后在微软官方网站（https://www.microsoft.com/zh-cn/software-download/windows10）下载媒体创建工具：MediaCreationTool21H2.exe，工具名称中 21H2 是指系统的版本，如图 3-3 所示，点击"立即下载工具"按钮即可下载。

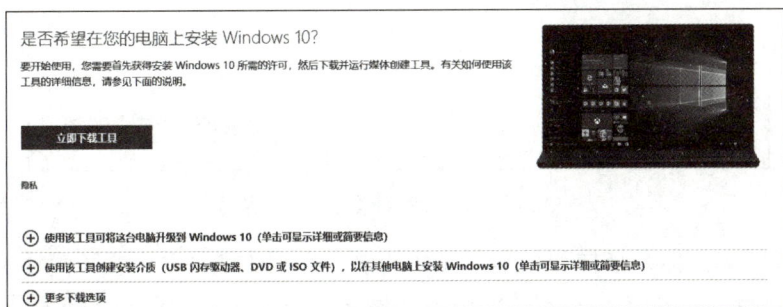

图 3-3 媒体创建工具 MediaCreationTool 下载

使用工具 MediaCreationTool21H2.exe 制作 Windows 10 系统安装 U 盘。运行已下载的

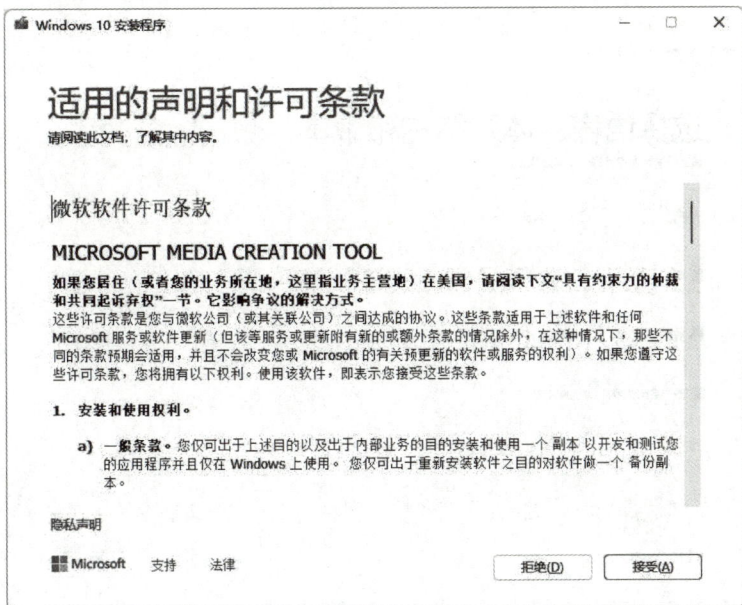

图 3-4 "适用的声明和许可条款"界面

工具，在如图 3-4 所示的"适用的声明和许可条款"界面中单击"接受"按钮。

进入"你想执行什么操作？"界面后，选择第二项"为另一台电脑创建安装介质（U盘、DVD 或 ISO 文件）"，单击"下一步"按钮，如图 3-5 所示。

图 3-5　"你想执行什么操作？"界面

在"选择语言、体系结构和版本"界面的语言选项中选择"中文（简体）"，版本选项中选择"Windows 10"，体系结构选项中选择"64 位（x64）"，默认勾选"对这台电脑使用推荐的选项"前面的复选框，如图 3-6 所示。

在"选择要使用的介质"界面中选择第一项"U 盘"，如果选择第二项"ISO 文件"，

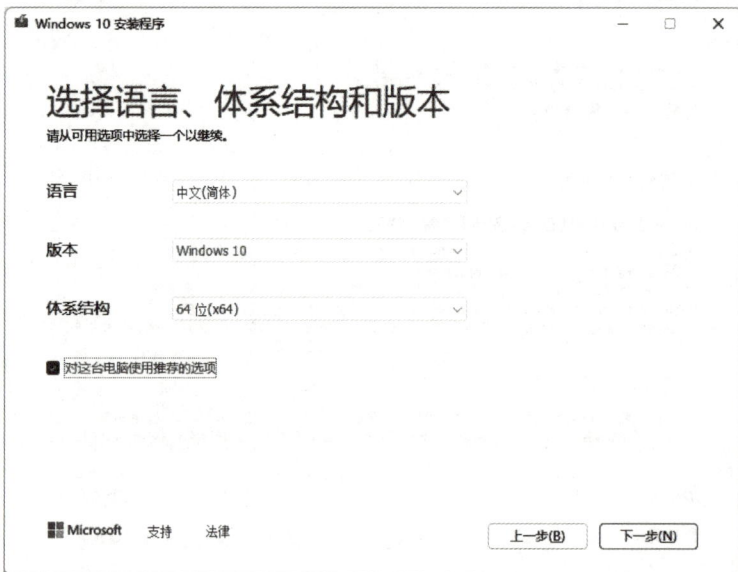

图 3-6　"选择语言、体系结构和版本"界面

则可以自动生成一个 Windows 10 的 ISO 光盘镜像文件，以后就可以将这个镜像文件刻录到 DVD 光盘或 U 盘中，如图 3-7 所示。

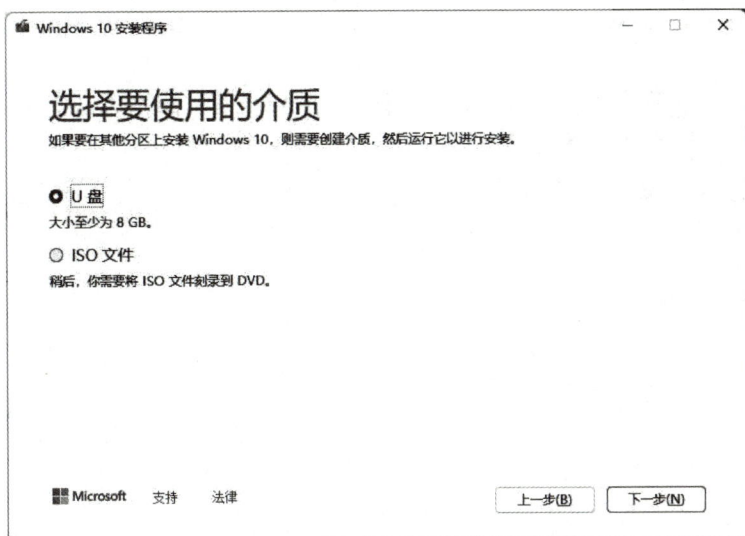

图 3-7 "选择要使用的介质"界面

此时将提前准备好的 U 盘插入电脑 USB 接口，在"选择 U 盘"界面中单击"刷新驱动器列表"，下方会出现"可移动驱动器"列表，在该列表中选择要制作使用的 U 盘，注意：制作过程中，电脑上插入多个 U 盘时一定要确保选择正确的 U 盘盘符，否则制作过程中会清空误选 U 盘，导致其上的重要数据丢失。选择好制作要使用的 U 盘后单击"下一步"按钮，如图 3-8 所示。

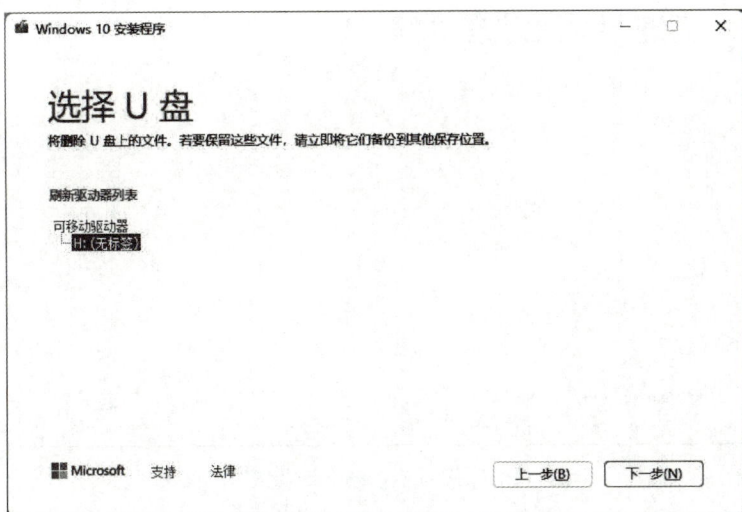

图 3-8 "选择 U 盘"界面

进入"正在下载 Windows 10"界面后，系统会在官方网站上下载 Windows 10 的安装文件，下方显示下载进度，通过该进度可以看到下载任务已经完成的百分比，此过程可能会稍微慢一点，请耐心等待，如图 3-9 所示。

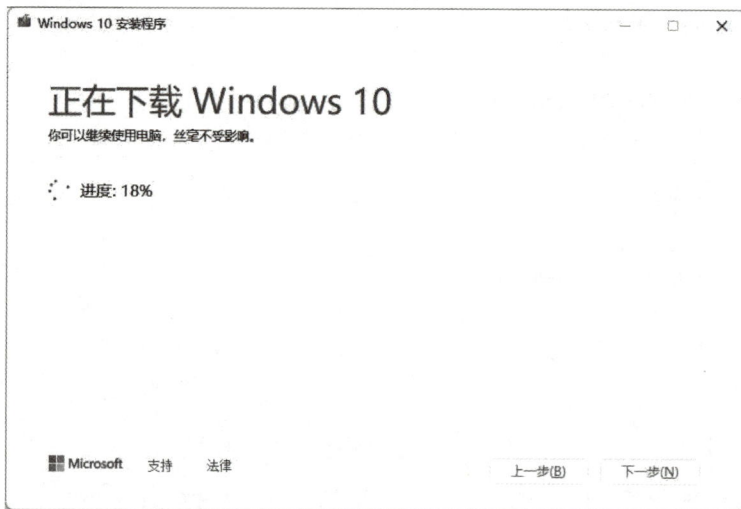

图 3-9 "正在下载 Windows 10"界面

当下载进度至 100% 完成下载后自动进入"正在验证你的下载"界面，对下载的 Windows 10 安装文件进行数据验证。验证通过后自动进入到"正在创建 Windows 10 介质"界面，创建完成后显示"你的 U 盘已准备就绪"界面，其中显示的盘符为之前选择用于制作的 U 盘，单击"完成"按钮后完成制作 Windows 10 的安装 U 盘，如图 3-10 所示。

图 3-10 "你的 U 盘已准备就绪"界面

在文件资源管理器中，打开制作完成的 Windows 10 系统安装 U 盘，可以看到 Windows 10 系统文件已保存在该 U 盘中，以后就可以使用此 U 盘安装 Windows 10 系统，如图 3-11 所示。

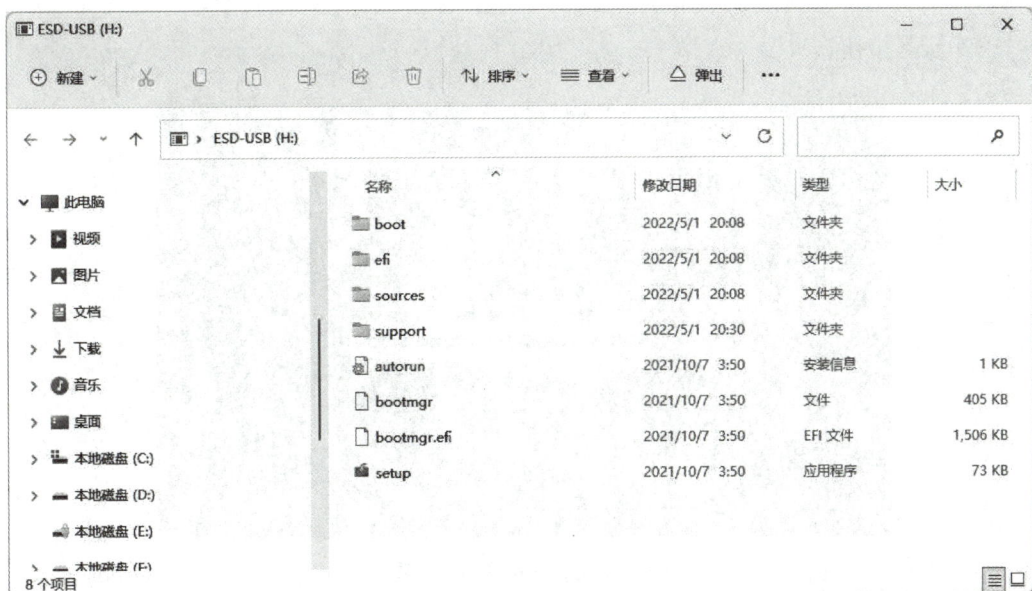

图 3-11　Windows 10 系统安装 U 盘

（2）安装步骤

先将已制作好的 Windows 10 系统安装 U 盘插入需要安装系统的电脑 USB 接口上，再启动计算机，在计算机启动到显示品牌标志的位置（如联想电脑会显示 Lenovo 图标）时，快速按下引导选项快捷键，计算机品牌不同所使用的快捷键也不相同，一般屏幕下方或右上角会有相关提示，如联想电脑提示为 F12：BOOT MENU，按下 F12 键后调出引导选项菜单，使用键盘上的方向键选择 USB 设备选项，按 Enter 键即可进入 U 盘引导，如图 3-12 所示。

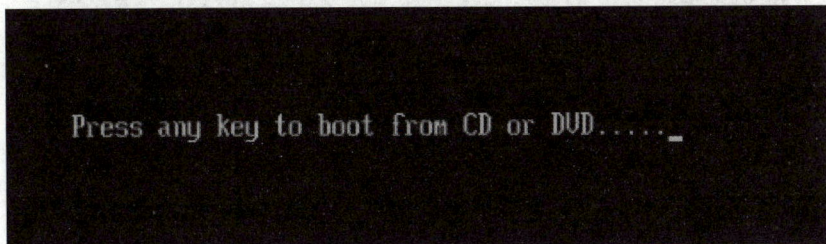

图 3-12　进入 U 盘引导

进入 U 盘引导后屏幕上方出现提示：Press any key to boot from CD or DVD（按任意键从 CD 或 DVD 启动），并在提示后方逐个显示圆点，此时快速按下键盘上的任意键将自动从 U 盘中的安装程序开始引导，同时打开"Windows 安装程序"窗口。

在"输入语言和其他首选项"界面（图 3-13）中，各选项都选择默认选项即可。"要安装的语言"及"时间和货币格式"两项默认选择"中文（简体，中国）"选项，"键盘和输入方法"选项默认选择"微软拼音"。如果有特殊需求可以进行修改。选择完成后单击"下一步"按钮。

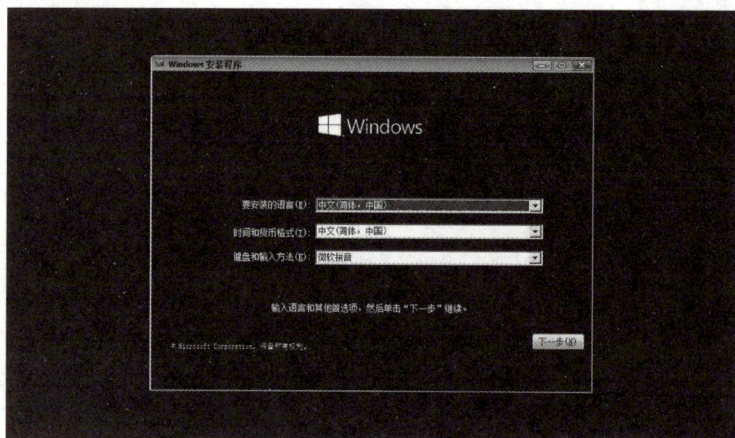

图 3-13 "输入语言和其他首选项"界面

在"安装或修复"界面（图 3-14）中单击中间的"现在安装"按钮，程序即可开始 Windows 10 的安装过程。窗口左下角有"修复计算机"，此选项是针对已经安装好的 Windows 10 操作系统出现故障而无法启动时进行修复使用的，包括系统还原、系统映像恢复、启动修复、重置电脑等多种功能，用户可以选择进行使用。

图 3-14 "安装或修复"界面

单击"现在安装"按钮后，进入"激活 Windows"界面（图 3-15），此时用户可以在中间的文本框中输入已经获取到的微软提供的产品密钥，单击"下一步"按钮进入"选择要安装的操作系统"界面。也可以选择下方的"我没有产品密钥"继续进行 Windows 10 的程序安装。

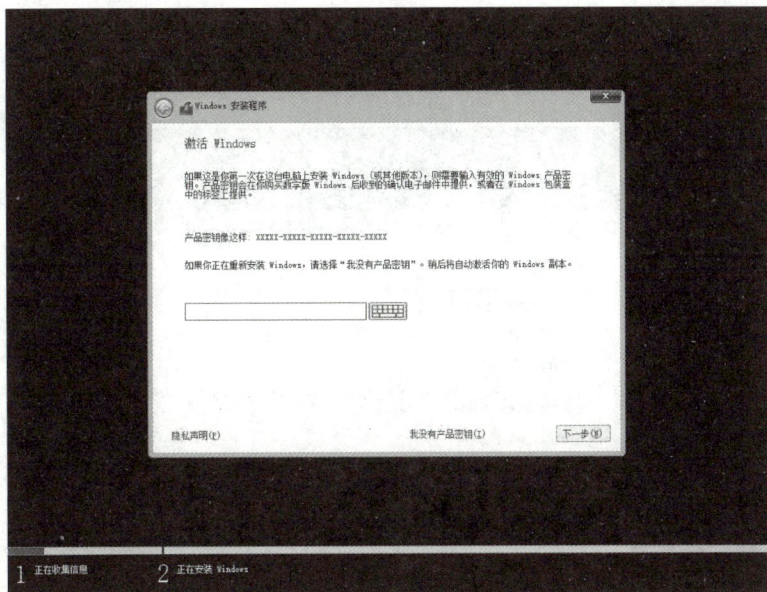

图 3-15 "激活 Windows"界面

在"选择要安装的操作系统"界面（图 3-16）中列出 4 种不同的 Windows 10 系统版本，有家庭版、家庭单语言版、教育版和专业版。用户可以根据自己的需求选择相应的版本进行安装，一般建议选择 Windows 10 专业版，因为在这 4 种系统版本中，专业版的系统功能是最完善的，选择好要安装的版本后单击"下一步"按钮。

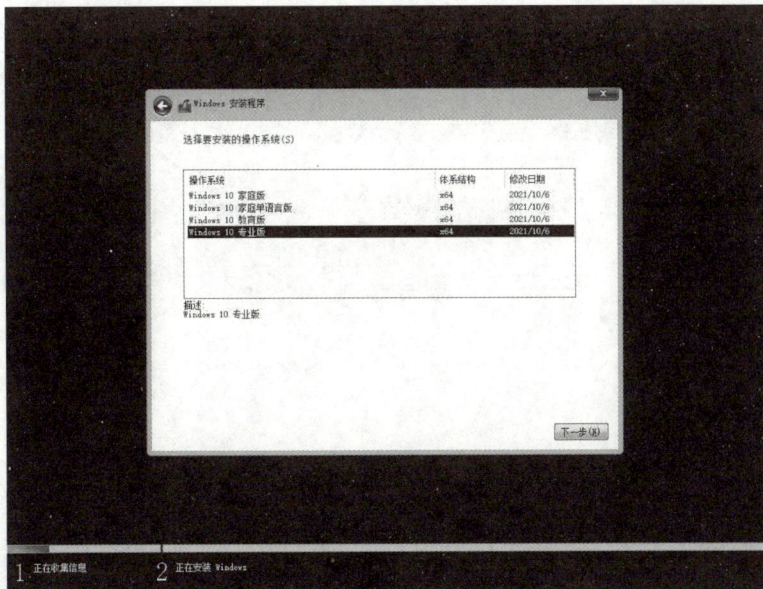

图 3-16 "选择要安装的操作系统"界面

在"适用的声明和许可条款"界面（图 3-17）中有该系统版本的最后更新日期和微软

软件许可条款，阅读完条款内容后勾选"我接受许可条款"前面的复选框，表示同意条款中的相关协议内容，"下一步"按钮由灰色变成可用状态，才可以进行后面的安装操作。

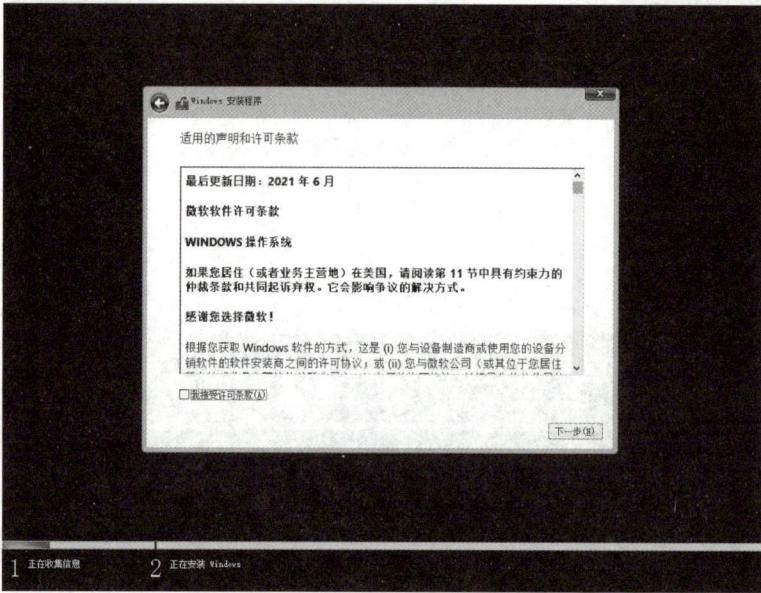

图 3-17 "适用的声明和许可条款"界面

单击"下一步"按钮，进入到"你想执行哪种类型的安装？"界面（图 3-18），有两项选择，升级和自定义。

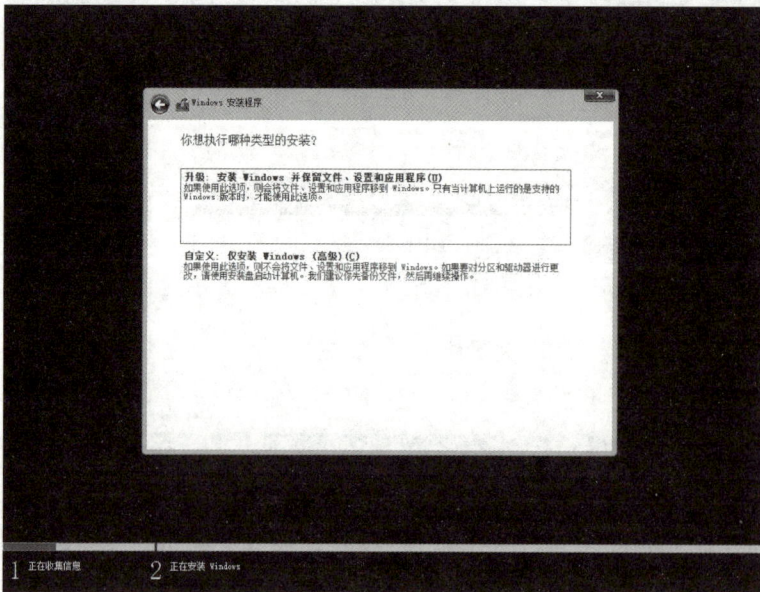

图 3-18 "你想执行哪种类型的安装？"界面

升级：安装 Windows 并保留文件、设置和应用程序。表示如果当前使用的计算机上已经安装有 Windows 的较低版本操作系统，便可以选择此选项进行安装，这种安装方法可以在现有系统的基础上进行升级，并保留原系统中的文件、设置和应用程序等内容。

自定义：仅安装 Windows（高级）。表示用户可以进行全新的安装，比如可以选择在哪个分区中进行安装，但安装所使用的分区一定要提前备份好重要文件，安装过程中程序将会清除所选分区中的所有内容。

提示：

（1）不同的软件对计算机系统软硬件环境的要求可能不同，升级安装不能保证原有操作系统下安装的软件在更新后的系统下也可正常运行。

（2）一台计算机上可以同时安装多个操作系统，用户在计算机启动时可以选择从哪个操作系统启动。

此处选择自定义安装进行教学操作。

在"你想将 Windows 安装在哪里？"界面（图 3-19）中，可以选择系统安装的位置，一般是安装到硬盘的第一个分区作为系统分区，同时要注意所选择分区的容量大小，建议选择 50 GB 以上的空间。如果硬盘较大且没有进行分区的话可以选择"新建"来对硬盘进行分区，但重新分区会将硬盘中的数据全部清除，建议用户慎重使用。选择好要安装的分区后单击"下一步"按钮。

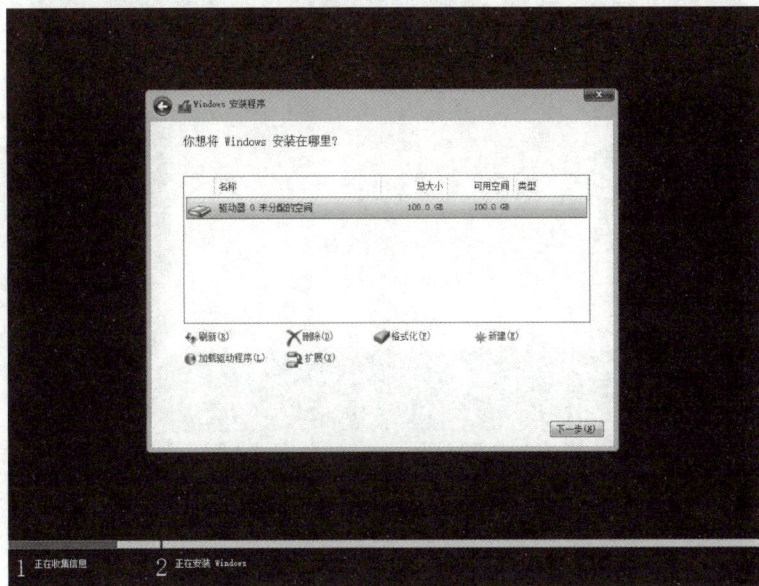

图 3-19 "你想将 Windows 安装在哪里？"界面

进入"正在安装 Windows"界面（图 3-20）开始进行安装，安装的步骤包括：正在复制 Windows 文件、正在准备要安装的文件、正在安装功能、正在安装更新、正在完成。每一项完成后会在该项目前显示对勾标志。

图 3-20　"正在安装 Windows"窗口

完成一系列安装步骤后进入"Windows 需要重启才能继续"界面（图 3-21），程序自动进入重启 10 s 倒计时，Windows 需要重新启动计算机才能继续进行安装，也可以单击下面的"立即重启"按钮直接进行重启。

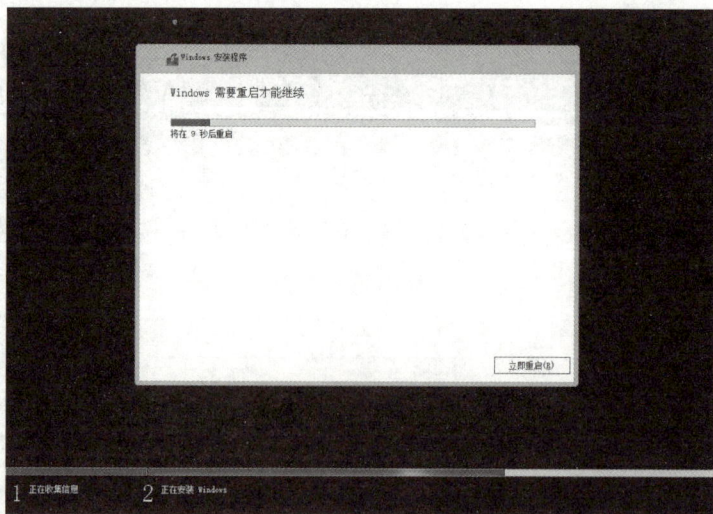

图 3-21　"Windows 需要重启才能继续"界面

计算机重启后安装程序自动进行后续的安装过程，此时不需要任何操作，用户等待程序完成安装即可。

安装完成后系统会进行一系列环境配置类的操作，根据提示进行每一步的设置。首先进行区域设置，在"区域设置"界面（图 3-22）中默认选择"中国"，单击"是"按钮进入下一界面，如图 3-22 所示。

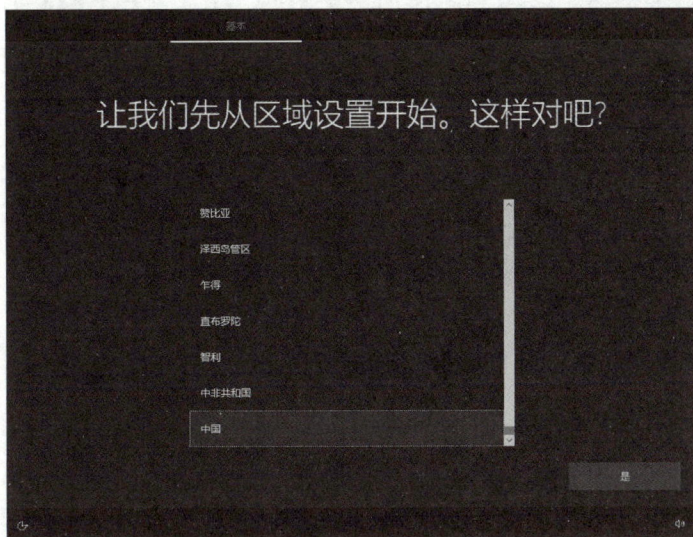

图 3-22　"区域设置"界面

在"键盘布局"界面（图 3-23）中有两个选项：微软拼音、微软五笔。默认选择"微软拼音"选项，用户也可以根据自己的使用习惯进行选择。选择完成后单击"是"按钮进入下一界面。

图 3-23　"键盘布局"界面

如果用户还想添加第二种键盘布局，可以在"第二种键盘布局"界面（图 3-24）中进行选择，单击"添加布局"按钮进行第二种键盘布局的添加，如果不需要再添加的话可以单击"跳过"按钮。

图 3-24 "第二种键盘布局"界面

添加完键盘布局后进行用户账户名的设置，在"设置账户名"界面（图 3-25）中提示"谁将会使用这台电脑?"，在下方的文本框中输入自己想要使用的名称。账户名称可以使用中文字符，不能使用 administrator，因为操作系统已经内置了此账户为管理员账户，单击"下一页"按钮。

图 3-25 "设置账户名"界面

账户名设置完成后要求对账户进行安全设置，即创建密码，在"创建密码"界面

（图 3-26）的文本框中输入需要设置的密码。如果用户不想创建密码，直接单击"下一页"按钮即可。

图 3-26 "创建密码"界面

接下来进行设备隐私相关的设置，在"隐私设置"界面（图 3-27）中有位置、诊断数据、查找我的设备、量身定制的体验、广告 ID 等相关的功能设置选项，如果用户不需要开启这些功能，在此可以逐个选择关闭，选择完成后单击"接受"按钮。

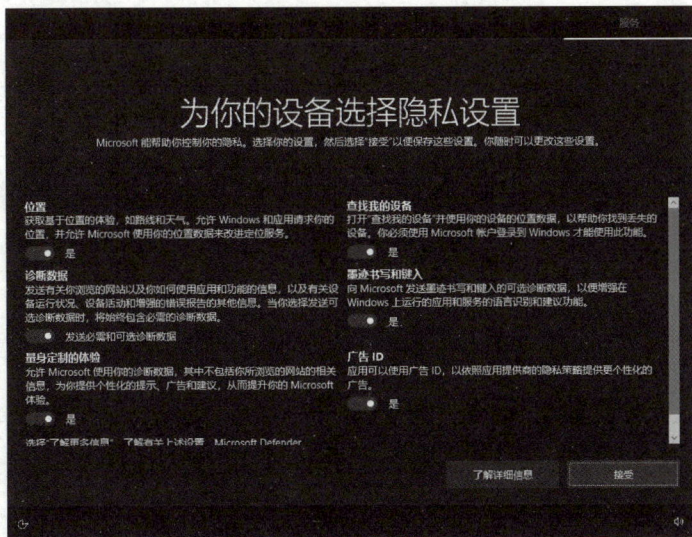

图 3-27 "隐私设置"界面

在"定制个性化体验"界面（图 3-28）中可以选择计划使用设备的所有方式，包括娱乐、游戏、学校、创造力、商业和家庭等选项，以便在设备设置和欢迎体验期间获得个性化的提示、广告和建议。用户可根据自己的需求在选项后面的复选框进行选择，选择完成后单击"接受"按钮，如果不需要则直接单击"跳过"按钮。

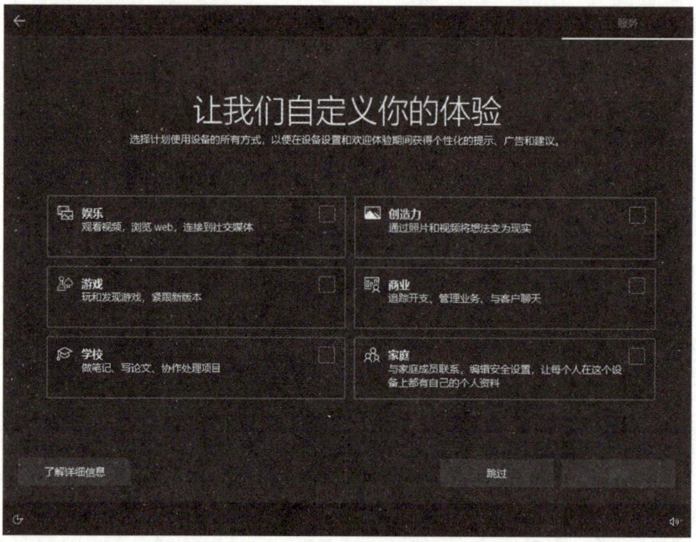

图 3-28 "定制个性化体验"界面

为了让 Cortana（微软个人智能助理，中文名为微软小娜）提供个性化体验和建议，系统需要访问一些个人信息，在"授权 Cortana 访问个人信息"界面（图 3-29），选择"接受"可以授权系统进行访问，如果不需要可以选择"以后再说"。

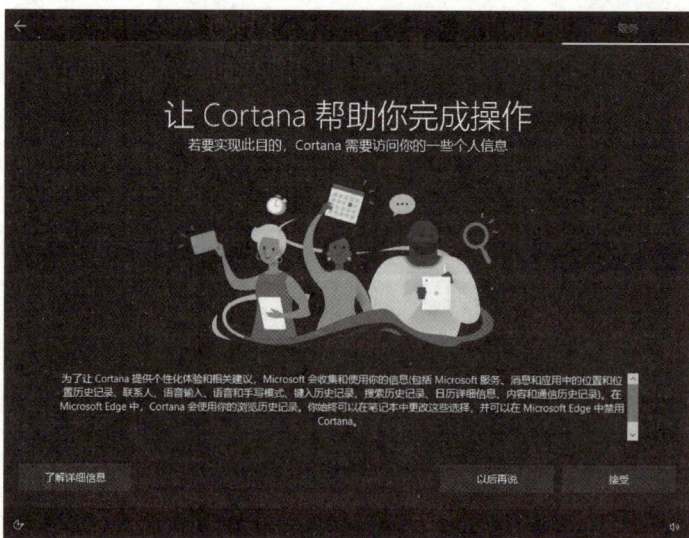

图 3-29 "授权 Cortana 访问个人信息"界面

完成授权 Cortana 访问个人信息相关的设置后，环境配置程序自动进行后续的一些系统配置，在此不需要用户进行任何操作，耐心等待完成配置即可，如图 3-30 所示。

图 3-30　环境配置程序自动进行后续的系统配置

完成最后的环境配置后，程序会自动进入 Windows 10 的桌面，至此 Windows 10 安装全部完成，用户可以使用 Windows 10 进行娱乐、工作和学习，如图 3-31 所示。

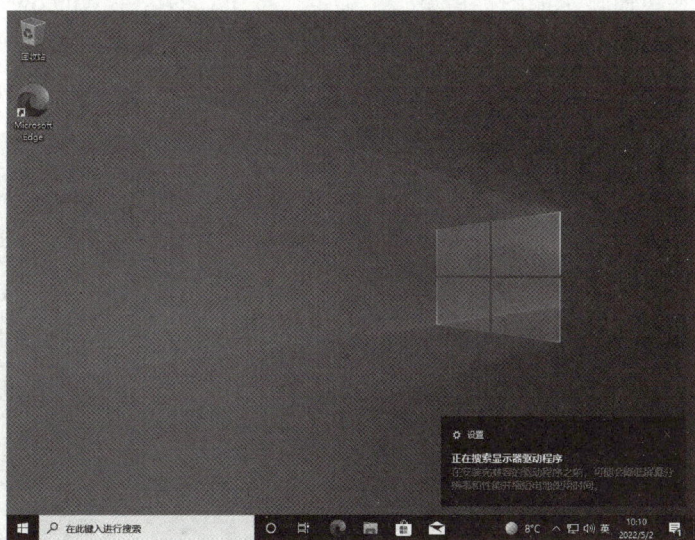

图 3-31　Windows 10 的桌面

初次完成安装 Windows 10 操作系统，桌面上只有"回收站"和"浏览器"图标，常用的用户的文件、计算机、控制面板等图标由于系统默认设置为隐藏而无法显示，此时可以在桌面空白处单击右键，在弹出的快捷菜单中选择"个性化"，在打开的"个性化"设置窗口左侧选择"主题"，在右侧"主题"设置区域下方单击"桌面图标设置"，如图 3-32 所示。

图 3-32 "个性化"设置窗口

在打开的"桌面图标设置"窗口中，可以看到只有"回收站"前面的复选框是勾选的，用户可以根据自己的需求，勾选常用的其他图标前面的复选框，如图 3-33 所示。

选择好需要在桌面显示的图标后单击"确定"按钮，即可在 Windows 10 桌面上显示常用的其他图标，如图 3-34 所示。

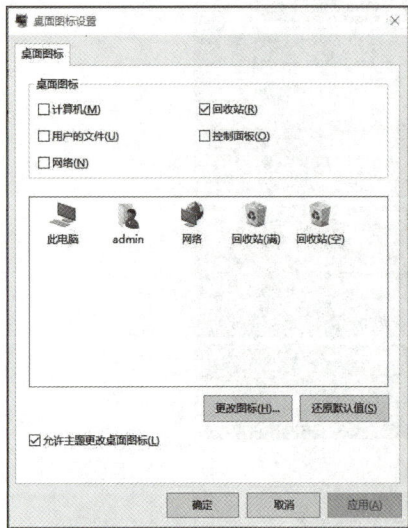

图 3-33 "桌面图标设置"窗口

图 3-34 显示常用的其他图标

3.2.3 Windows 的基本术语

在使用 Windows 操作系统时，不仅要学会如何去操作它，而且还要能够正确的认识每一个操作的对象的名称。

（1）桌面：指计算机开机正常启动登录到系统之后看到的显示器主屏幕区域。

（2）窗口：指打开一个文件或程序时所出现的界面。

（3）任务栏：指位于桌面底部的长条区域，主要显示正在后台工作的窗口名，它由"开始"按钮、搜索栏、活动任务区、资讯区域、通知区域（或称系统托盘）、操作中心等部分组成，如图 3-35 所示。

图 3-35　任务栏

（4）活动窗口：指当前的工作窗口，又称当前窗口。在有多个打开的窗口时，只有一个是活动窗口，它就是位于最上层，不被其他窗口遮掩的那个窗口。典型的 Windows 10 窗口如图 3-36 所示。

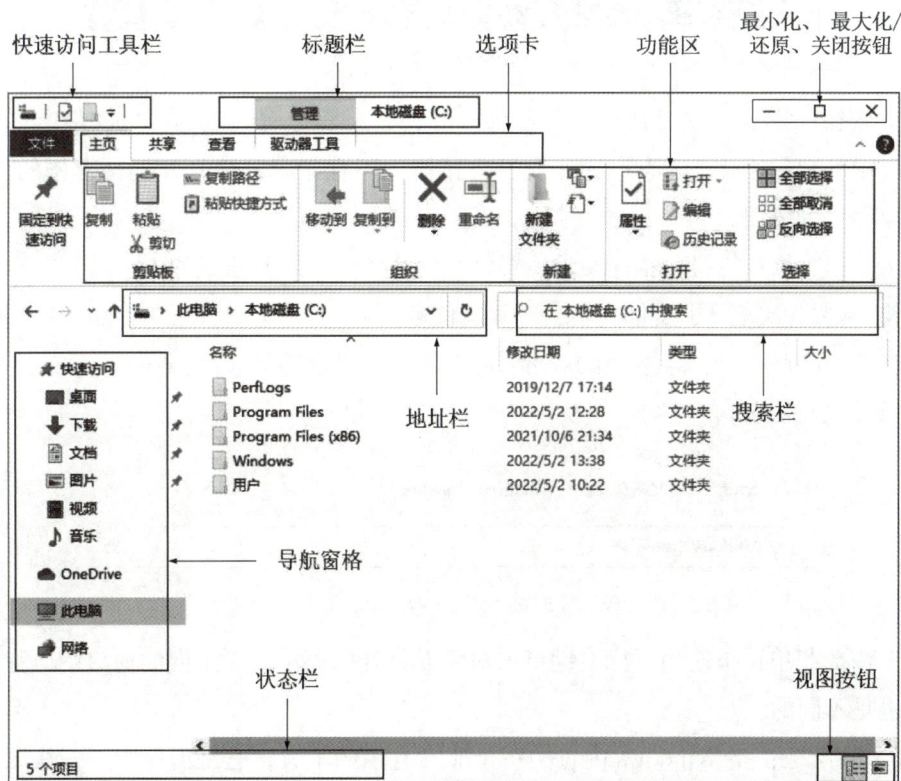

图 3-36　典型的 Windows 10 窗口

提示：

一般情况下，用户的所有操作都是在活动窗口中进行的。

（5）对话框：指用户在对任务进行操作的过程中系统自动弹出的一个"小窗口"，对话框一般没有快速访问工具栏、地址栏和功能区等，也没有最小化、最大化/还原、关闭等按钮，如图 3-37 所示。

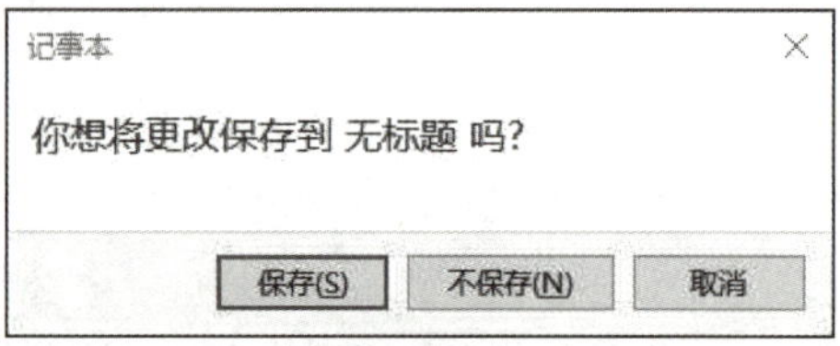

图 3-37　对话框

（6）图标：指具有明确含义的图形。其中桌面图标是软件标识，界面中的图标是功能标识，图标是计算机应用图形化的重要组成部分，如图 3-38 所示。

图 3-38　图标

（7）按钮：指窗口或对话框中的一种控件，其上面标有一定的控件功能。如图 3-36 所示窗口中的"最大化/还原""最小化"等按钮，还有如图 3-37 所示对话框中的"保存"或"不保存"等按钮。

（8）路径：指计算机中描述文件位置信息的一条通路。其格式如下：

盘符：\文件夹名\子文件夹名\……\文件名

如图 3-39 所示，尽管路径的显示方式不同，但都表示 C 盘 Windows 文件夹下的 System32 子文件夹。

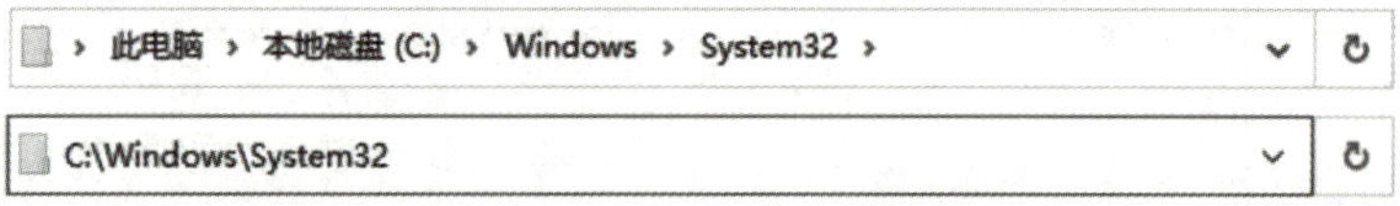

图 3-39　路径的显示方式

（9）快捷菜单：指使用鼠标右键单击对象而打开的菜单。在不同的窗口中所弹出的菜单内容也是不同的。

（10）剪贴板：指 Windows 内置的一个非常有用的工具，它是内存中的一块区域，通过使用剪贴板，使得在各种应用程序之间传递和共享信息成为可能。

提示：💬

剪贴板只能保留一份数据，每当新的数据传入，旧的数据便会被覆盖。

（11）选项卡：在 Windows 中有些窗口包含多组内容，用标题栏下的一排标签来分组标识，标签上标有对应该组内容的名称，这些标签称为选项卡。单击某一选项卡即出现相应分组的内容。如图 3-40 所示的"文件"和"查看"。

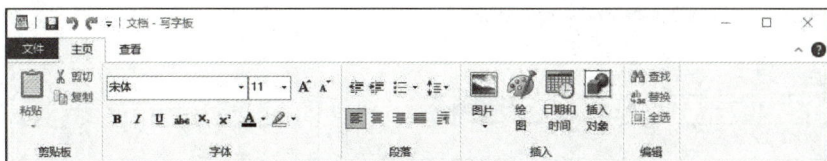

图 3-40　选项卡

（12）组合键：表示 2 个或 3 个按键组合在一起使用，来实现某一项功能，如组合键 Ctrl+N 可以新建一个新文件；组合键 Ctrl+O 可以打开"打开文件"对话框；组合键 Ctrl+P 可以打开"打印"对话框等。

> **提示：**
> 组合键在使用时，几个键要同时按下才能实现相应的功能。

3.2.4　Windows 的基础操作

1. 创建快捷方式

快捷方式指的是可以打开程序、文件或文件夹的快捷图标，它仅仅是个图标（并非该程序、文件或文件夹本身），该图标包含了相应实体程序、文件或文件夹存放的位置（即路径），因此当双击快捷图标时就可以快速打开相应的对象。

> **提示：**
> （1）对快捷方式进行删除、更名、移动等操作，不会对相应的实体程序、文件或文件夹等对象有任何影响。
> （2）从磁盘上删除程序、文件或文件夹等实体对象后，通过快捷图标访问时系统会显示相应对象找不到的提示信息。

下面举例说明创建 wmplayer.exe 应用程序快捷方式的操作方法。

步骤 1： 右击桌面空白处，在弹出的快捷菜单中选择"新建"，在弹出的子菜单中单击"快捷方式"，打开如图 3-41 所示的"创建快捷方式"对话框；

步骤 2： 单击"浏览"按钮，弹出如图 3-42 所示的"浏览文件或文件夹"对话框，选择"此电脑"，按路径"C:\Program Files\Windows Media Player\ wmplayer.exe"找到文件 wmplayer.exe 后单击"确定"按钮；

教学视频

创建快捷
方式

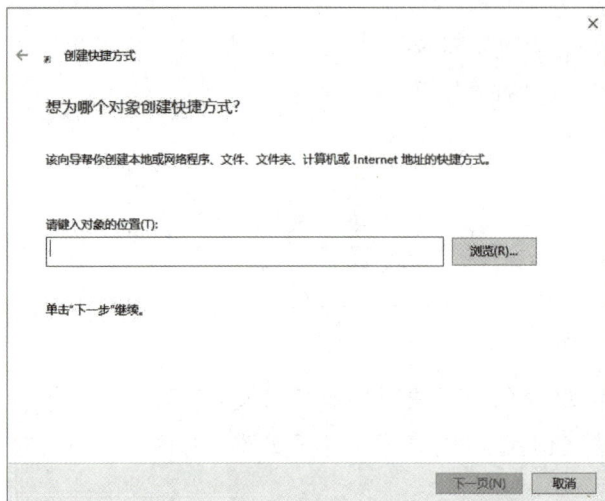

图 3-41　"创建快捷方式"窗口

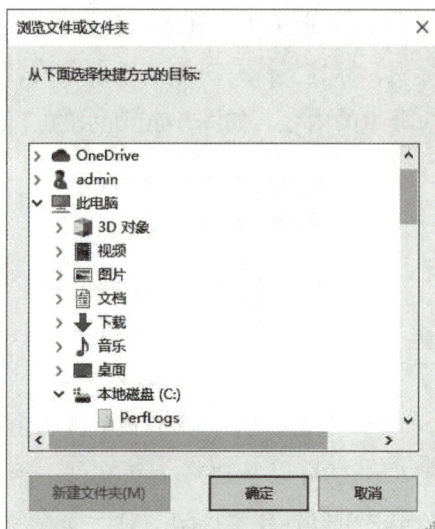

图 3-42　"浏览文件或文件夹"对话框

步骤 3：单击"下一步"按钮，输入新建快捷方式的名称，若不输入自定义的名称，系统默认将选定的程序文件名称 wmplayer 作为新建快捷方式的名称；

步骤 4：单击"完成"按钮，即可在桌面上创建名为 wmplayer 的快捷图标。以后要应用该程序时，直接在桌面上双击名为 wmplayer 的快捷图标即可。

> **提示：** 💬
>
> 快捷方式图标与其他图标的区别：在快捷方式图标的左下角有一个指向右上方的箭头。

2. 图标的操作

（1）图标的移动

将鼠标指向需要移动的图标上，按下左键不放并拖曳鼠标，此时图标即跟着鼠标移动，移动到合适的位置后释放鼠标左键即完成图标的移动。

> **提示：** 💬
>
> 在图标设置为自动排列的情况下，图标始终会以若干列整齐排列，将图标移动到列外时会自动调回，此时能改变的仅仅是图标的先后顺序；要想随意移动并放置桌面图标，应先取消"自动排列"设置，操作方法是在右击桌面空白处，在弹出的快捷菜单中选择"查看"，取消"自动排列图标"的选中状态即可。

（2）图标的排列

右击桌面空白处，在弹出的快捷菜单中选择"排列方式"，其子菜单中有"名称""大小""项目类型""修改日期"等排列方式，根据需要单击选择，即可按选中的排列方式重新排列桌面图标。

（3）图标的大小和显示属性的设置

右击桌面空白处，在弹出的快捷菜单中选择"查看"，其级联菜单中有"大图标""中等图标""小图标"等选项可改变桌面图标的大小；选择"显示桌面图标"可控制桌面图标的显示和隐藏（隐藏桌面图标后桌面不显示任何图标信息）；选择"自动排列图标"或"将图标与网格对齐"可取消或应用该设置项。

教学视频

图标的
操作

（4）图标的重命名

将前面建立的 wmplayer 快捷图标重命名为"播放器"。

右击 wmplayer 快捷图标，从弹出的快捷菜单中选择"重命名"，图标下方的文字以反白显示（即处于可编辑状态），使用键盘输入新名称"播放器"后，按 Enter 键或在桌面空白处单击鼠标即可完成图标的重命名操作。

> **提示：**
> 在 wmplayer 快捷图标上单击鼠标左键，再次单击图标名 wmplayer，图标下方的文字也可进入可编辑状态来进行重命名。

（5）删除图标与还原删除图标

删除前面在桌面上建立的 wmplayer 快捷图标主要有以下几种操作方法。

方法一：单击 wmplayer 快捷图标将其选定，按键盘上的"Delete"键，即可直接将此快捷方式移入回收站。

方法二：右击 wmplayer 快捷图标，从弹出的快捷菜单中，选择"删除"，即可直接将此快捷方式移入回收站。

方法三：将 wmplayer 快捷图标用鼠标拖曳至桌面上的回收站图标上，即可将此快捷方式移入回收站。

方法四：彻底删除图标。单击 wmplayer 快捷图标将其选定，按下组合键 Shift+Del，出现"确实要永久删除此快捷方式？"的对话框，选"是"即可彻底删除该图标而不放入回收站。

还原删除图标的操作方法如下。

方法一：双击桌面上的"回收站"图标，在打开的窗口中选定要还原的 wmplayer 快捷图标，单击"回收站工具"选项卡中的"还原选定的项目"按钮即可，如图 3-43 所示。

方法二：双击桌面"回收站"图标，在打开的窗口中选定要还原的 wmplayer 快捷图标后右击，在弹出的快捷菜单中选择"还原"即可。

图 3-43 "回收站工具"选项卡

提示：

在 Windows 中删除操作可分为逻辑删除与物理删除两种，逻辑删除的对象被暂时存放在一个叫回收站的地方，回收站是系统中一个特殊的文件夹，专门用来存放逻辑删除的对象，以上介绍的删除图标的方法一、二和三就是逻辑删除（即临时删除），逻辑删除的对象在需要的时候可以还原；而方法四介绍的删除方法为物理删除，即永久删除，对象被删除后并未放入回收站，因此不能通过回收站还原。

（6）使用图标启动应用程序、打开文件或文件夹

使用图标启动应用程序的操作方法如下。

方法一：将鼠标移动到要启动的应用程序的快捷方式图标上，双击鼠标即可。

方法二：右击要启动的应用程序的快捷方式图标，在弹出的快捷菜单中选择"打开"即可。

方法三：选定要启动的应用程序图标，再按 Enter 键即可。

用以上同样操作方法同样可以打开文件或文件夹。

3. 任务栏的操作

（1）任务栏的移动：右击任务栏的空白处，在弹出的快捷菜单中取消"锁定任务栏"的选定，然后按下鼠标左键并拖曳任务栏到桌面的右侧后释放鼠标，任务栏即被移动到桌面的右侧。用类似的操作可以将任务栏移动到桌面的左侧、顶部或底部。

（2）任务栏自动隐藏：右击任务栏的空白处，在弹出的快捷菜单中选择"任务栏设置"，在打开的"任务栏"设置窗口中单击"在桌面模式下自动隐藏任务栏"的开关按钮，使其处于"开"的状态，即可将任务栏设置成自动隐藏，如图 3-44 所示。任务栏设置成自动隐藏后，桌面上不显示任务栏，只有当鼠标移动到任务栏停靠的桌面边缘时才会显示任务栏。

提示：

任务栏默认情况下停靠在桌面的底部，用户可移动任务栏，但任务栏只能放置在桌面四周的位置。

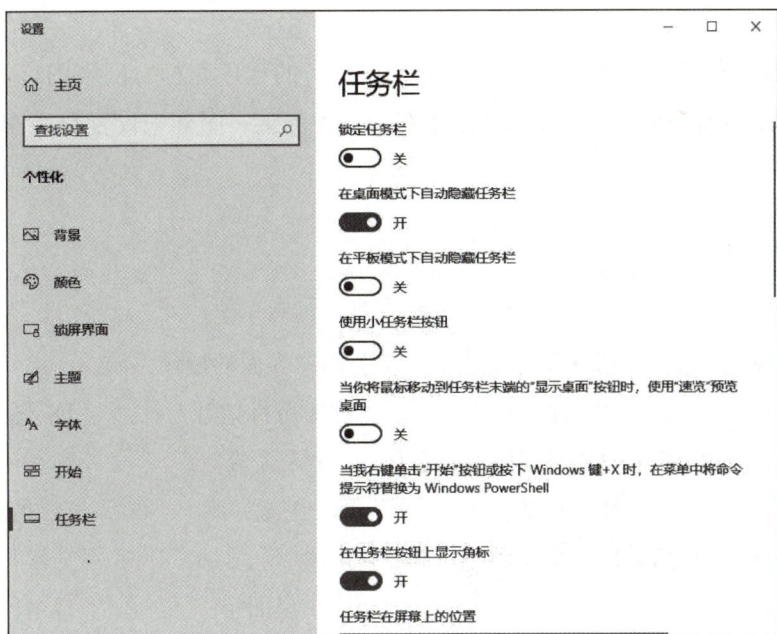

图 3-44 "任务栏设置"窗口

4. 活动任务区的操作

活动任务区显示了当前已打开的、正在运行的应用程序窗口图标，用户可以通过单击这些图标来实现程序之间的切换；也可右击这些图标，在弹出的快捷菜单中单击"关闭窗口"来关闭该程序。

5. 切换输入法

（1）用鼠标切换：单击任务栏通知区域 中的输入指示图标 （该图标为当前已经选定的输入法图标，选择其他输入法时也可能是其他形状的图标），弹出如图 3-45 所示的输入法列表，在其中单击"微软拼音"，即可切换成该输入法。

（2）用键盘切换：按组合键 Ctrl+Space（空格键），可在中文输入法和英文输入法之间进行切换；按组合键 Ctrl+Shift，可在不同输入法之间进行切换。

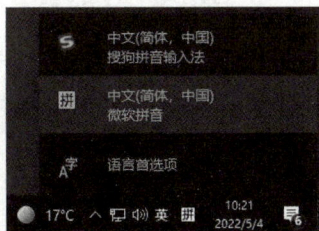

图 3-45 输入法列表

> **提示：** 💬
>
> 输入法列表中列出的是当前启用的输入法，如果列表中未列出所需的输入法，可先添加输入法，然后再切换。添加的方法参照本章第 4 节中的"添加 / 删除输入法"来完成。

6. 通知区域的操作

通知区域又称系统托盘，显示了部分正在运行的程序图标、网络图标、音量图标、系统当前日期和时间等。可用鼠标单击或右击其中的某一图标来设置或查看更多的相关信息。

知识练习 3.2

一、选择题

1. Windows 是微软公司开发的基于（　　　）用户界面的操作系统。

A. 字符 　　　　　　　 B. 窗口 　　　　　　　 C. 鼠标指针 　　　　 D. 图形

2.（多选题）Windows 的安装可以通过（　　　）来完成。

A. 硬盘 　　　　　　　 B. 光盘 　　　　　　　 C. U 盘 　　　　　　 D. 网络

3. Windows 系统启动后，显示器主屏幕区域称为（　　　）。

A. 图标 　　　　　　　 B. 窗口 　　　　　　　 C. 桌面 　　　　　　 D. 任务栏

4. 安装 Windows 10（64 位）时对内存的最小要求是（　　　）GB。

A. 1 　　　　　　　　　 B. 2 　　　　　　　　　 C. 3 　　　　　　　　 D. 4

5. Windows 中的活动窗口有（　　　）个。

A. 1 　　　　　　　　　 B. 2 　　　　　　　　　 C. 3 　　　　　　　　 D. 4

6. 剪贴板是（　　　）中的一块区域。

A. CPU 　　　　　　　　 B. 内存 　　　　　　　 C. 硬盘 　　　　　　 D. U 盘

7. 下面正确退出 Windows 的操作是（　　　）。

A. 直接关掉电源

B. 关闭所有窗口后，再直接关掉电源

C. 关闭应用软件，在开始菜单中选择"电源→关机"

D. 按 Reset 按钮

8. Windows 不是（　　　）。

A. 图形界面操作系统 　　　　　　　　 B. 具有硬件即插即用功能的操作系统

C. 多任务操作系统 　　　　　　　　　 D. 分布式操作系统

9. 在 Windows 中，任务栏的主要作用是（　　　）。

A. 显示系统的所有功能 　　　　　　　 B. 只显示当前活动窗口名

C. 显示正在后台工作的窗口名 　　　　 D. 实现窗口间的切换

二、简答题

1. 说明 Windows 中窗口与对话框的区别。

2. 说明 Windows 桌面由哪些部分组成。

3. Windows 任务栏有什么功能？可以进行哪些操作？

技能练习 3.2

实训项目：Windows 的基础操作练习。

1. 实训目标

（1）认识 Windows 的桌面环境。

（2）学会 Windows 的基础操作。

2. 实训内容

（1）练习输入法的切换操作。

（2）将任务栏移动到桌面左侧。

（3）在桌面创建"记事本"的快捷方式。

（4）把"记事本"的快捷图标重命名为"我的记事本"。

（5）删除快捷图标"我的记事本"。

（6）从回收站恢复已经删除的快捷图标"我的记事本"。

（7）物理删除快捷图标"我的记事本"。

3.3 Windows 的文件管理 »

知识与技能目标

1. 掌握磁盘、文件和文件夹的概念。

2. 熟悉文件资源管理器窗口，掌握文件资源管理器的操作。

3. 掌握文件和文件夹的各种操作。

知识与技能学习

我们在计算机中输入的所有信息都是以文件方式保存的，那么什么是文件？在 Windows 中的文件可以进行哪些操作呢？

3.3.1　磁盘、文件和文件夹的概念

1. 磁盘的概念

磁盘存储驱动器一般简称磁盘，Windows 中磁盘由字母加上后面的冒号来表示，称为盘符（如 C:）。一般情况下，第 1 个磁盘驱动器和第 2 个磁盘驱动器都是软盘驱动器，分别用 A: 和 B: 表示（现今的计算机已不使用软盘驱动器）。硬盘主分区通常被称为 C: 盘，有多块物理硬盘或硬盘有多个分区时，则也用相应的字母如 D:、E:、F: 等表示，每个分区就像是独立的磁盘，光盘驱动器、U 盘、移动硬盘等其他存储器在 Windows 中也是用盘符来表示。

2. 文件的概念

文件是一个具有名称的相关信息的集合，例如程序、程序所使用的数据或用户创建的文档都可以称为一个文件。每个文件都有一个唯一的标识，即文件名，文件名由文件名称和扩展名两部分组成，文件名称和扩展名之间用"."分割。不同的扩展名表示了不同的文件类型，例如，扩展名为 .exe 表示可执行文件、.bat 表示批处理文件、.doc 或 .docx 表示 Word 文档、.xls 或 .xlsx 表示 Excel 文件等，不同扩展名的文件在计算机中可能显示为不同的图标。

> **提示：** 💬
>
> 文件是 Windows 管理数据的基本单位，Windows 用一个图标表示文件。

3. 文件夹的概念

文件夹是 Windows 中用以分类整理和放置文件的容器，在 Windows 中用看起来像夹子的图标表示。文件夹中可放置文件，也可以放置其他文件夹。

4. 文件和文件夹的命名规则

具体命名规则如下。

（1）用具有一定含义的字母、数字、汉字或～、!、@、#、$、%、^、&、（ ）、_、-、{}、'等符号组合而成。最多可以由 255 个西文字符或 127 个汉字组成。

（2）文件名可以有扩展名，也可以没有。有些情况下系统会为文件自动添加扩展名。

（3）文件或文件夹名中不能出现的 9 个字符：\、/、:、*、?、"、<、>、|。

（4）文件或文件夹名不区分英文字母大小写。如名称"abc""Abc""ABC"代表的含义是相同的，但同一个文件夹下文件的扩展名不同时文件名可以相同。

3.3.2　文件和文件夹的操作

Windows 对文件和文件夹的操作主要是通过文件资源管理器来完成的。

1. 启动文件资源管理器

方法一：双击桌面上的"此电脑"图标或右击"开始"按钮，在弹出的菜单中选择"文件资源管理器"，即可打开"文件资源管理器"窗口，如图 3-46 所示。

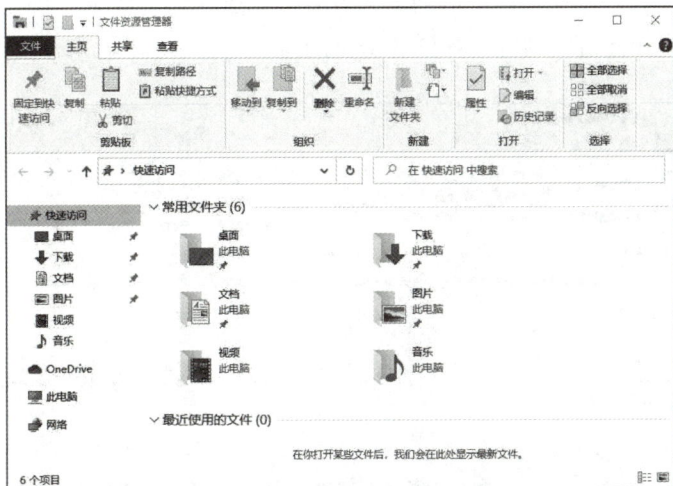

图 3-46 "文件资源管理器"窗口

方法二：从"开始"菜单的"Windows 系统→文件资源管理器"中也可以启动文件资源管理器，如图 3-47 所示。

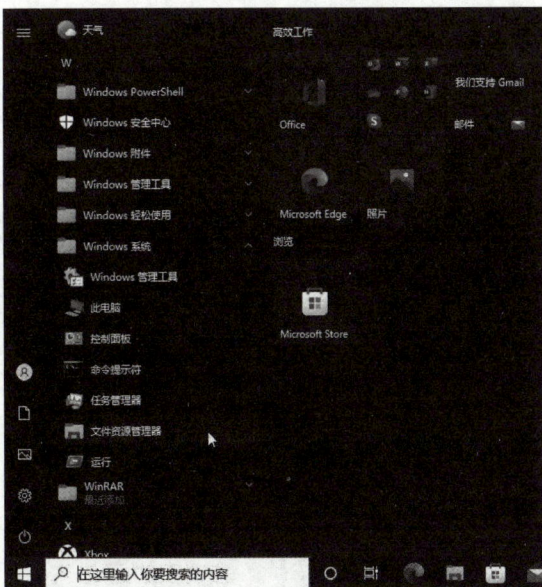

图 3-47 "开始"菜单中的"文件资源管理器"

2. 浏览文件夹

在文件资源管理器左侧导航窗格中双击 C: 磁盘图标，展开 C: 磁盘下的目录结构，单

击"Program Files"文件夹图标，此时文件资源管理器右侧窗格显示 C:\Program Files 下的所有文件和文件夹，在"查看"选项卡下布局组中有"超大图标""大图标""中图标""小图标""列表""详细信息""平铺"和"内容"等选项，根据需要单击选择即可在相应的查看方式下浏览文件夹；另外，在不同的查看方式下，可以在"查看"选项卡的功能区中设定不同的排序方式和分组依据等，如图 3-48 所示。

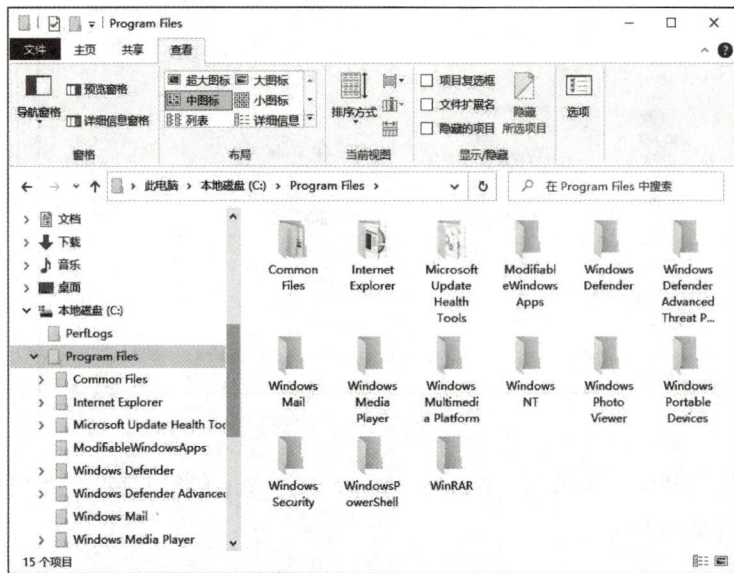

图 3-48　浏览文件夹

3. 创建文件和文件夹

在 C:\Program Files 下创建名为"我的文件"的文件夹时，在显示 C:\Program Files 文件夹的文件资源管理器右侧窗格空白处右击，在弹出快捷菜单中依次选择"新建→文件夹"，即可创建一个默认名为"新建文件夹"的文件夹，此时光标停留在名称框内，可进行名称的修改；输入"我的文件"作为文件夹名后，按 Enter 键或单击窗口或桌面空白处即可完成文件夹的创建。

用上述相同的方法可以创建一个空白文件（即文件中不包含任何内容），只要在弹出的快捷菜单中选择"新建"后，再选择要创建的相关文件类型即可。

4. 选定操作

（1）选定一个文件或文件夹：在文件资源管理器中找到该文件或文件夹，单击该文件或文件夹即可选定。

（2）选定连续排列的多个文件和文件夹：选定第一个文件或文件夹后，按住 Shift 键再选定连续排列的最后一个文件或文件夹。

（3）选定多个不连续排列的文件或文件夹：按住 Ctrl 键，同时逐个单击文件或文件夹。

提示：💬
按组合键 Ctrl+A，即可完成当前文件夹内所有文件和文件夹的选定。

5. 重命名操作

在需要重命名的文件或文件夹图标上单击鼠标右键，在弹出的快捷菜单中选择"重命名"，此时该文件或文件夹名称处于可编辑状态，输入新的名称后按 Enter 键或在空白处单击鼠标即可完成重命名。

6. 复制操作

选定要复制的一个或多个文件或文件夹，右击要复制的文件或文件夹，在弹出的快捷菜单中选择"复制"。然后切换到目标文件夹窗口，右击窗口空白处，在弹出的快捷菜单中选择"粘贴"。

提示：💬
选定要复制的对象后按下组合键 Ctrl+C，切换到目标文件夹窗口，按下组合键 Ctrl+V 也可以完成复制操作。

7. 移动操作

选定要移动的一个或多个文件或文件夹，右击要移动的文件或文件夹，在弹出的快捷菜单中选择"剪切"。然后切换到目标文件夹窗口，右击窗口空白处，在弹出的快捷菜单中选择"粘贴"。

提示：💬
选定要移动的对象，按下组合键 Ctrl+X，切换到目标文件夹窗口，按下组合键 Ctrl+V 也可以完成移动操作。

8. 删除操作

文件或文件夹的删除操作同上节介绍的删除图标操作相同。

9. 属性设置

常用的文件或文件夹属性有两个：只读和隐藏。

（1）只读：对于具有只读属性的文件，可以查看它的内容，也能复制，但不能修改其内容。文件夹的只读仅应用于文件夹中的文件。

（2）隐藏：对于具有隐藏属性的文件或文件夹。在系统常规设置下不显示该文件或文件夹。

右击文件或文件夹图标，在弹出的快捷菜单中选择"属性"，打开文件或文件夹的"属性"对话框。文件"属性"对话框如图 3-49 所示，文件夹"属性"对话框如图 3-50 所示。

图 3-49　文件"属性"对话框

图 3-50　文件夹"属性"对话框

设置"只读"和"隐藏"属性时只需要勾选相应属性前的复选框后单击"确定"按钮即可，去除相应属性时将复选框中的钩去掉即可。

显示已隐藏的文件或文件夹方法如下。

在文件资源管理器中单击"文件→选项"，打开"文件夹选项"对话框，如图 3-51 所示，在"查看"选项卡的"高级设置"组中勾选"显示隐藏的文件、文件夹和驱动器"前的单选钮，单击"确定"按钮便可以在隐藏文件或文件夹所在位置看到隐藏内容了。

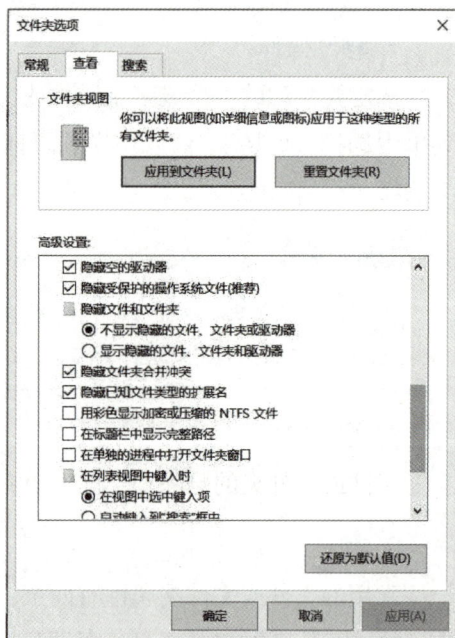

图 3-51　"文件夹选项"对话框

知识练习 3.3

一、选择题

1. 一台计算机硬盘盘符的最后标识为"E:"，说明该计算机有（　　）块物理硬盘。

A. 1　　　　　　　B. 2　　　　　　　C. 3　　　　　　　D. 不能确定

2. 微型计算机的 CPU 和内存储器的总称是（　　）。

A. CPU　　　　　　B. ALU　　　　　　C. MPU　　　　　　D. 主机

3. 下面不合法的文件名是（　　　）。

A. 石油简介 .doc　　　B. _zhang_Jia.txt　　　C. china.doc　　　D. ?shanghai

4. 进行复制操作时，可以用组合键（　　　）进行完成。

A. Ctrl+X　　　　　B. Ctrl+C　　　　　C. Ctrl+A　　　　　D. Ctrl+V

二、简答题

1. 什么是文件？简述文件可以有哪些操作。

2. 简述文件和文件夹的命名规则。

技能练习 3.3

实训项目：文件资源管理器的操作。

1. 实训目标

（1）认识文件资源管理器的窗口组成。

（2）学会在文件资源管理器中对文件和文件夹进行各种操作。

2. 实训内容

（1）启动文件资源管理器。

（2）认识文件资源管理器的窗口组成。

（3）在文件资源管理器中进入 D: 盘，创建一个以自己的姓名拼音来命名的文件夹。

（4）将文件夹重命名为自己的汉字姓名。

（5）将该文件夹进行复制、移动、删除操作。

3.4　Windows 的系统管理　»

知识与技能目标

1. 了解桌面外观设置的内容。

2. 学会应用程序的安装与卸载。

3. 学会添加与删除输入法。

4. 学会添加字体。

5. 掌握 Windows 启动加载项目的管理。

6. 掌握账户管理的相关操作。

7. 掌握日期／时间和时区、鼠标、显示属性等的设置方法。

知识与技能学习

Windows 操作系统提供了强大的功能，用户在使用时可以根据操作习惯与应用要求对其进行个性化配置，也可以根据不同需求安装相应的应用程序，实现某种应用功能。

3.4.1 桌面外观设置

用户可以根据自己的习惯与爱好来设置桌面主题，具体步骤如下。

步骤一：右击桌面空白处，在弹出的快捷菜单中选择"个性化"，打开"个性化"设置窗口，在左侧窗格选择"主题"，右侧窗格即显示出"主题"设置内容，如图 3-52 所示。

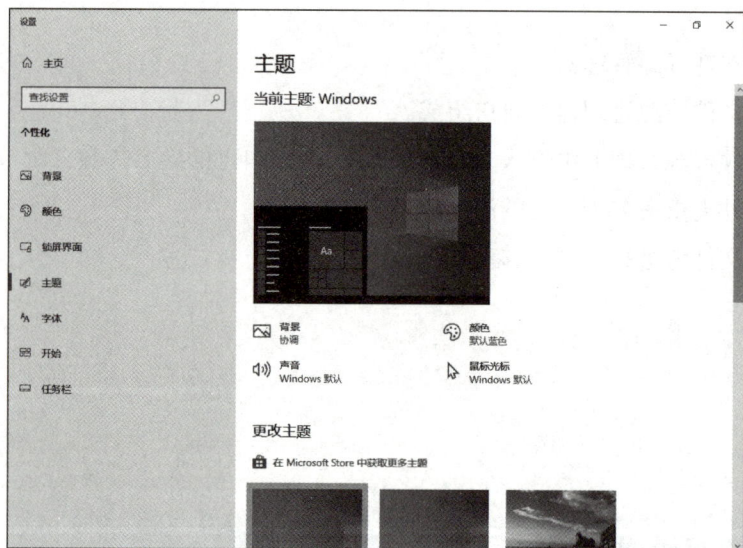

教学视频

设置桌面
主题

图 3-52 "个性化"设置窗口中的"主题"设置内容

步骤二：在"更改主题"下方预置了多个主题，单击所需主题的图标即可将该主题应用到桌面外观。

用户也可以根据自己的习惯与爱好来设置桌面背景，具体步骤如下。

步骤一：如果需要自定义个性化桌面背景，则在"个性化"设置窗口的左侧窗格选择"背景"，右侧窗格即显示出"背景"设置内容，如图 3-53 所示，在"背景"下拉列表中可选择"图片""纯色""幻灯片放映"等样式。

图 3-53 "个性化"设置窗口中的"背景"设置内容

步骤二：当选择"幻灯片放映"样式时，通过"浏览"按钮可添加多张自己喜欢的图片，再设置"图片切换频率"为"30分钟"，则图片会每隔30分钟自动切换；选择"无序播放"选项可以实现图片随机播放；"选择契合度"选项可以设置桌面背景图片的显示方式，包括"填充""适应""拉伸""平铺""居中""跨区"等选项，如图3-54所示。

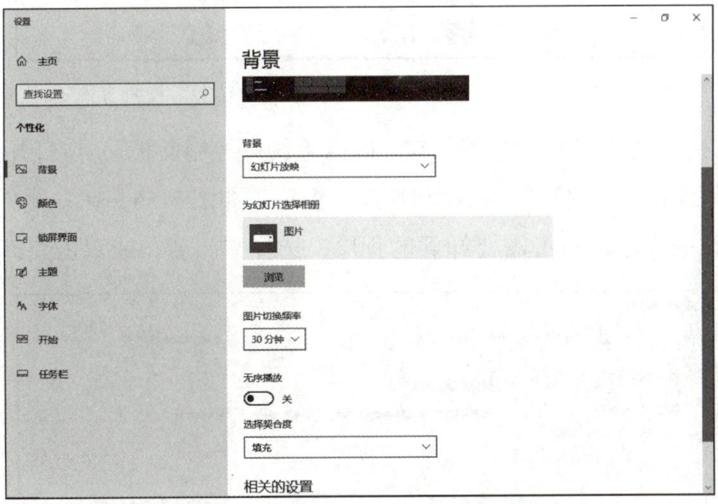

图 3-54 选择"幻灯片放映"样式

步骤三：设置完成后不需要保存，直接关闭设置窗口即可。

3.4.2 管理应用程序

1. 安装应用程序

应用程序安装可通过相应的安装程序来完成；如果程序可直接运行而无需安装，则复制到计算机的某个目录下即可。

2. 卸载应用程序

方法一：右击"开始"按钮，在弹出的快捷菜单中选择"应用和功能"，打开"应用"设置窗口中的"应用和功能"设置界面，如图 3-55 所示，在右侧窗格中列出了系统中安装的所有应用程序，找到并单击需要卸载的应用程序图标，下方出现"修改"和"卸载"两个按钮，单击"卸载"按钮，按照提示即可完成卸载。

图 3-55 "应用"设置窗口中的"应用和功能"设置界面

方法二：在"开始"菜单中选择"Windows 系统→控制面板"，在打开的"控制面板"窗口中单击"卸载程序"，打开"程序和功能"窗口，如图 3-56，在右侧列表框中列出了当前系统中安装的程序，右击需要卸载的程序，选择"卸载"或双击要卸载的程序列表

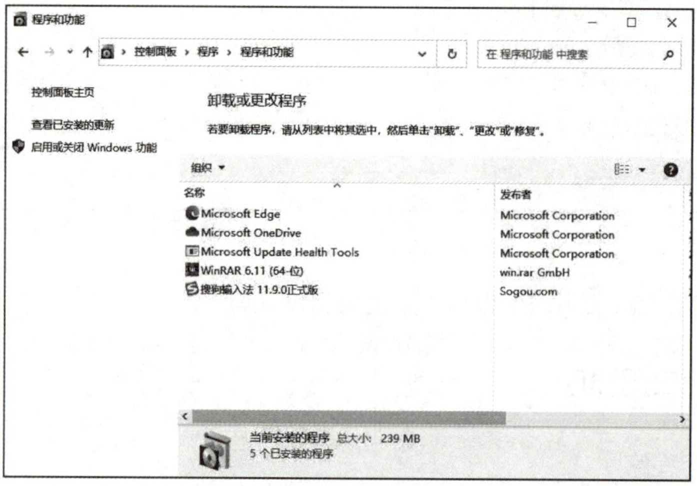

图 3-56 "程序和功能"窗口

项，按照提示即可完成卸载。

3.4.3　添加 / 删除输入法

输入法的添加 / 删除步骤：单击桌面右下角的输入法图标，在弹出的输入法选择菜单中选择"语言首选项"，在打开的"时间和语言"设置窗口的右侧窗格中显示的是"语言"设置内容，选择"首选语言"下方的"中文（简体，中国）"，如图 3-57 所示。

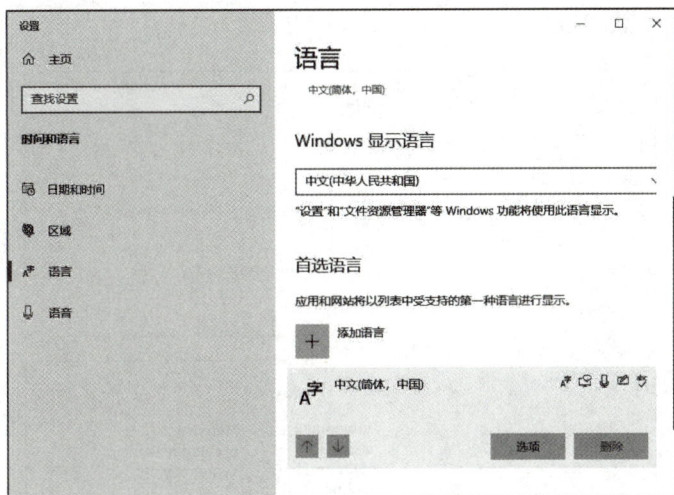

教学视频

添加
输入法

图 3-57　"时间和语言"设置窗口"语言"设置内容

单击下方弹出的"选项"按钮，打开"语言选项：中文（简体，中国）"设置窗口，单击"键盘"项目中的"添加键盘"，在弹出的输入法列表中单击需要添加的输入法，即可完成添加。"添加键盘"下面列出已经添加好的输入法，选择需要删除的输入法项目，单击弹出的"删除"按钮即可删除该输入法，如图 3-58 所示。

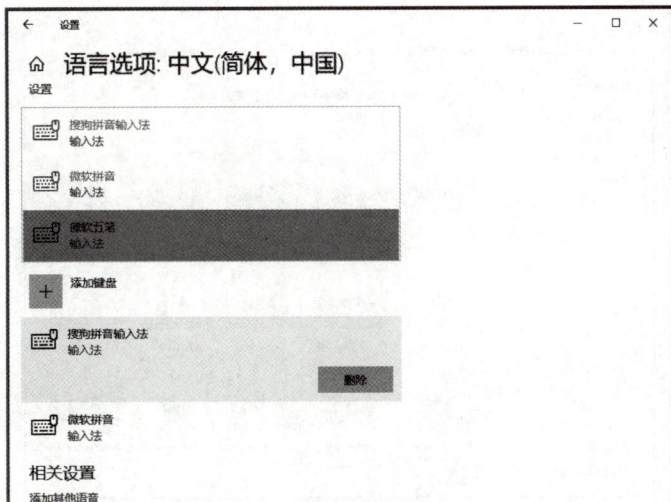

图 3-58　"语言选项：中文（简体，中国）"设置窗口

3.4.4 添加字体

字体是指文字的显示样式或显示效果，同样内容的"计算机"三个字，以隶书字体的显示效果和以楷体字体的显示效果是不一样的。

方法一：右击桌面空白处，在弹出的快捷菜单中选择"个性化"，打开"个性化"设置窗口，在设置窗口左侧窗格中选择"字体"，右侧窗格中则显示"字体"设置内容，将准备好的字体文件直接拖放到"添加字体"下方标示"拖放以安装"的虚线框内，即可完成添加字体操作，如图 3-59 所示。

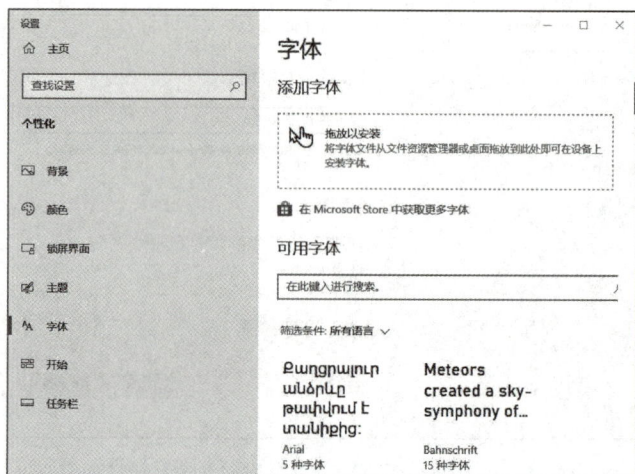

图 3-59 "个性化"设置窗口中的"字体"设置内容

方法二：在控制面板中选择"外观和个性化→字体"，在打开的"字体"窗口中显示所有系统已安装的字体，可以直接将准备好的字体文件拖放到右侧窗格的字体区域，即可完成添加字体操作，如图 3-60 所示。

图 3-60 "字体"窗口

方法三：右击准备好的字体文件，在弹出的快捷菜单中选择"安装"或"为所有用户安装"，即可开始安装该字体，如图 3-61 所示。

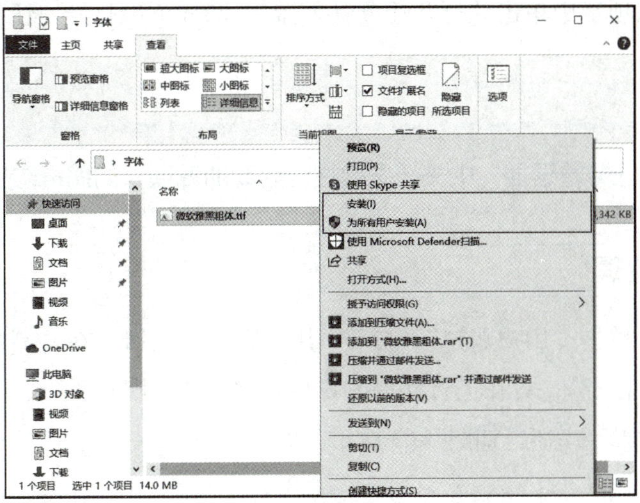

图 3-61 通过快捷菜单来安装字体

注意： ⚠️

字体文件的扩展名为".ttf"，用户在网上下载时需要选择正确的字体文件进行下载。

3.4.5 启动加载项管理

启动加载项管理可以让用户选择系统启动时需要加载的程序。

方法一：右击任务栏空白处，在弹出的快捷菜单中选择"任务管理器"，在打开的"任务管理器"窗口中选择"启动"选项卡。"启动"选项卡下的列表显示了所有可启动的加载项及其启用状态，可以通过"启用"或"禁用"按钮来管理启动加载项，如图 3-62 所示。

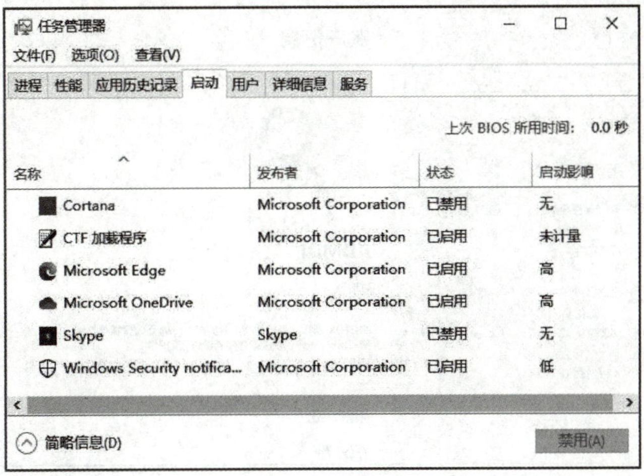

图 3-62 "启动"选项卡

方法二：右击"开始"按钮，在弹出的快捷菜单中选择"运行"，打开"运行"对话框，在"打开"文本框中输入 msconfig，单击"确定"按钮，即可打开"系统配置"对话框，在"启动"选项卡中单击"打开任务管理器"，同样可以打开"任务管理器"窗口来管理启动加载项。

注意： ⚠
尽量不要在"任务管理器"中关闭关键性的启动加载项，如病毒防护软件等。

3.4.6 账户管理

在控制面板中单击"用户账户"，打开"用户账户"窗口，在右侧窗格中显示了当前系统用户的"账户信息"，可在进行此更改账户名称、更改账户类型、管理其他账户、更改用户账户控制设置等操作，如图 3-63 所示。

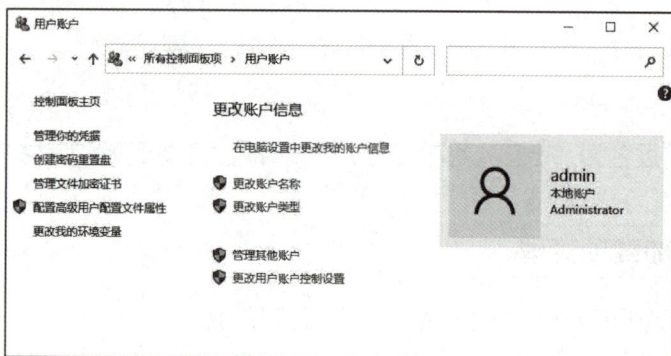

图 3-63 "用户账户"窗口

单击"在电脑设置中更改我的账户信息"，打开"账户"设置窗口（图 3-64），可以进

图 3-64 "账户"设置窗口

行头像图片、登录密码、人脸识别、指纹识别等设置。

　　管理系统账户还可以右击桌面"此电脑"图标，选择"管理"，在"计算机管理"窗口左侧窗格单击"本地用户和组→用户"，右侧窗格显示当前系统的所有账户，可以右击需要管理的账户名称，在弹出的快捷菜单中进行密码设置及删除账户等操作。创建新账户时可以右击空白处，选择"新用户"，在"新用户"对话框中可以设置用户名、密码等信息，如图 3-65 所示。

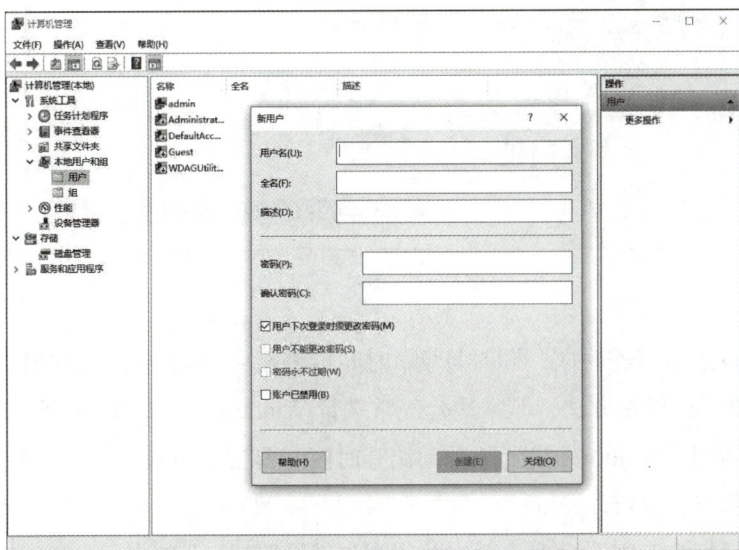

图 3-65　"新用户"对话框

3.4.7　其他设置

1. 日期 / 时间和时区的设置

　　无论是在 Windows 10 安装过程中未检测到正确的地理位置，或是配置了错误的国家 / 地区设置，还是用户的设备漫游到其他国家或地区，都有可能造成 Windows 10 显示错误的当前（本地）日期 / 时间。此时，可以通过"Windows 设置"的方式来自动设置正确的 Windows 10 系统时区。

　　方法一：使用"Windows 设置"自动设置时区。要允许 Windows 10 自动检测和设置正确的时区，可以按以下操作步骤进行设置。

　　（1）使用组合键 Windows+I 打开"Windows 设置"窗口。

　　（2）单击"时间和语言"，打开"时间和语言"设置窗口的"日期和时间"设置界面，如图 3-66 所示。

　　（3）启用"自动设置时区"功能，同时确保"自动设置时间"功能处于启用状态。

　　按上述步骤启用"自动设置时区"功能后，时区将根据当前 Windows 10 设备所处的

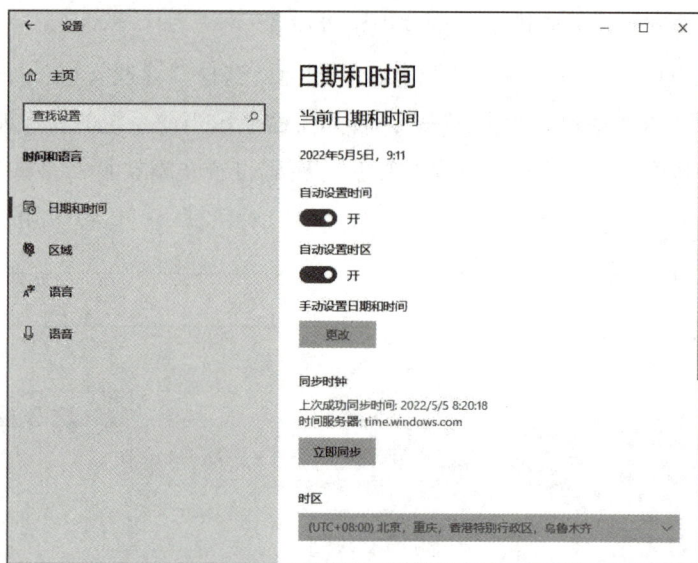

图 3-66 "日期和时间"设置界面

地理位置自动设置为当前时区，同时日期 / 时间也将相应自动调整，这是较为方便的一种时期 / 时间、时区的设置方法，非常适合经常携带 Windows 10 设备进行全球漫游的用户。

方法二：使用"Windows 设置"手动调整时区。要为 Windows 10 系统手动设置时区，可以按以下操作步骤进行。

（1）在"日期和时间"设置界面中关闭"自动设置时区"功能；

（2）在下方的"时区"下拉列表中选择一个合适的 UTC 时区即可，如图 3-67 所示。

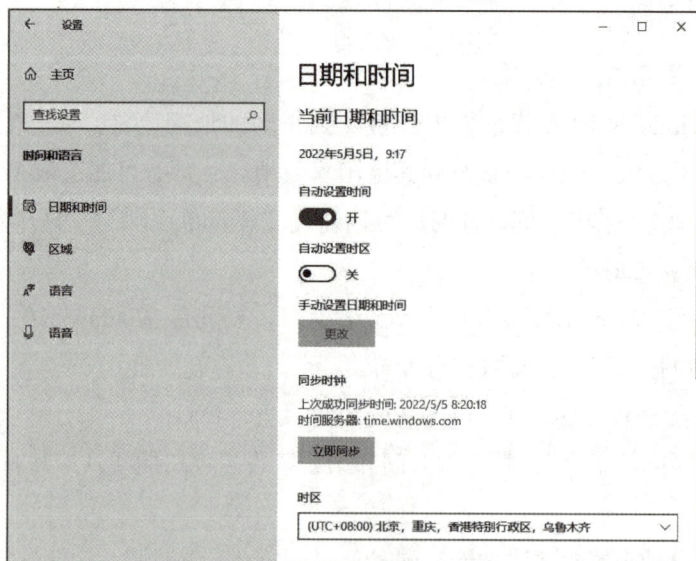

图 3-67 在"时区"下拉列表中手动设置时区

2. 鼠标的设置

鼠标是计算机系统最基础的输入设备，利用它可以操控系统进行相应的操作，对鼠标功能进行设置能丰富操作体验，比如更改鼠标指针的颜色及大小。设置鼠标的详细操作方法如下。

（1）在"开始"菜单中，单击"设置"，打开"Windows 设置"窗口。

（2）在"Windows 设置"窗口，单击"设备"。

（3）在打开的"设备"设置窗口的左侧窗格单击"鼠标"。

（4）在打开的"鼠标"设置界面中可对鼠标进行基础设置，比如选择主按钮、设置滚轮滚动行数等，如图 3-68 所示。

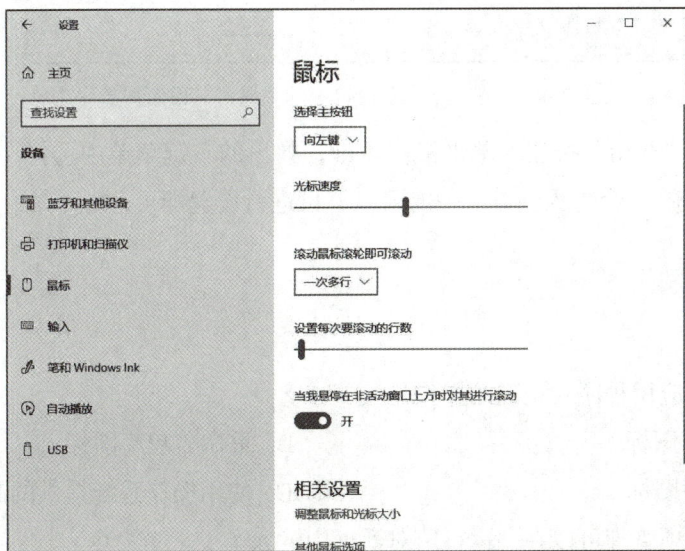

图 3-68 鼠标设置窗口

（5）单击"相关设置"下方的"调整鼠标和光标大小"。

（6）在打开的"光标和指针"设置界面中，可以更改鼠标指针的大小和颜色，然后在操作结束后返回上一级窗口。

（7）单击"相关设置"下方的"其他鼠标选项"，可打开 Windows 7 风格的"鼠标属性"窗口来进行鼠标的设置。

3. 显示属性的设置

方法一：右击桌面空白处，在弹出的快捷菜单中选择"显示设置"，打开"系统"

设置窗口，在左侧窗格选择"屏幕"，右侧窗格显示"屏幕"设置内容，包括"夜间模式""更改文本、应用等项目的大小""高级缩放设置""显示器分率""显示方向""多显示器"等显示属性的设置，如图3-69所示。

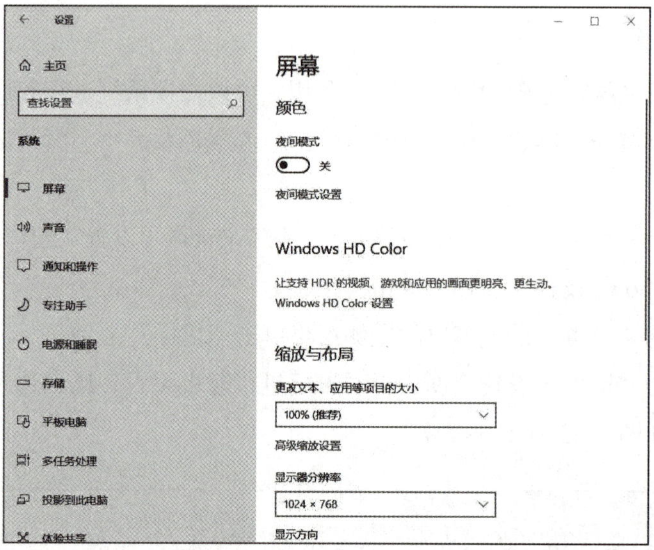

图 3-69 "系统"设置窗口中的"屏幕"设置内容

方法二：在"开始"按钮上单击鼠标右键，弹出的右键菜单中选择"设置"，在设置窗口中单击"系统"，会进入到方法一的窗口，再进行设置即可。

知识练习 3.4

一、选择题

1. 卸载一个应用程序，正确的操作是（   ）。

A. 删除程序图标   B. 重命名程序图标

C. 移动程序图标   D. 使用操作系统提供的卸载功能

2. 启动加载项管理可以在"运行"对话框中输入（   ）命令。

A. cmd   B. msconfig   C. notepad   D. wordpad

3. （多选题）在 Windows 中管理员可以（   ）账户。

A. 删除   B. 创建   C. 更改账户密码   D. 查看账户

4. 在"系统"设置窗口中，若要设置屏幕分辨率应该在左侧窗格选择（   ）。

A. "小工具"   B. "个性化"   C. "屏幕"   D. "背景"

5. 安装中文输入法后，在 Windows 工作环境中可随时使用组合键（   ）在中文输入法和英文输入法之间进行切换。

A. Ctrl+Alt   B. Ctrl+Space   C. Ctrl+Shift   D. Ctrl+Tab

二、简答题

1. 简述在 Windows 10 系统中添加"五笔"输入法的操作。

2. 说明在系统启动加载项中禁用某个程序加载的操作过程。

技能练习 3.4

实训项目： Windows 的系统管理操作练习

1. 实训目标

（1）了解 Windows 系统管理中可以设置的项目。

（2）学会桌面外观的设置。

（3）学会应用程序的安装与卸载操作。

（4）学会输入法的添加与删除操作。

2. 实训内容

（1）给 Windows 桌面设置一张本人喜欢的图片。

（2）给系统安装 360 防火墙软件。

（3）将 360 防火墙设置为系统启动时加载。

（4）卸载 360 防火墙软件，总结软件卸载的方法。

3.5 Windows 常用工具的使用 »

知识与技能目标

1. 了解 Windows 提供的常用工具有哪些。

2. 掌握 Windows 中文件的检索方法。

3. 掌握画图工具和写字板工具的使用方法。

4. 掌握磁盘清理的方法。

5. 了解磁盘碎片整理的原理。

知识与技能学习

Windows 作为一个功能强大的操作系统，除了完成操作系统的基本功能外，它还自带了很多非常实用的工具软件。Windows 常用的工具有哪些？如何操作与应用这些工具呢？

3.5.1 画图

画图是 Windows 提供的简易图像绘制和处理软件，在"开始"菜单中选择"Windows 附件→画图"打开"画图"窗口，如图 3-70 所示，即可以绘制图像或对打开的图形进行处理。如按下键盘上的拷屏键 PrtScr，然后在"画图"窗口中单击"剪贴板"按钮，即可将屏幕显示的图形信息拷贝并粘贴到"画图"窗口，进行必要的编辑和修改后选择"文件→保存"，此时打开"另存为"对话框，选择保存位置并输入文件名后，单击"保存"按钮即可保存为图片文件。

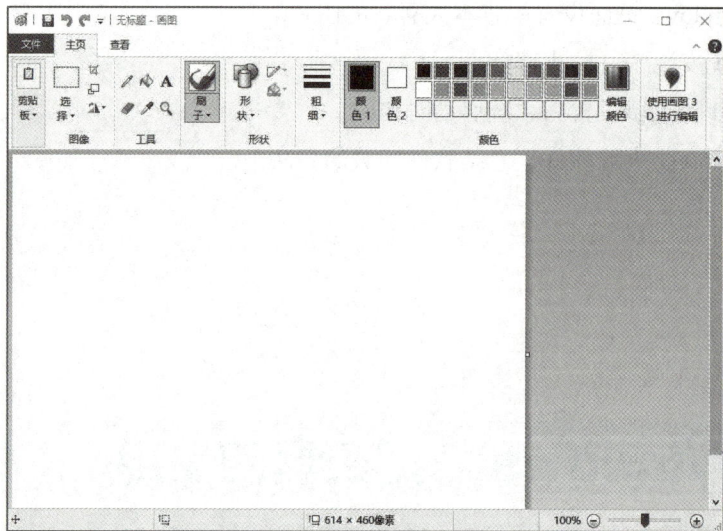

图 3-70 "画图"窗口

3.5.2 库操作

从 Windows 7 操作系统开始，有了"库"这一功能。库文件夹是非常实用的，它看似是一个文件夹，实际上它是多个文件夹的集合，它可以指定多个文件夹，在库中集中显示所有指定文件夹的内容。如 A 软件默认下载文件到 A 文件夹，B 软件默认下载文件到 B 文件夹，用户一般会在下载时修改文件的保存位置，让两个软件都把文件保存到同一文件夹中，但是有了"库"，用户可以在库中建立一个名为"下载"的库，然后让该库显示 A、B 等文件夹的内容，如此一来，就可以在"下载库"中查看到所有下载的文件了。在文件资源管理器中，单击导航窗格中的库，打开"库"窗口，如图 3-71 所示。

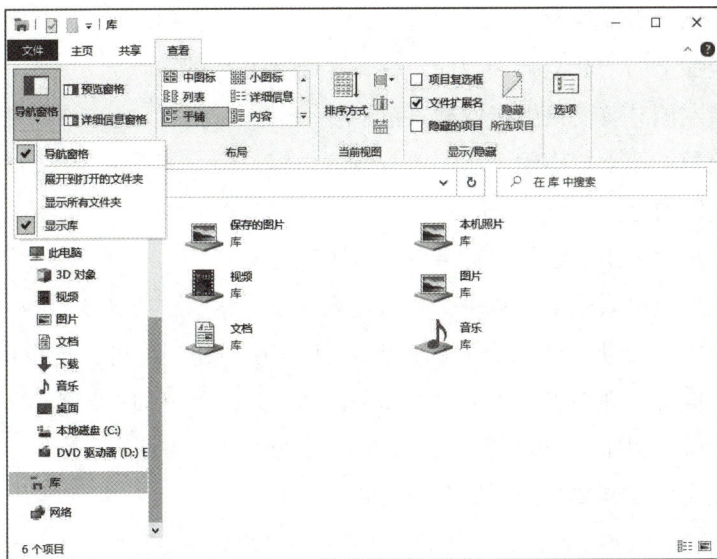

图 3-71　"库"窗口

右击需要添加的目标文件（文件夹），在弹出的快捷菜单中选择"包含到库中"，并在其子菜单中选择相对应类型的"库"，即可将目标文件（文件夹）添加到库中，如图 3-72 所示。

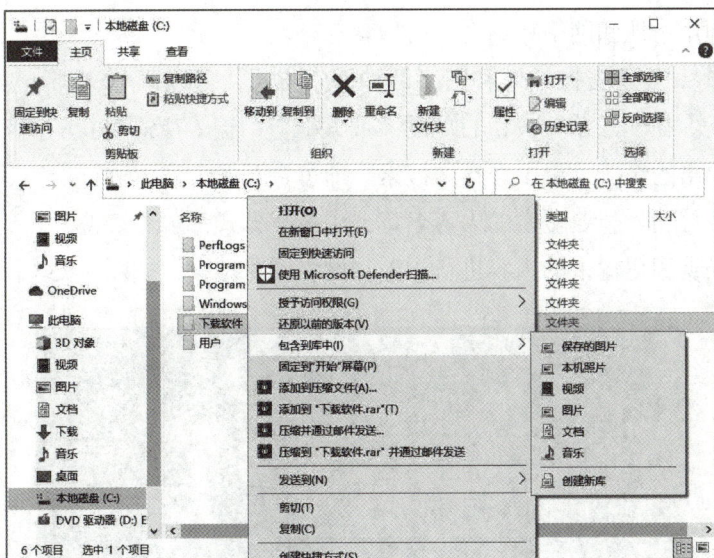

图 3-72　将目标文件（文件夹）添加到库中

3.5.3　搜索文件

Windows 为了方便用户随时查找文件，在"文件资源管理器"窗口的右上角集成了搜索栏，在这里可对当前位置的内容进行搜索。该功能不仅可以针对文件的名称或内容进行搜索，还可以使用通配符（"*"代表多个任意字符。"?"代表一个任意字符）来进行模糊搜索。

教学视频

文件检索操作

方法一：利用搜索框搜索。

（1）双击桌面上的"此电脑"图标，打开文件资源管理器。

（2）在窗口左侧导航窗格中指定搜索范围。

（3）在右上角的搜索栏中输入所需要查找的内容，接下来系统会自动在指定的搜索范围里搜索要查找的内容。

方法二：利用"开始"菜单的首字母索引快速定位。

打开"开始"菜单后单击任意一个字母进入首字母索引，例如要查找"Microsoft"应用，则单击索引中的字母"M"即可快速定位至该索引分组。另外，这里也支持中文，例如查找"微信"应用，则单击"W"索引即可，即"微信"一词拼音的首字母。注：索引也可能为特殊符号，例如"360 压缩"被分在"#"索引下。

方法三：英文项或英文开头且带有中文的查找项。

例如查找"Microsoft Edge"，由于该查找项的英文和中文之间有个空格，无法用中文输入连续打出，先用中文打出"Microsoft"，然后按下空格键，此时会定位至第一个开头为"Microsoft"的查找项；接下来切换至英文状态，连续按下字母 M 键，则会依次定位至该项之后以字母 M 开头的查找项，直至找到"Microsoft Edge"。需要注意：此处输入的字母可忽略大小写。

方法四：利用本地和网络相结合进行搜索。

（1）Windows 10 还支持本地和网络两种搜索方式，可以区分文档、应用、网页分别对它们进行搜索。在"开始"按钮右侧的"搜索框"中输入所需查找的内容，或右击"开始"按钮，在弹出的快捷菜单中选择"搜索"即可打开搜索窗口进行查找。

（2）此时直接输入想要搜索的内容名称，中英文方式都可支持搜索。

（3）系统根据用户输入的内容进行本地和网络同时搜索，如图 3-73 所示。

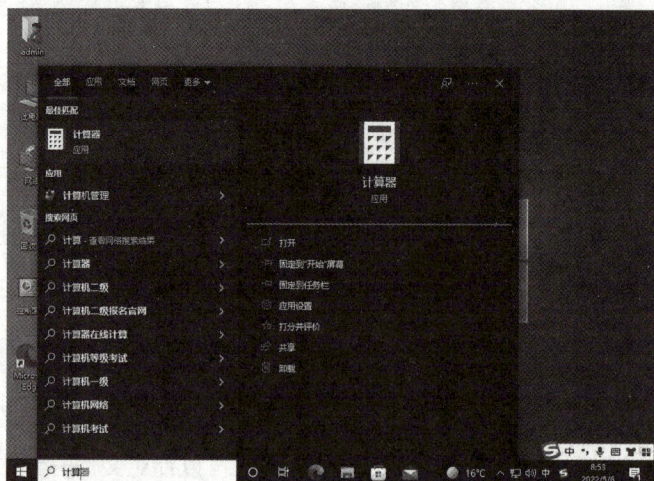

图 3-73　利用本地和网络相结合进行搜索

3.5.4 写字板

写字板是 Windows 中用来创建和编辑文档的文本编辑程序。写字板文档可以包括复杂的格式和图形，并且可以在写字板内链接或嵌入对象（如图片或其他文档等）。

在"开始"菜单中选择"Windows 附件→写字板"，或者在任务栏上的搜索框中输入"写字板"并单击搜索结果，均可以启用写字板程序，打开的"写字板"窗口如图 3-74 所示。

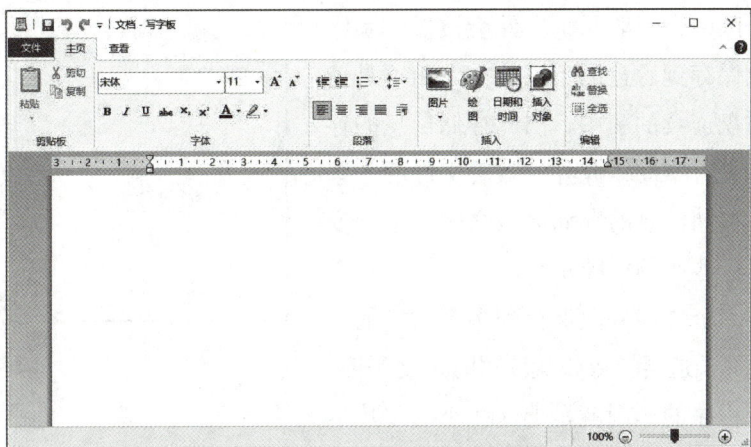

图 3-74 写字板窗口

提示： 💬

（1）可以按组合键 Win+R，在弹出的"运行"对话框的"打开"文本框中输入 wordpad 命令来启动写字板程序。

（2）在"运行"对话框的文本框中输入 notepad 命令则启动记事本程序，与写字板不同，记事本只能包含字符信息。

3.5.5 磁盘清理

Windows 提供的磁盘清理工具，其操作步骤如下。

（1）在"此电脑"窗口中右击需要清理的磁盘，比如系统 C: 盘，在弹出的快捷菜单中选择"属性"命令。

（2）单击"常规"选项卡中的"磁盘清理"按钮，如图 3-75 所示。

（3）打开"（C:）的磁盘清理"窗口，在

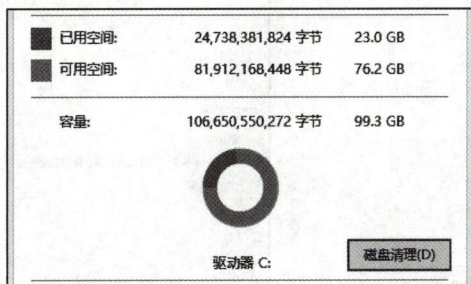

■ 已用空间:	24,738,381,824 字节	23.0 GB
■ 可用空间:	81,912,168,448 字节	76.2 GB
容量:	106,650,550,272 字节	99.3 GB

驱动器 C: 磁盘清理(D)

图 3-75 "常规"选项卡中的"磁盘清理"按钮

"要删除的文件"列表中勾选需要清理的文件项
目，例如可以勾选"回收站""临时文件""略缩
图""Internet 临时文件"等不太重要的文件项目，
单击"确定"按钮，即可清理这些文件项目以释
放磁盘空间，如图 3-76 所示。

3.5.6　磁盘碎片整理

在磁盘分区中，一般一个文件会被操作系统
根据情况分散保存到磁盘的不同地方，而不是连
续地保存在磁盘连续的簇中，因此存储信息的存
储区域之间就会有空间；此外，随着文件的频繁
写入或删除，存储信息的存储区域之间的空隙变
得越来越多，这些小的空隙单个容纳不下比它稍
大的文件，将一个文件分散保存到多个这样的空
隙中才可以放下，这会导致磁盘读写时速度缓慢，
磁盘碎片整理程序的作用就是把这些小的碎片尽
可能地连接起来，提高可用空间和读写速度。

图 3-76　"（C:）的磁盘清理"窗口

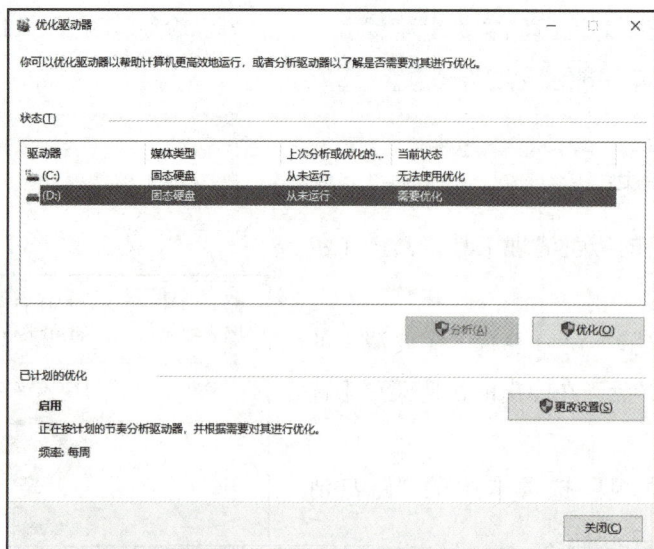

定期的执行磁盘碎片整理操作，可以一定程度的提升系统性能，具体操作步骤如下。

（1）在"开始"菜单中，选择"Windows 管理工具→碎片整理和优化驱动器"，打开
"优化驱动器"窗口，如图 3-77 所示。

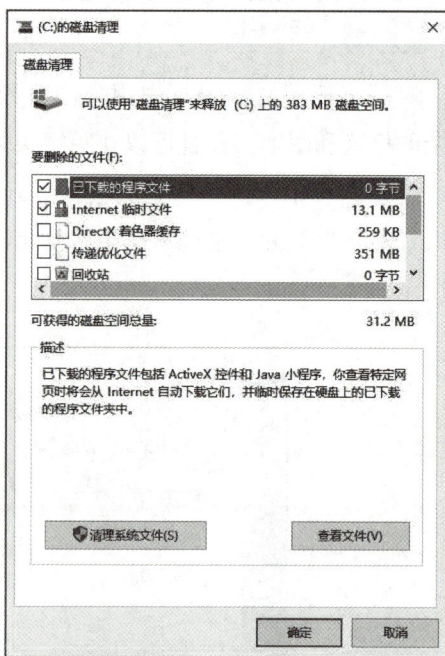

图 3-77　"优化驱动器"窗口

（2）可以优化驱动器以帮助计算机更高效地运行，或者分析驱动器以了解是否需要对其进行优化。在"状态"列表框选择所需优化和分析的驱动器，单击"分析"按钮，系统即开始分析该驱动器。

（3）分析完成后，如"当前状态"列显示"需要优化"，则单击"优化"按钮，进行磁盘碎片的整理。

（4）在"已计划的优化"功能选项中，单击"更改设置"按钮，弹出"优化驱动器"对话框，通过设置"优化计划"可进行自动优化，如图 3-78 所示。

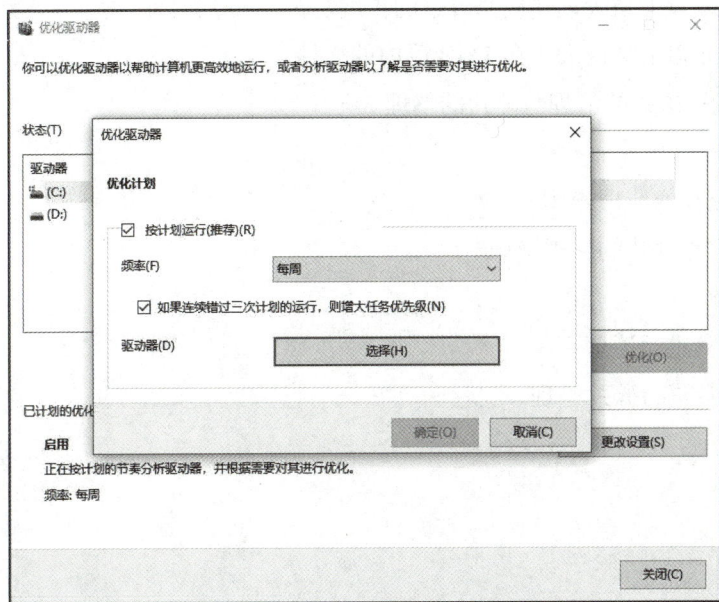

图 3-78　"优化驱动器"对话框

知识练习 3.5

一、选择题

1. 当计算机硬盘中有许多碎片，影响计算机性能时，应该选择系统工具中的（　　　）进行整理。

    A. 磁盘空间管理　　　B. 磁盘清理程序

    C. 磁盘扫描程序　　　D. 磁盘碎片整理程序

2. 在 Windows 中进行窗口切换是非常方便的，按组合键（　　　）即可切换窗口的方法是（　　　）。

    A. Alt + W　　　　B. Alt + F4　　　　C. Alt + F　　　　D. Alt + Tab

3. 在 Windows 中，要将当前活动窗口中的内容拷入到剪贴板，应该按（　　　）键。

    A. Prt Scr　　　　B. Alt + Prt Scr　　　　C. Ctrl + Prt Scr　　　　D. Ctrl + P

技能练习 3.5

实训项目 1：文件检索操作练习。

1. 实训目标

（1）了解文件检索的功能。

（2）学会检索特定的文件。

2. 实训内容

（1）检索 D: 盘上本月修改或创建的文件。

（2）检索 D: 盘上当天创建或修改过的扩展名为 .doc 的文件。

（3）检索 D: 盘上文件大小在 1MB 以内的文件。

实训项目 2：磁盘的清理与碎片的整理。

1. 实训目标

（1）掌握磁盘的清理操作。

（2）掌握磁盘碎片的整理操作。

2. 实训内容

（1）对 D: 盘进行清理。

（2）对 D: 盘进行碎片整理。

第 4 章　WPS 文字处理

　　WPS（word processing system）中文含义为文字处理系统，WPS文字是我国金山办公软件股份有限公司开发的办公自动化软件WPS Office的重要组件之一，属于国产"自主可控"软件。WPS文字提供了强大的文字处理功能，其操作简单、方便，被广泛用于办公自动化领域。本章基于WPS Office教育考试专用版编写，详细介绍WPS文字的基础知识、操作与应用。

本章学习要点

1. WPS 文字的基础知识和基本操作。
2. 文字编辑方法。
3. 文档格式设置与排版方法。
4. 表格制作技术。
5. 图文混排技术。
6. 页面设置与打印技术。
7. WPS 文字处理软件的特色功能应用方法。

4.1 WPS 文字的基础知识与基本操作 »

知识与技能目标

1. 了解 WPS 文字的工作界面。
2. 了解 WPS 文字的功能区。
3. 掌握 WPS 文字的启动与退出。
4. 掌握 WPS 文字中文档的打开、新建与保存。

知识与技能学习

WPS 文字启动后其工作界面是什么样的？如何在 WPS 文字的工作环境中创建与保存一个文档呢？

4.1.1 WPS 文字的工作界面

WPS 文字的工作界面主要由快速访问工具栏、文档标签栏、选项卡、查找栏、协作和分享按钮、功能区、编辑区、状态栏等组成，如图 4-1 所示。

（1）快速访问工具栏

快速访问工具栏在窗口左上角，预设有"保存""输出为 PDF""打印""打印预览""撤销"和"恢复"等 6 个常用命令，用户还可以通过单击其右侧的"自定义快速访问工具栏"下拉按钮，自定义快速访问工具栏中需要显示的命令。

（2）文档标签栏

文档标签栏在窗口最上方，以标签的形式显示已打开的文档及文档名称，当有多个打开的文档时，单击标签名，可切换当前编辑文档。

（3）选项卡

默认情况下，WPS 文字中所有的功能操作分为 9 个选项卡，包括："开始""插入""页面布局""引用""审阅""视图""章节""开发工具"和"特色功能"。各选项卡下收

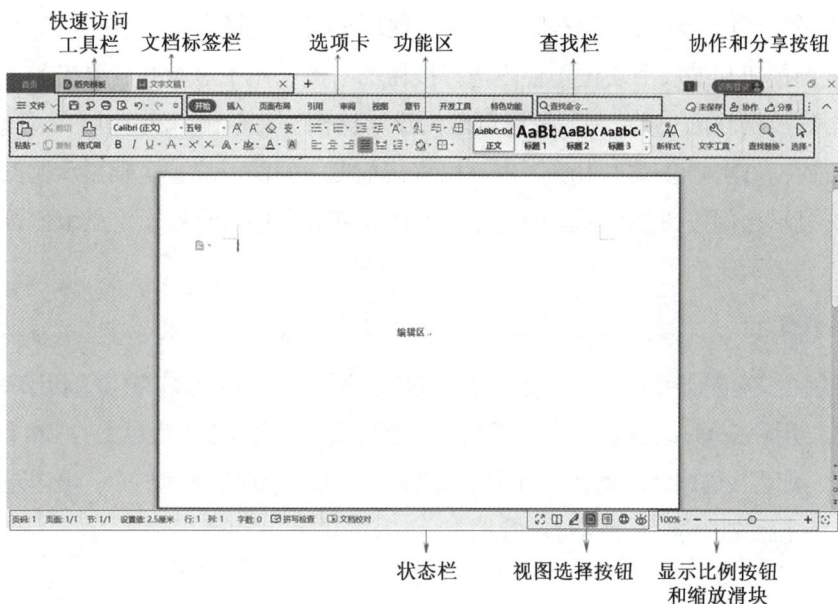

图 4-1　WPS 文字的工作界面

录相关的功能组和功能按钮，方便使用者切换和选用。

教学视频

（4）查找栏、协作和分享按钮

在选项卡的右边设置了查找栏，方便用户查找命令、搜索模板。WPS 文字中还设有协作和分享按钮，方便用户与他人进行协作和分享，不过使用协作、分享功能必须要登录WPS Office 的账号。

WPS 文字
的工作
界面

（5）功能区

选项卡下的面板称为功能区。功能区中放置了编辑文本时需要使用的功能按钮。启动WPS 文字时预设会显示"开始"选项卡下的功能区，当单击其他选项卡时，便会切换到该选项卡相应的功能区。

> **提示：** 💬
>
> **除了使用鼠标外，用户还可以使用键盘操作功能区。按一下键盘上的 Alt 键，即可显示各选项卡的快捷键提示信息。当用户根据提示信息按下选项卡相应的快捷键之后，会显示该选项卡下功能区中各功能按钮的快捷键提示信息。**

（6）编辑区

编辑区是用于录入或者编辑文本的区域。

（7）状态栏

状态栏位于 WPS 文字的底部，主要用于显示当前编辑文档的相关信息。其右侧还设置了视图选择按钮、显示比例按钮和缩放滑块。

视图选择按钮位于状态栏的右侧，用于方便用户快捷选择文档显示的视图方式。

显示比例按钮和缩放滑块位于视图选择按钮的右侧，用于显示并设置当前文档的显示比例。单击缩放滑块右边的"+"按钮可增大显示比例，每单击一次增大 10%；单击左边的"—"按钮，每次则会减小 10%。也可以直接拖曳中间的滑块，实现显示比例的增大和减小。单击显示比例按钮，在弹出的"显示比例"列表框中可直接设定显示比例，或者自行输入需要的显示比例。

> **提示：** 💬
>
> 增大或减小文档的显示比例，并不会增大或减小字号，也不会影响文档打印出来的结果，只是方便用户在屏幕上浏览而已。如果鼠标附有滚轮，只要按住键盘上的 Ctrl 键，再滚动滚轮，即可快速增大、减小文档的显示比例。在缩放滑块右侧有一个"最佳显示比例"按钮，单击后文档会显示为最佳比例。

4.1.2 WPS 文字的功能区

WPS 文字的功能区包含以下几个部分。

1. "开始"功能区

"开始"功能区中包括"剪贴板""字体""段落""样式""编辑"等功能组。该功能区主要用于对文档进行编辑和格式设置，是用户最常用的功能区，如图 4-2 所示。

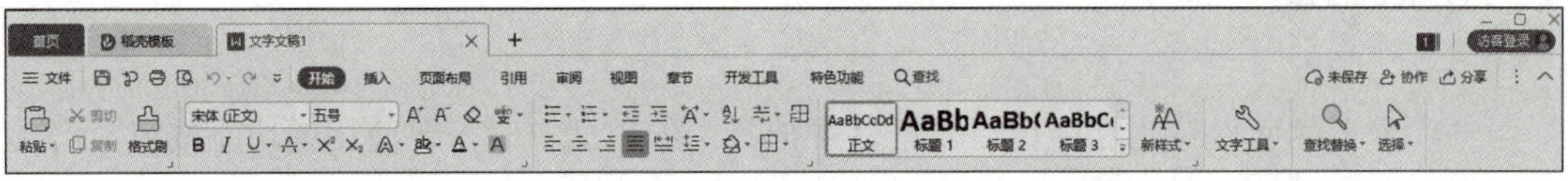

图 4-2 "开始"功能区

2. "插入"功能区

"插入"功能区主要用于在文档中插入各种元素，包括封面页、空白页、图片、截屏、形状、页眉和页脚、水印、文本框、符号、公式等如图 4-3 所示。

图 4-3 "插入"功能区

3. "页面布局"功能区

"页面布局"功能区包括"编辑主题""页面设置""页面背景""稿纸设置""排列"等功能组，主要用于帮助用户设置 WPS 文字的页面样式，如图 4-4 所示。

图 4-4 "页面布局"功能区

4. "引用"功能区

"引用"功能区包括"目录""脚注和尾注""题注""索引""邮件合并"等功能组，用于实现在 WPS 文字中插入目录等比较高级的功能，如图 4-5 所示。

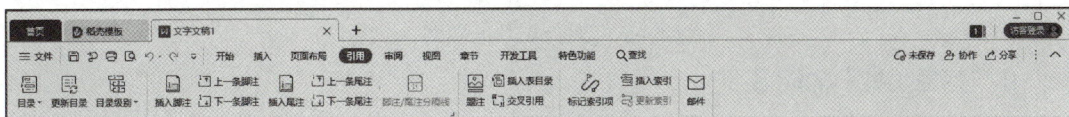

图 4-5 "引用"功能区

5. "审阅"功能区

"审阅"功能区包括"校对""中文简繁转换""批注""修订""比较""文档安全"等功能组，主要用于对文档进行校对和修订等操作，适用于多人协作处理 WPS 文档，如图 4-6 所示。

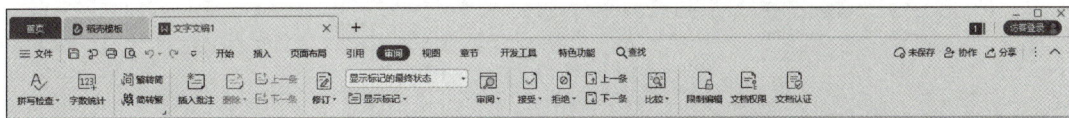

图 4-6 "审阅"功能区

6. "视图"功能区

"视图"功能区包括"文档视图""显示""显示比例""窗口""宏等功能组"，主要用于设置 WPS 文字的视图类型，用于不同情形下的文档查看，如图 4-7 所示。

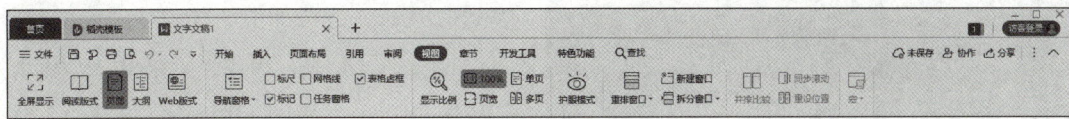

图 4-7 "视图"功能区

7. "章节"功能区

"章节"功能区主要将文档编辑所需要的章节导航、封面页、目录页、页面设置以及节设置集中放在此模块中，方便用户更加快捷地进行章节内容的修改操作，如图 4-8 所示。

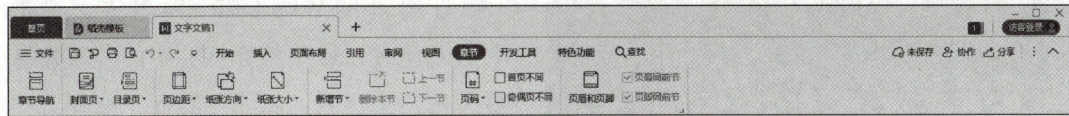

图 4-8 章节功能区

8. "开发工具"功能区

"开发工具"功能区用于在文档中插入完成一定功能的代码，以实现 WPS 文字的高级应用功能，如图 4-9 所示。

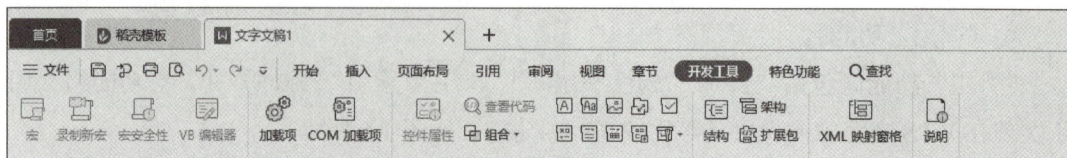

图 4-9 "开发工具"功能区

9. "特色功能"功能区

"特色功能"功能区可用于帮助用户完成 PDF 文件和 WPS 文字文档相互转换等功能，如图 4-10 所示。"特色功能"在商用版 WPS 文字中叫"会员专享"，包括更多的功能，如全文翻译、论文查重、论文排版、截图取字、数据恢复、文档修复、屏幕录制等。

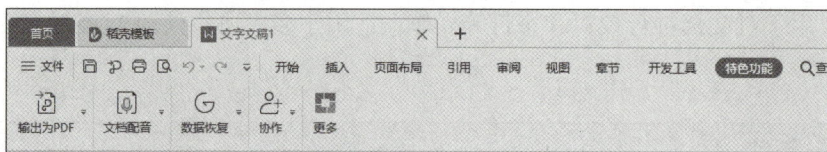

图 4-10 "特色功能"功能区

4.1.3 WPS 文字的启动和退出

教学视频

WPS 文字的启动与退出

图 4-11 在"开始"菜单中启动 WPS Office

1. 启动 WPS 文字

在 WPS Office 中以创建新的 WPS 文字文档的方式启动 WPS 文字。首先启动 WPS Office，方法如下。

方法一：在"开始"菜单中单击"WPS Office → WPS Office 教育考试专用版"，即可启动 WPS Office，如图 4-11 所示。

方法二：双击桌面上已有的 WPS Office 图标，来启动 WPS Office。

在打开的 WPS Office 窗口中，单击右侧新建按钮或文档标签栏中的"新建标签"按钮，进入"新建"界面，选择"文字选项"，单击"新建空白文档"，即可启动 WPS 文字，同时创建一个新的 WPS 文字文档。此外，通过双击一个 WPS 文字文档，也可以启动 WPS 文字。

2. 退出 WPS 文字

退出 WPS 文字的方法如下。

方法一：单击 WPS 文件窗口左上角"文件"菜单中的"退出"命令。

方法二：单击 WPS 文件窗口右上角的"关闭"按钮。

方法三：按组合键 Alt + F4，直接退出当前程序。

方法四：右击文档标签，在弹出的快捷菜单中选择"关闭"命令。

提示：

WPS 文字可以同时打开多个文档，每个文档在 WPS 文字的窗口上方有一个以该文件的名称命名的文档标签，单击该标签右边的关闭按钮，可以关闭该文档。

如果对文档进行过编辑操作，退出 WPS 文字或关闭文档时会出现提示是否保存对该文档的更改的对话框，如图 4-12 所示。

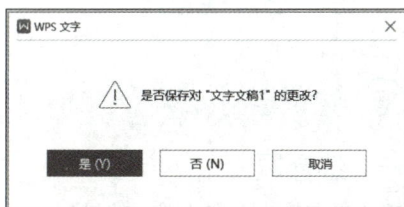

图 4-12　提示是否保存对该文档的更改的对话框

4.1.4　打开、新建与保存 WPS 文字文档

1. 打开 WPS 文字文档

方法一：在计算机上找到文档的保存位置，直接双击该文档文件即可；

方法二：在已经启动的 WPS 文字窗口中鼠标指针移至"打开"命令上，在右侧会显示最近使用的一些文档，选择需要打开的文档即可；

方法三：在 WPS 文字启动后，按下组合键 Ctrl + O 在打开的"打开文件"对话框中选择要打开的文档即可。

教学视频

WPS 文字的打开与新建

提示：

单击"文件"下拉菜单中的"打开"命令，在弹出的"打开文件"对话框中选择要打开的文档即可。

2. 新建 WPS 文字文档

方法一：以创建新的 WPS 文字文档的方式启动 WPS 文字时，会新建一个文档；

方法二：在 WPS 文字窗口中单击"文件→新建"命令，在打开的"新建"界面中选择"文字→新建空白文档"；

方法三：WPS 文字启动后，使用组合键 Ctrl + N 也可以新建一个文档。

3. 保存 WPS 文字文档

在关闭文档前，需要先将文档保存，否则文档的编辑内容可能会丢失。常用的保存方法有如下 3 种。

方法一：单击"文件→保存"命令，在弹出的"另存文件"对话框中选择保存位置和文件类型，输入文件名，单击"保存"按钮即可；

方法二：单击"快速访问工具按钮"上的"保存"按钮；

方法三：按下组合键 Ctrl + S 也可以保存文档。

> **提示：**
>
> 如果文档从未保存过，在进行保存操作时会弹出"另存为"对话框，否则会直接进行保存。如果想将文档保存在其他位置或更名，则需要进行另存为操作，方法为单击"文件→另存为"命令。

知识练习 4.1

一、选择题

1. WPS 文字中快速创建一个空白文档的组合键是（　　　）。

A. Ctrl + A　　　　B. Ctrl + N　　　　C. Ctrl + C　　　　D. Ctrl + D

2. WPS 文字中打开一个文档的组合键是（　　）。

A. Ctrl + A　　　　B. Ctrl + N　　　　C. Ctrl + O　　　　D. Ctrl + D

3. 关闭 WPS 文档时，如果一个文档被编辑过，且没有保存时，则会（　　　）。

A. 直接关闭　　　　B. 不能关闭　　　　C. 提示是否保存对该文档的更改

D. 以上说法都不对

二、简答题

1. 简述 WPS 文字的特点。

2. 简述 WPS 文字的工作界面。

3. 简述 WPS 文字的功能区有哪些。

技能练习 4.1

实训项目： WPS 文字的基本操作练习。

1. 实训目标

（1）学会启动和退出 WPS 文字。

（2）认识 WPS 文字的工作界面。

（3）掌握 WPS 文档的保存方法。

2. 实训内容

（1）启动 WPS 文字后观察其工作界面的组成并了解各组成部分的功能。

（2）创建一个名为"WPS 文字认识练习"的文档。

（3）输入一段描述自己故乡的文字。

（4）将该文件保存在 D：盘的根目录下。

（5）将关闭的"WPS 文字认识练习"文档打开后，在文档最后录入"兰州石化职业技术大学"后保存。

3. 操作步骤

根据实训内容自行完成。

4.2　文字的编辑操作　»

🔍 知识与技能目标

1. 了解 WPS 文字的文档视图。

2. 掌握 WPS 文字的文字编辑操作。

3. 掌握查找与替换操作。

📧 知识与技能学习

WPS 文字最重要的功能是文字编辑，那么文字编辑窗口有哪些样式？各种文字编辑功能又是如何操作的呢？

教学视频

4.2.1　文档视图

WPS 文字有六种文档视图模式，分别是"页面""全屏显示""大纲""Web 版式""写作模式"和"阅读版式"。

文档视图

• "页面"视图是 WPS 文字默认的视图模式，它是用户编辑文字最常用的视图模式，该模式下屏幕的显示比例一般为 100%。

•"全屏显示"视图，在此视图模式下整个电脑屏幕全部变为文字编辑窗口，其他工具都被隐藏。按组合键 Ctrl + Alt + F 可以进入"全屏显示"视图。要退出"全屏显示"视图，按 Esc 键即可。

•"大纲"视图是以大纲的形式查看文档。按组合键 Ctrl + Alt + O 可以进入"大纲"视图来查看文档。

•"Web 版式"视图，在此视图模式下文档是以网页的形式显示。按组合键 Ctrl + Alt + W 可以进入"Web 版式"视图。

•"写作模式"视图，在此视图模式下文档窗口一般分为左右两个部分，右边部分显示文档内容，左边部分显示文档的目录结构。

•"阅读版式"视图，在此视图模式下文档是以书本的形式显示。左右两侧各有前进和后退的按钮，可以进行翻页，按组合键 Ctrl + Alt + R 可以进入"阅读版式"视图。要退出"阅读版式"视图，按 Esc 键即可，或者单击右上角的"退出阅读版式"按钮即可。

提示：
（1）当组合键"Ctrl+Alt+ 字母"与其他应用软件（如汉字输入法等软件）功能有冲突时，该组合键功能可能不能使用。
（2）在"视图"功能区打开 WPS 文字特有的护眼模式后，屏幕以浅绿色显示，一定程度上可以缓解眼睛的疲劳。

4.2.2 文字编辑

1. 文字录入

步骤一：选择输入法。

WPS 文字启动后，要进行文档编辑，先要根据用户的文字录入习惯选择相应的文字输入法。

方法一：单击任务栏通知区域中的输入指示图标可以选择某一输入法。

方法二：使用组合键 Ctrl + Shift 来进行输入法的切换。

提示：
当桌面上的输入指示图标被隐藏起来的时候，可使用组合键切换输入法。在使用中文输入法的过程中，会遇到中英文输入法之间的切换，可以通过组合键 Ctrl+Space 来实现。

教学视频

文字录入

　　步骤二：将光标置于需要插入内容的位置，录入的内容将插入到光标之后。在录入第一个段落后，按 Enter 键转到下一个段落的起始位置。

2. 文字删除

　　删除文字也是从插入点所在位置开始删除，通常需要用到键盘上的 Backspace 键和 Del 键。在删除较多文字时，可先将文字选中，按 Del 键直接删除。

> **提示：** 💬
> Backspace 键是从插入点向左删除，Del 键是从插入点向右删除。删除文档中的图片等对象时，先选中该对象后按 Del 键即可。

3. 选定操作

　　选中操作可分为选定文字、选定行、选定段落、选定整个文档、选定对象、选定连续区域、选定多处不连续的内容等操作，具体操作方法如下。

　　（1）选定文字：在相应的文字区域通过鼠标拖曳即可实现。

　　（2）选定行：将鼠标指针移动到行左侧空白区域，当鼠标指针变为向右上方倾斜的箭头时，单击即可选定该行。

　　（3）选定段落：将鼠标指针移动到段落左侧空白区域，当鼠标指针变为向右上方倾斜的箭头时，双击即可选定该段落。

　　（4）选定整个文档：将鼠标指针移动到文档左侧空白区域，当鼠标指针变为向右上方倾斜的箭头时，三击即可选定整个文档。

　　（5）选定对象：单击图片、表格等对象即可选定该对象。

　　（6）选定连续区域：单击连续区域的开始位置，按下 Shift 键后，单击结束位置即可。

　　（7）选定多处不连续的内容：先选定其中一处内容，然后在按住 Ctrl 键的同时分别选定其他处的内容。

> **提示：** 💬
> 选中整个文档常用组合键 Ctrl+A 实现。

4. 撤销与恢复操作

　　在编辑文档时，如果出现操作错误或者是改变想法，希望将文档内容恢复为原来的状态时，可以通过 WPS 文字提供的"撤销"功能取消上一次或者多次的操作；如果取消了上一次或多次操作后，又需要重新执行某些操作时，可以通过"恢复"功能把撤销的操作再恢复过来。

　　撤销和恢复操作，可以反复使用"快速访问工具栏"上的"撤销"与"恢复"按钮来

教学视频

文字删除

教学视频

文字选定
操作

教学视频

撤销与恢
复操作

实现。如果想一次性撤销或恢复多步操作，则单击"撤销"或"恢复"按钮旁的下拉列表按钮，在弹出的下拉列表中显示了可以撤销或恢复的所有操作步骤，选中需要撤销或恢复的那些操作，就可以一次撤销或恢复多步操作。

提示： 💬
使用组合键 Ctrl+Z 可以实现撤销操作，使用组合键 Ctrl+Y 可以实现恢复操作。

5. 复制与粘贴操作

在文本录入的过程中，如果有需要重复录入的内容，可以对该内容进行复制与粘贴操作，以减少文字的录入工作。复制与粘贴的操作方法有以下几种。

方法一：在"开始"功能区中，通过"复制"→"粘贴"按钮来实现。

方法二：使用组合键 Ctrl + C 与 Ctrl + V 分别来实现复制与粘贴操作。

方法三：选定要复制的文本，将鼠标指针移到选定的文本上，当指针变为箭头时，按下鼠标右键并拖曳到目标位置，松开鼠标右键后，弹出如图 4-13 所示的快捷菜单，单击"复制到此处"命令，就可以将选定的文本复制到目标位置。

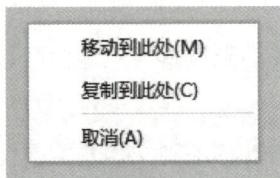

移动到此处(M)

复制到此处(C)

取消(A)

图 4-13　快捷菜单

方法四：选定要复制的文本，按住键盘上的 Ctrl 键，将要复制的文本拖曳到目标位置，释放鼠标与键盘按键，即完成文本的复制与粘贴操作。

提示： 💬
剪贴板可以看作是内存中的一块区域，复制或剪切下来的内容先临时"贴"在剪贴板上，当进行"粘贴"操作时，再从剪贴板粘贴在相应的位置，这样可以实现反复粘贴的目的。

6. 移动文本

移动文本的操作方法和复制与粘贴文本的操作方法类似，有以下几种。

方法一：在"开始"功能区中，通过"剪切"与"粘贴"按钮来实现。

方法二：使用组合键 Ctrl + X 与 Ctrl + V 分别来实现"剪切"与"粘贴"操作。

方法三：选中要移动的文本，将鼠标指针移动到选定的文本上，当指针变为箭头时，按下鼠标右键并拖曳到目标位置，松开鼠标右键后，弹出如图 4-13 所示的快捷菜单，单击"移动到此处"命令，就可以将选定的文本移动到目标位置。

方法四：选定要移动的文本，将鼠标指针移动到选定的文本上，当指针变为箭头时，按下鼠标左键并拖曳到目标位置后松开鼠标按键，即完成文本的移动操作。

4.2.3 查找与替换

1. 查找文本

在 WPS 文字中快速查找某一指定文本所在位置非常方便，单击"开始"选项卡中的"查找替换"按钮，在打开的"查找和替换"对话框中选择"查找"选项卡，在该选项卡中设置所需查找条件即可进行查找，如图 4-14 所示。

教学视频

查找文本
应用实例

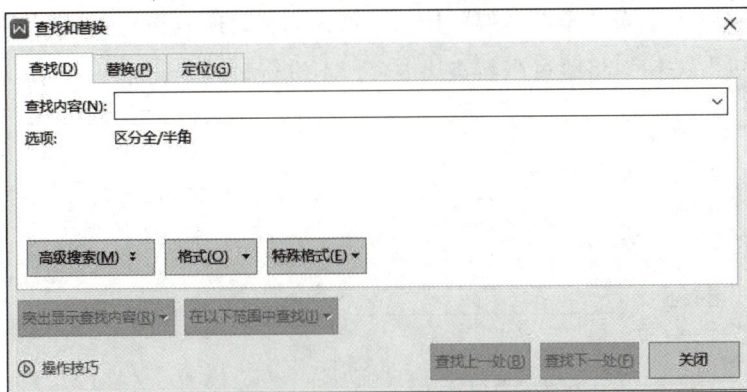

图 4-14 "查找与替换"对话框中的"查找"选项卡

也可以查找某种特定格式的内容，如要查找加粗、三号字体的"开始"内容，则可在"查找和替换"对话框中单击"格式"按钮，在如图 4-15 所示的列表中单击"字体"，在打开的"查找字体"对话框中，进行相应的设置：在"字形"列表框中单击"加粗"，在

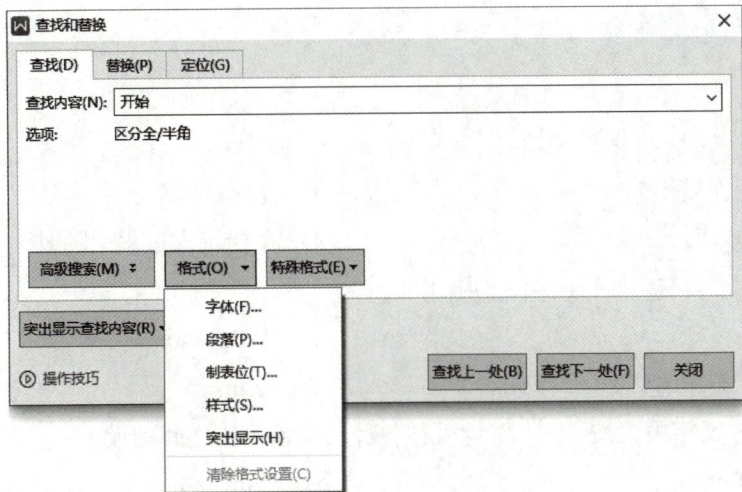

图 4-15 查找特定格式的内容

"字号"列表框中单击"三号",单击"确定"按钮后,在"查找与替换"对话框的"查找内容"组合框中输入"开始",按照需要单击"查找全部"按钮或"查找下一个"按钮即可完成查找。

2. 替换文本

教学视频

在 WPS 文字中可以对数据或者格式进行替换,具体操作如下。

单击"开始"选项卡中的"查找替换"按钮,在打开的"查找和替换"对话框中选择替换选项卡,在该选项卡中设置所需替换条件即可进行替换,如图 4-16 所示。在"查找内容"组合框中输入要查找的内容,在"替换为"组合框中输入要替换的内容,如果单击"格式"按钮,还可以进一步设置替换内容所要求的格式。若单击"替换"按钮,则会逐一进行手动替换;若单击"全部替换"按钮,将自动替换所有符合查找条件的内容。若单击"查找下一处"按钮,将跳过当前查找内容,不进行替换操作。

替换文本
应用实例

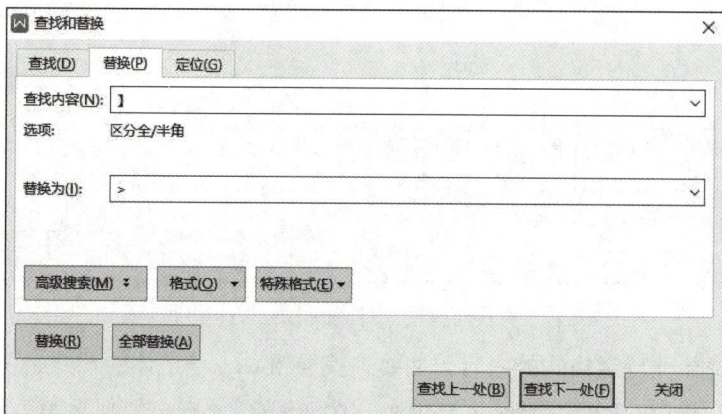

图 4-16 "查找与替换"对话框中的"替换"选项卡

知识练习 4.2

一、选择题

1. 应该在（   ）保存文档。

A. 开始工作后不久   B. 完成输入后

C. 没有输入时   D. 文档录入过程中随时

2. 若要删除文本,执行的第一项操作是（   ）。

A. 按 Del   B. 按 Backspace

C. 选中要删除的文本   D. 按 Insert

3. 在 WPS 文字中,按（   ）键可在各种汉字输入法之间切换。

A. Ctrl + Space   B. Shift + Space

C. Alt + Space   D. Ctrl + Shift

4. 在文档中，要查找文中多处同样的词组，正确的方法是（　　　　）。

A. 用插入光标逐字查找

B. 单击"开始"选项卡下"编辑"组中的"查找替换"按钮

C. 使用"撤销"与"恢复"命令

D. 使用"定位"命令

二、简答题

1. WPS 文字编辑功能中有哪些可以删除指定内容的方法？对于删除的内容是否可以恢复？

2. WPS 文字编辑中如何进行指定内容的移动操作？

技能练习 4.2

实训项目 1：WPS 文字的基本编辑功能练习。

1. 实训目标

（1）掌握在 WPS 文字中熟练录入文字的方法。

（2）掌握 WPS 文字中各种选定操作方法。

（3）熟练掌握 WPS 文字中文字格式设置功能和删除操作方法。

2. 实训内容

（1）启动 WPS 文字，在 C: 盘根目录下创建"Word.wps"文档。

（2）录入如下内容：

实训素材
与指导

"Word.
wps"文档
及操作步
骤

第二代计算机网络——多个计算机互连的网络

计算机网络，是指将地理位置不同的具有独立功能的多台计算机及其外部设备，通过通信线路连接起来，在网络操作系统、网络管理软件及网络通信协议的管理和协调下，实现资源共享和信息传递的计算机系统。

20 世纪 60 年代末出现了多个计算机网络，这些网络将分散在不同地点的计算机经通信线路互连。当时的网络由通信子网和资源子网（第一代网络）组成，主机之间没有主从关系，网络中的多个用户通过终端不仅可以共享本主机上的软件、硬件资源，还可以共享通信子网中其他主机上的软件、硬件资源，故这种计算机网络也称共享系统资源的计算机网络。

第二代计算机网络的典型代表是 20 世纪 60 年代美国国防部高级研究计划局的网络 ARPANET（advanced research project agency network）。面向终端的计算机网络的特点是网络上的用户只能共享一台主机中的软件、硬件资源，而多个计算机互连的计算机网络上的用户可以共享整个资源子网上所有的软件、硬件资源。

（3）删除文章第一段。

（4）将所有的"计算机网络"设置为红色、加粗显示。

（5）保存文档。

实训项目 2：WPS 文字中查找与替换功能的使用

1. 实训目标

（1）在 WPS 文字中熟练录入文本。

（2）掌握 WPS 文字中的查找和替换操作。

2. 实训内容

实训素材
与指导

（1）启动 WPS 文字，在 D: 盘根目录下创建"基本操作综合应用 .wps"文档。

（2）录入如下内容：

"基本操
作综合应
用 .wps"
文档及操
作步骤

　　随着网络经济和网络社会时代的到来，我国在军事、经济、社会、文化等各方面都越来越依赖于网络，与此同时，电脑网络上出现利用网络盗号上网，窃取科技、经济情报进行经济犯罪等不法行为。

　　根据有关资料显示，在我国不法分子利用从网络中查到的技术手段，可以轻而易举地从多个商业站点窃取到信用卡号和密码，并标价出售。美国金融界每年由于电脑犯罪造成的经济损失近百亿美元。我国金融系统发生的电脑犯罪也呈逐年上升趋势。

（3）将第二段文本移动到最后一段位置。

（4）将所有的"电脑"替换为"计算机"并设置为红色、加粗显示。

（5）保存文档。

4.3 文档格式设置与排版 »

🔍 知识与技能目标

1. 掌握 WPS 中文字与段落的常用格式设置操作。

2. 掌握 WPS 中给段落设置各种边框和底纹的操作方法。

3. 学会对文档进行分栏显示设置。

4. 了解文字格式的一些特殊设置功能。

📨 知识与技能学习

在创建一个文档后，要获得一篇显示与打印出来美观、规范的文档，就需要对文档进行各种排版操作。

4.3.1 设置文字格式

文字格式的设置是指对文档中的文本进行字体、字号、字形、字体颜色、字符间距和一些特殊修饰效果等格式的设置。通过对文字格式的设置，可以使文本内容更加美观，并且富有视觉冲击力。

教学视频

字体设置
应用

1. 利用功能区按钮设置

在"开始"选项卡下，找到"字体"组，其中有可对文本字体执行特定格式设置的按钮，如图 4-17 所示。例如，"加粗"按钮可加粗文本，"字体颜色"和"字号"按钮更改文本的字体显示颜色和大小。在"字体"组中还可以给文字添加下划线和删除线，把文字设置为上标或下标显示方法等。

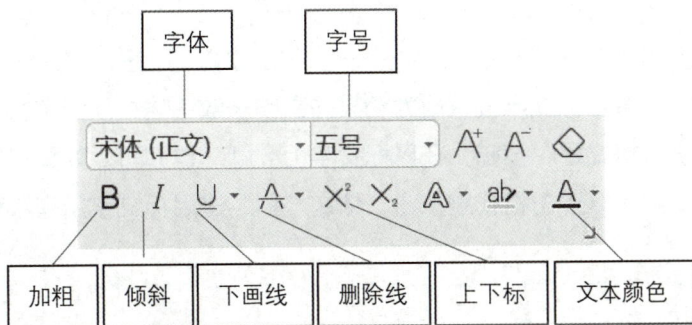

图 4-17 "字体"组

2. 利用"字体"对话框设置

单击"开始"选项卡下"字体"组右下角的直角小箭头⌐（如图 4-17 右下角所示），打开"字体"对话框，如图 4-18 所示，在该对话框中可以对文档中的文字进行各种修饰设置了。

3. 利用快捷工具栏设置

选定需要设置字体的文本内容，即可弹出快捷工具栏，单击相应按钮进行文字格式设置。

修改中、西文字体

修改字形、字号

修改复杂文种

修改字体颜色颜色、下
划线、着重号

修改文本效果

预览文本效果

图 4-18　"字体"对话框

提示：

"开始"选项卡下的"剪贴板"组中有一个"格式刷"按钮，它是一个非常方便的
工具，可以快速将目标文字设置成为和某些文字一致的格式。操作方法是：选定某
些文字，单击"格式刷"按钮，在目标文字上"刷"过即可。如果目标文字为不连
续的几部分，则可以双击格式刷按钮，依次"刷"过目标文字所有部分即可完成相
应设置操作。

4. 利用右键快捷菜单设置

选定需要设置字体的文本内容，将鼠标指针移动到选定的文本上，单击鼠标右键，在
弹出的快捷菜单中选择"字体"命令，打开"字体"对话框进行文字格式设置。

4.3.2　设置段落格式

1. 利用功能区按钮设置

在"开始"选项卡下，找到"段落"组，其中有可对文档段落执行特定操作的按钮，如
图 4-19 所示。例如，"居中"按钮可以使文本居中对齐，"行距"按钮可以更改文本的行距。
在"段落"组中还可以设置项目符号和编号、文本缩进量、中文版式以及边框和底纹等。

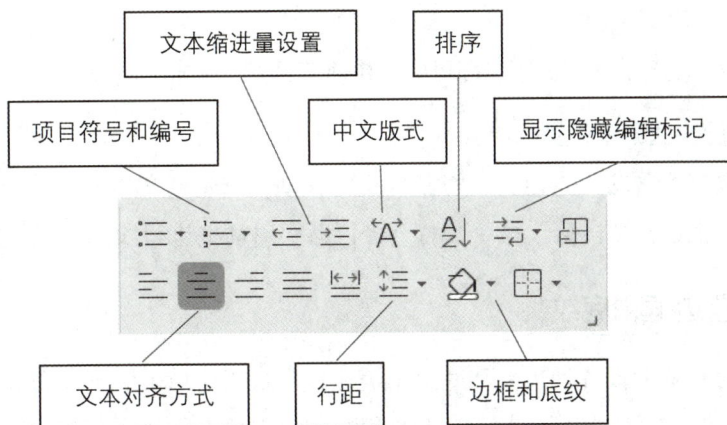

图 4-19　"段落"组

2. 利用"段落"对话框设置

单击"开始"选项卡下"段落"组右下角的直角小箭头⌐，打开"段落"对话框，如图 4-20 所示，在该对话框中可以进行段落的各种设置。

图 4-20　"段落"对话框

3. 利用快捷工具栏设置

选定需要设置段落的文本内容，即可弹出快捷工具栏，单击相应按钮进行段落格式设置。

4. 利用右键快捷菜单设置

选定需要设置段落的文本内容，将鼠标指针移动到选定的文本上，单击鼠标右键，在弹出的快捷菜单中选择"段落"命令，打开"段落"对话框进行段落格式设置。

4.3.3 设置边框和底纹

教学视频

设置边框和
底纹实例

可以通过为对象设置各种边框和底纹来美化显示效果。单击"页面布局"选项卡下的"页面边框"按钮，打开"边框和底纹"对话框，如图 4-21 所示，在该对话框中可以对选定对象或页面进行各种边框与底纹设置。

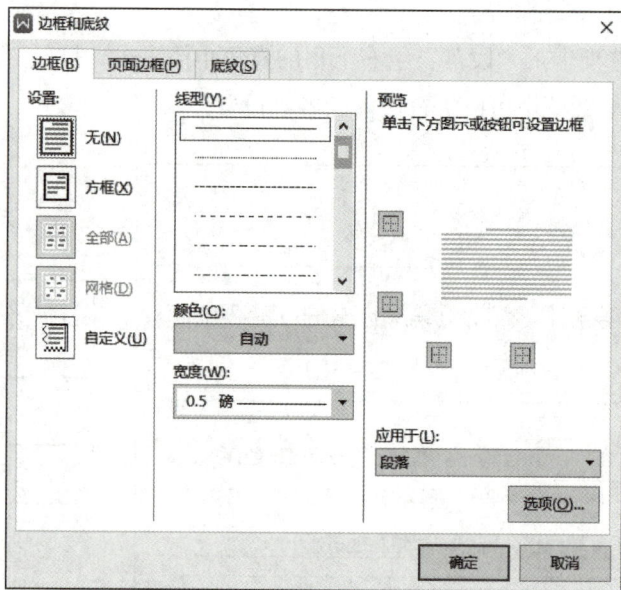

图 4-21 "边框和底纹"对话框

4.3.4 设置项目符号或编号

教学视频

设置项目符
号或编号应
用实例

WPS 文字中提供的项目符号或编号功能可以使有并列关系的段落结构更加清晰，文档也更加美观。选定需要添加项目符号或编号的段落，然后单击"开始"选项卡下"段落"组中的"项目符号"按钮或者"编号"按钮，打开预设的项目符号或编号下拉列表，可以对段落进行符号或编号设置，设置时还可以选择符号的样式或编号格式。

4.3.5 设置分栏

有时为了增强文本效果，需要对段落进行分栏，在报刊杂志上经常能够见到此种排版模式。分栏时需要设置栏数、是否加分隔线、栏宽、栏间距等内容。先选定要分栏的段落，然后单击"页面布局"选项卡下的"分栏"按钮，在弹出的列表中选择"更多分样"，打开"分栏"对话框，在该对话框中可以进行栏数、栏宽、栏间距、分隔线等设置。

教学视频

设置分栏
实例

4.3.6　设置首字下沉

首字下沉是指为某一段落的第一个字设置突出显示的效果，分为下沉和悬挂。先选定段落，或者单段落中任意位置，然后单击"插入"选项卡下的"首字下沉"按钮。打开"首字下沉"对话框进行字体、下沉行数、距正文等设置。

4.3.7　设置换行与分页

输入文字时 WPS 文字按默认的间距排列文档内容，有时会出现孤行或一个段落被分隔在两页上的情况，这既影响美观又不利于阅读，此时可以利用换行和分页功能避免这种情况的发生。选定要调整的段落，单击"开始"选项卡下"段落"组右下角的直角小箭头⏌，或者单击鼠标右键，在弹出的快捷菜单中选择"段落"命令，打开"段落"对话框，单击"换行和分页"选项卡，如图 4-22 所示。根据需要选中所需选项，单击"确定"按钮即可完成。

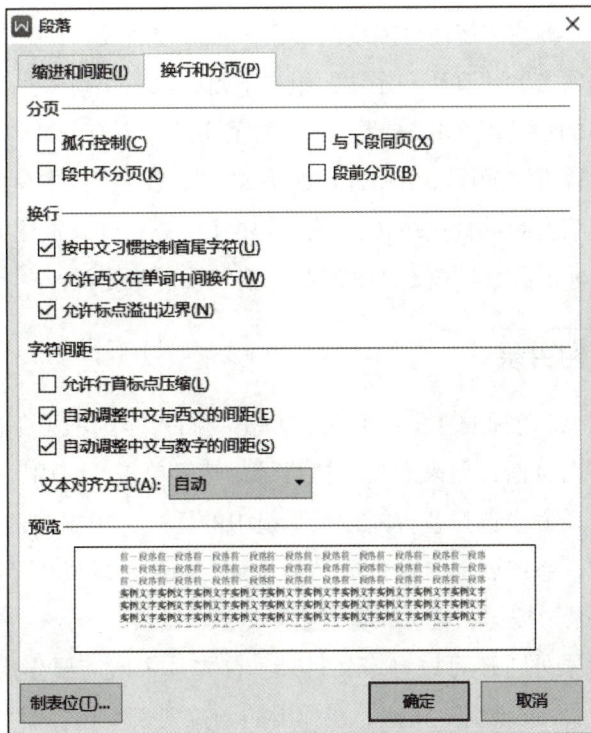

图 4-22　"换行和分页"选项卡

4.3.8 设置中文版式

WPS 文字将"中文版式"按钮放在了"开始"选项卡的"段落"组中，如图 4-23 所示。通过"中文版式"按钮，可以进行合并字符、双行合一及字符缩放等高级操作。

图 4-23 "中文版式"按钮

4.3.9 给文档内容添加注释

WPS 文字中可以给文档内容添加脚注、尾注等注释。

首先将光标定位到要插入注释符号的位置，单击"引用"选项卡下的"插入脚注"按钮或"插入尾注"按钮，光标则会立刻跳至脚注或尾注位置，并自动插入注释编号，然后输入注释文本即可。

在默认情况下，脚注放在每页的结尾处，而将尾注放在文档的结尾处。如果不需要脚注分隔线，可以单击"脚注／尾注分隔线"按钮，去掉分隔线。

单击"引用"选项卡下"脚注和尾注"组右下角的直角小箭头⌐，或者右击已插入的脚注或尾注，在弹出的快捷菜单中选择"脚注和尾注"命令打开"脚注和尾注"对话框，在该对话框中可以设置脚注或尾注引用标记的格式。将光标移至注释引用标记上，当光标变成引用标记状态时双击即可直接跳转至脚注或尾注中查看或编辑注释内容。如果要删除脚注或尾注选定引用标记后直接按 Del 键即可，编号将自动更新。

4.3.10 添加文档目录

打开 WPS 文字，将光标放在第一页处，单击"插入"选项卡下的"空白页"按钮，在文档前插入一个空白页面，用来添加文档目录，然后单击"引用"选项卡下的"目录"按钮，在弹出的下拉列表中选择"智能目录"组中的样式，根据文档中包含的标题等级，选择相应的目录样式，系统就能自动生成文档目录。如果标题发生了改动，单击"引用"选项卡下的"更新目录"按钮，就可以智能更新目录。

除了自动生成目录外，还可以自定义目录。首先选中所需要生成目录的标题，单击"引用"选项卡下的"目录级别"按钮，在弹出的下拉列表中选择需要的级别，然后再单击"引用"选项卡下的"目录"按钮，选择自动目录，就可以自定义设置目录。

知识练习 4.3

一、选择题

1. "文字效果"按钮位于功能区的"开始"选项卡下的（　　　）组中。

A. "样式"　　　　　　B. "段落"　　　　　　C. "字体"　　　　　　D. "编辑"

2. 对已输入的文档进行分栏操作时，选择（　　　）功能选项卡中的"分栏"按钮。

A. "开始"　　　　　　B. "插入"　　　　　　C. "页面布局"　　　　D. "引用"

3. 下面关于分栏的说法中正确的是（　　　）。

A. 最多可以设 4 栏　　　　　　　　　　B. 各栏的宽度必须相同

C. 各栏的宽度可以不同　　　　　　　　D. 各栏之间的间距是固定的

4. 要设置行距为 20 磅的格式时，应选择行距列表框中的（　　　）。

A. 单倍行距　　　　B. 1.5 倍行距　　　　C. 固定值　　　　D. 多倍行距

二、简答题

1. 对文档中的文字可以进行哪些设置？

2. 对文档中的段落可以进行哪些设置？

技能练习 4.3

实训素材
与指导

"Word.
wps"文档
与操作
步骤

实训项目 1： WPS 文档格式设置基本操作练习。

1. 实训目标

（1）掌握 WPS 文字的字体设置基本操作。

（2）掌握 WPS 文字的段落格式设置基本操作。

2. 实训内容

（1）启动 WPS 文字，打开 C: 盘根目录下的"Word.wps"文档。

（2）将标题段文字设置为三号楷体、红色、加粗、居中并添加蓝色底纹。

（3）将正文各段落中的西文字体设置为小四号 Times New Roman 字体，中文字体设置为小四号仿宋；各段首行缩进 2 字符、段前间距为 0.5 行，行距为 1.1 倍行距。

（4）设置正文第一段首字下沉 2 行（距正文 0.1 厘米）。

（5）在第二段前进行段前分页。

（6）保存文档。

实训项目 2： WPS 文档格式特殊效果设置操作练习。

1. 实训目标

（1）熟练设置 WPS 文字的字体。

（2）熟练设置 WPS 文字的段落格式。

（3）熟练设置 WPS 文档格式。

实训素材
与指导

"基本操
作综合应
用 .wps"
文档与操
作步骤

2. 实训内容

（1）启动 WPS 文字，在 D: 盘根目录下打开"基本操作综合应用 .wps"文档。

（2）为文章添加标题"信息安全与网络时代"，并设置为三号黑体、红色、倾斜、居中并添加蓝色底纹。

（3）将正文各段文字设置为五号楷体；各段落左、右各缩进 0.5 字符，首行缩进 2 字符，1.5 倍行距，段前间距 0.5 行。

（4）将正文第一段分为等宽两栏，栏宽 18 字符。

（5）给正文最后一段添加项目符号❖；

（6）将文档另存为 D: 盘根目录下并命名为"WPS 文档排版 .wps"。

4.4　表格制作　　　　》

🔍 知识与技能目标

1. 掌握 WPS 文字中表格的基本操作。

2. 掌握 WPS 文字中表格的插入、删除、合并、拆分等基本编辑操作。

3. 学会 WPS 文字表格的格式化方法。

4. 掌握 WPS 文字中表格的排序与简单计算功能。

✉ 知识与技能学习

文档中经常有各种表格，那么如何创建一个表格？对创建好的表格如何为其设置美观的样式？对表格中的数据又如何进行简单的处理？

教学视频

新建表格

4.4.1　表格的基本操作

表格是由具有行、列结构的单元格组成的。表格中可以呈现文本信息和数值数据等。

1. 新建表格

在 WPS 文字中创建表格，其操作非常方便，通常有如下几种方法。

方法一：单击"插入"选项卡下的"表格"按钮，在弹出的下拉列表中，将鼠标指针移至上方的表格区域，根据表格大小的需要移动鼠标至合适位置，单击右键即可快速地在文档中创建一个表格。

方法二：单击"插入"选项卡下的"表格"按钮，在弹出的下拉列表中单击"插入表格"命令，打开"插入表格"对话框，在对话框中输入行数、列数，即可创建一个空白表格。

方法三：单击"插入"选项卡下的"表格"按钮，在弹出的下拉列表中单击"绘制表格"命令，此时鼠标指针变成笔形，沿对角线拖曳鼠标至合适位置，即可，绘制完表格。表格绘制完毕后，单击"表格工具"选项卡下的"绘制表格"按钮或按 Esc 键，即可退出绘制表格状态。

2. 删除表格

方法一：首先单击需要删除的表格中的任意位置，会出现"表格工具"选项卡，单击"删除"按钮，在弹出的下拉列表中选择"表格"命令，可以删除整个表格。

方法二：选定整个表格，单击鼠标右键，在弹出的快捷菜单中选择"删除表格"，也可以完成表格的删除操作。

教学视频

删除表格

4.4.2 选定表格

1. 选定单元格

方法一：将鼠标移动到要选定单元格的左侧，当鼠标指针变成黑色斜向右上方的箭头时，单击鼠标左键。

方法二：将插入点移动到要选定的单元格内，单击"表格工具"选项卡下的"选择"按钮，在弹出的下拉列表中选择"单元格"命令。

教学视频

选定表格

2. 选定一行

方法一：将鼠标移动到要选定的行的左侧，当鼠标指针变成向右倾斜的箭头时，单击鼠标左键。

方法二：按住鼠标左键，拖曳鼠标扫过要选定的行。

方法三：将插入点移动到要选定的行的任意单元格内，单击"表格工具"选项卡下的"选择"按钮，在弹出的下拉列表中选择"行"命令。

3. 选定一列

方法一：将鼠标移动到要选定的列的上方，当鼠标指针变成向下的黑色箭头时，单击鼠标左键。

方法二：按住鼠标左键，拖曳鼠标扫过要选定的列。

方法三：将插入点移动到要选定的列的任意单元格内，单击"表格工具"选项卡下的

"选择"按钮，在弹出的下拉列表中选择"列"命令。

4. 选定表格任意行列

按住鼠标左键，拖曳鼠标扫过需要选定的行和列。

5. 选定整个表格

方法一：按住鼠标左键，拖曳鼠标扫过整个表格。

方法二：将插入点移动到要选定的表格中的任一单元格内，单击"表格工具"选项卡下的"选择"按钮，在弹出的下拉列表中选择"表格"命令。

方法三：将鼠标指针移动到要选定的表格上，当表格左上角出现控制手柄时，单击该控制手柄。

4.4.3 表格的移动和缩放

在 WPS 文字中，可以通过表格左上角的控制手柄实现对表格的移动，常按鼠标左键并拖曳控制手柄，将表格移动到指定位置后，松开鼠标左键，就完成了对表格的移动操作。

在 WPS 文字中，可以通过表格右下角的缩放手柄实现对表格的缩放，常按鼠标左键并拖曳缩放手柄，将表格缩放至要求大小后，松开鼠标左键，就完成了对表格大小的缩放操作。

4.4.4 编辑表格

1. 在表格中插入行或列

方法一：选定要插入行或列的位置，根据需要在"表格工具"选项卡下单击"在上（下）方插入行"按钮或"在左（右）侧插入列"按钮。

方法二：选定要插入行或列的位置，单击鼠标右键，在弹出的快捷菜单中选择"插入"，在其级联菜单中选择相应命令即可。

2. 删除表格的行或列

方法一：选定要删除的行或列，单击"表格工具"选项卡下的"删除"按钮，在下拉列表中选择"行"或"列"命令。

方法二：选定要删除的行或列，单击鼠标右键，在弹出的快捷菜单中选择"删除行"或"删除列"命令。

提示： 💬

当鼠标停留在表格的外边框线上的时候，会出现插入和删除行或列的按钮，也就是加号和减号，单击加号则增加行或列，单击减号则删除行或列。另外，当选定表格的任意位置的时候，在表格的右侧和下边，会出现加号，单击加号，则可以给表格增加列或行。

教学视频
在表格中插入行或列

教学视频
删除表格的行或列

3. 合并单元格

方法一：选定要合并的单元格，单击"表格工具"选项卡下的"合并单元格"按钮。

方法二：选定要合并的单元格，单击鼠标右键，在弹出的快捷菜单中选择"合并单元格"命令。

4. 拆分单元格

方法一：选定要拆分的单元格，单击"表格工具"选项卡下的"拆分单元格"按钮，打开"拆分单元格"对话框，输入单元格需要拆分后的行数和列数，单击"确定"按钮即可。

方法二：选定要拆分的单元格，单击鼠标右键，在弹出的快捷菜单中选择"拆分单元格"命令，也可以打开"拆分单元格"对话框来完成拆分单元格操作。

> **提示：**
>
> 如果希望重新设置表格，比如将 1 行 2 列的表格改为 2 行三列，则需要勾选"拆分单元格"对话框中的"拆分前合并单元格"复选框。

教学视频

合并、拆
分单元格
及拆分
表格

5. 拆分表格

将插入点移动到作为新表格的第一行，单击"表格工具"选项卡下的"拆分表格"按钮，在弹出的下拉列表中选择"按行拆分"或者"按列拆分"，一张表格即可拆分为两张表格。

6. 编辑表格内容

（1）复制（移动）单元格：选定一个或多个单元格，在快速访问工具栏单击"复制（剪切）"按钮，将插入点移动到目标单元格，单击鼠标右键，在弹出的快捷菜单中选择"粘贴"。

（2）复制（移动）整行：选定一行或多行，在快速访问工具栏中单击"复制（剪切）"按钮，将插入点移到目标位置，单击鼠标右键，在弹出的快捷菜单中根据需要选择"粘贴""选择性粘贴"或者"粘贴为嵌套表"命令进行复制（移动）整行的操作。或者选定行后直接拖曳到指定行，则可以完成整行的移动操作。

（3）复制（移动）整列

选定一列或多列，在快速访问工具栏中单击"复制（剪切）"按钮，将插入点移动到目标位置，单击鼠标右键，在弹出的快捷菜单中根据需要选择"粘贴""选择性粘贴"或者"粘贴为嵌套表"命令进行复制（移动）整列的操作。或者选定该列后直接拖曳到指定列，则可以完成整列的移动操作。

教学视频

编辑表格
内容

4.4.5　格式化表格

1. 调整表格的行高和列宽

方法一：将鼠标移动到表格中需要调整的行或列的分隔线上，拖曳鼠标就可以改变行

教学视频

调整表格
的行高和
列宽

高或列宽。

方法二：在"表格工具"选项卡下的"高度"和"宽度"数值选择框中输入需要的数值即完成行高和列宽的设置。

> **提示：** 💬
>
> 除了上述两种方法以外，还可以通过"表格属性"按钮和"自动调整"按钮来调整行高和列宽。

2. 设置单元格内文本的对齐方式

方法一：选定要设置的单元格中的文本，单击"表格工具"选项卡下的"对齐方式"下拉按钮，在下拉列表中有 9 种对齐方式，选择所需的一种方式即可。

方法二：选定要设置的单元格中的文本，单击鼠标右键，在弹出的快捷菜单中选择"单元格对齐方式"，在其级联菜单中的 9 种对齐方式中选择所需的一种方式即可。

3. 设置表格的边框和底纹

WPS 文字在制作表格时，默认使用的是 0.5 磅的黑色细实线，且表格无底纹。为了使表格更加清晰美观，可以改变表格边框和底纹的默认值。

方法一：单击表格任意位置，出现"表格样式"选项卡，该选项卡下有"边框"和"底纹"等功能按钮，可以方便的设置表格的样式、边框和底纹。

方法二：单击表格任意位置，单击"页面布局"选项卡下的"页面边框"按钮，在打开的"边框和底纹"对话框中进行设置，详细操作参见 4.3.3。

方法三：右击表格任意位置，在弹出的快捷菜单中选择"边框和底纹"命令，同样可打开"边框和底纹对话框"来进行设置。

4. 套用表格预设样式

单击表格任意位置，出现"表格样式"选项卡，根据需要选择表格系统已经预设好的各种样式进行套用，可以快速设置表格的样式。

4.4.6 斜线单元格

在 WPS 文字中绘制斜线表格时，首先选定需要绘制斜线的单元格，然后单击"表格样式"选项卡下的"绘制斜线表头"按钮，打开"斜线单元格类型"对话框，选择需要的斜线单元格类型，单击"确定"按钮即可绘制斜线单元格。

4.4.7 数据的排序与计算

1. 数据的排序

数据的排序包括升序和降序两种方式。若只是对表格中的某一列数据进行排序，将

(页边侧栏)

教学视频

设置单元格内文本的对齐方式

教学视频

设置表格的边框和底纹

教学视频

设置表格样式

教学视频

表格数据的排序

插入点移动到该列任意单元格内，单击"表格工具"选项卡下的"排序"按钮，在打开的"排序"对话框中，设置关键字、类型以及是升序还是降序，单击"确定"按钮即可。

2. 数据的计算

WPS 文字的表格也提供一些简单的计算功能，如加、减、乘、除、求平均值等。将插入点移动到要求放置计算结果的单元格内，单击"表格工具"选项卡下的"*fx* 公式"按钮，打开"公式"对话框，在"公式"文本框的"="后输入计算公式即可。

> **提示：**
> WPS 文字的表格工具提供了快速计算的功能，选择需要计算数据的单元格，单击"表格工具"选项卡下的"快速计算"按钮，在弹出的下拉列表中可以选择求和、求平均值等简单的公式。

教学视频

表格数据
的计算

4.4.8 表格与文本的相互转换

在 WPS 文字中用户可以非常方便地实现表格和文本的相互转换。

1. 将表格转换为文本

选定需要转换为文本的表格，单击"表格工具"选项卡下的"转换成文本"按钮，打开"表格转换成文本"对话框，选择合适的文字分隔符作为替代单元格列边框的符号，单击"确定"按钮即可。表格转换成文本后，行边框由段落标记替代。

教学视频

将表格转
换为文本

2. 将文本转换为表格

在需要转换为表格的文本中插入分隔符，如段落标记、逗号、制表符、空格或者其他特定符号。文字转换成表格后，分隔符将成为单元格的列边框；段落标记将成为表格的行边框。

选定要转换的文本，单击"插入"选项卡下的"表格"按钮，在弹出的下拉列表中选择"文本转换成表格"命令，打开"将文字转换成表格"对话框。WPS 会自动检测出文字中的分隔符，并算出列数，用户也可根据实际情况在"文字分隔位置"中选择一种分隔符，或者在"其他字符"框中输入分隔符。

教学视频

将文本转
换为表格

📋 知识练习 4.4

一、选择题

1. 在 WPS 文字的表格中，要使光标从一个单元格移到前一个单元格，应选用的按键是（　　）。

A. Shift 键　　　　　B. Tab 键　　　　　C. Ctrl 键　　　　　D. 组合键 Shift + Tab

2. 当前插入点在表格中某行的最后一个单元格内，按"Enter"键后，可以使（　　　）。

A. 插入点所在的行加高　　　　　　　　B. 插入点所在的列加宽

C. 插入点下一行增加一行　　　　　　　D. 对表格不起作用

3. 可以通过"（　　　）"选项卡来插入或删除行、列和单元格。

A. 表格样式　　　　　B. 表格工具　　　　　C. 绘图工具　　　　　D. 效果设置

4. 改变表格中行或列的位置可通过鼠标的（　　　）动作实现。

A. 单击　　　　　　　B. 双击　　　　　　　C. 拖曳　　　　　　　D. 右击

二、简答题

1. 说明在 WPS 文字的表格中可以对单元格、行、列进行哪些操作。

2. 在 WPS 文字的表格中可以进行简单的排序、计算等操作，简述其各自的操作步骤。

📋 技能练习 4.4

实训项目 1：WPS 表格基本操作练习。

1. 实训目标

（1）掌握创建 WPS 文字中表格的方法。

（2）掌握设置 WPS 文字中表格的格式化方法。

（3）学会 WPS 文字中表格数据的排序。

2. 实训内容

（1）启动 WPS 文字，打开 C: 盘根目录下的"Word2.wps"文档。

（2）将文中 4 行文字转换为一个 4 行 9 列的表格。

（3）在"积分"列按公式"积分 =3* 胜 + 平"计算并输入相应内容。

（4）设置表格第 2 列、第 7 列、第 8 列的列宽为 2.1 厘米、其余列的列宽为 1.4 厘米、行高为 0.6 厘米，表格居中；设置表格中所有文字水平居中。

（5）为表格套用"浅色样式 2– 强调 1"的表格样式。

（6）将"队名"列以"拼音"类型升序排序。

实训项目 2：WPS 文字中表格样式设置与数值计算。

1. 实训目标

（1）掌握 WPS 文字中的表格样式设置。

（2）学会 WPS 公式计算方法。

（3）学会表格与文本的相互转换方法

2. 实训内容

（1）启动 WPS 文字，在 D: 盘根目录下打开"表格综合应用 .wps"文档。

（2）将正文的 3 行文字转换成一个 3 行 4 列的表格，表格居中，列宽 3 厘米，表格中的文字设置为五号仿宋，所有内容对齐方式为水平居中。

（3）设置所有表格外边框和第一行下框线为蓝色 1.5 磅双实线，其余框线为红色点划线。

（4）为标题行添加底纹样式"15%"。

（5）在表格下方插入一个空行，在第一单元格内输入"平均值"。

（6）利用公式计算男、女平均喉器长度、喉器宽度和声带长度，将结果填入最后一行。

（7）保存文档。

4.5　图文混排技术　》

知识与技能目标

1. 掌握 WPS 文字中简单图形的绘制与操作方法。
2. 掌握 WPS 文字中文本框和图片的插入与编辑方法。
3. 学会 WPS 文字中艺术字的插入与编辑方法。
4. 掌握 WPS 文字中智能图形的编辑与应用。

知识与技能学习

　　一篇高质量的文稿可能包含各种各样的图形，在编辑文档时如何插入各种图形？对这些图形可进行哪些编辑操作呢？

4.5.1　图形的建立及编辑

1. 绘制基本图形

　　单击"插入"选项卡下的"形状"按钮，在下拉列表中，选择需要的图形，当鼠标指针变成十字形时，按下鼠标左键并拖曳鼠标，就可以绘制各种图形。

教学视频

绘制基本图形

2. 选定和移动图形对象

　　用鼠标单击图形可以选定该图形对象，图形被选定后，图形周围会出现许多控制手柄。其中，白色的控制手柄用于改变图形对象的大小，黄色的控制手柄用于改变图形对象的形状。选定多个图形对象时，要先按住 Shift 键，然后单击各个图形即可。

移动对象可以通过鼠标，也可以通过键盘来操作。当鼠标移到图形对象上，鼠标指针旁出现一个十字交叉箭头时，拖曳鼠标到新的位置，图形就移动到了新位置上。选定图形对象后，按键盘上的光标移动键，每按一次，图形移动一个网格。

3. 图形对象的排列和叠放次序

选定图形，单击"绘图工具"选项卡下的"对齐"按钮，可以对图形进行排列；单击"绘图工具"选项卡下的"环绕"按钮，可以对图形进行环绕方式的设置。

插入到文档中的图形对象相互之间可以重叠，图形对象还可以和正文文字相互重叠。图形之间、图形和文字之间的重叠顺序是可以更改的。选定图形，通过单击"绘图工具"选项卡下的"上移一层"和"下移一层"按钮，可以对图形进行叠放次序的调整。

4.5.2 图片的插入及编辑

在文档中插入已有的图片文件，是一种最简单的方法。插入的图片可以是本地图片也可以是联机图片、手机传图等，值得一提的是 WPS 文字中没有剪贴画功能。

1. 插入本地图片

单击"插入"选项卡下的"图片"下拉按钮，在弹出的下拉列表中选择"本地图片"，打开"插入图片"对话框，如图 4-24 所示。在该对话框左侧列表框中，找到图片文件所在的本地路径，在右侧文件列表框中选择要插入的图片文件，单击"打开"按钮，图片即插入到文档中。

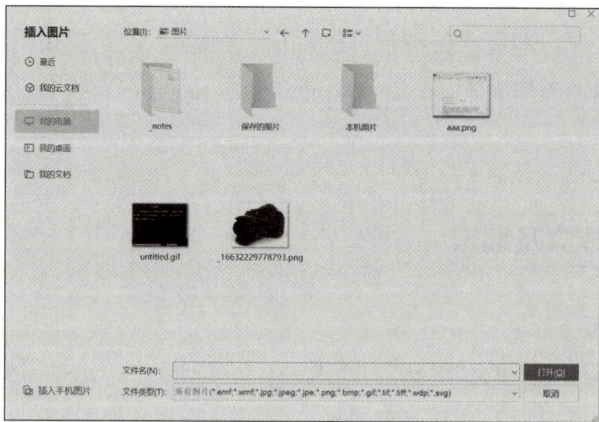

图 4-24 "插入图片"对话框

2. 编辑插入的图片

图片插入到文档中之后，还可以对其进行编辑，使得文章更加美观生动。对于图片的编辑主要包括调整图片大小、图片的样式、图片的位置等。与普通文本一样，对图片进行编辑，也要先选定图片，图片被选定后，四周就会出现八个控制手柄，同时还会出现"图片工具"选项卡。

　　对图片进行编辑可以利用"图片工具"选项卡下的功能按钮，也可以利用"设置对象格式"对话框。右击选定的图片，在弹出的快捷菜单中选择"设置对象格式"命令，打开"属性"任务窗格，在该任务窗格中可以设置图片的样式、大小、位置等图片格式。

4.5.3　插入文本框

　　文本框可以看作是容纳文本等内容的一个容器，当需要灵活调整某一段文本的位置或单独为其设置其格式时，可以将该文本放置在文本框中。WPS文字中文本框分为横向文本框、竖向文本框和多行文字文本框。插入文本框的方法为单击"插入"选项卡下的"文本框"按钮。文本框中文字的排版与普通文本的排版一样，可以设置字体、段落等。

> **提示：** 💬
>
> 文本框中不支持分栏、首字下沉等格式设置。

4.5.4　智能图形的插入及编辑

　　WPS文字提供的智能图形（类似于Word当中的SmartArt图形），它用来快速制作各种逻辑关系图形。可以在WPS文字，WPS表格，WPS演示中使用，是信息和观点的直观表示形式。

教学视频

智能图形
的插入

1. 插入智能图形

　　单击"插入"选项卡下的"智能图形"按钮，打开"选择智能图形"对话框，如图4-25所示。可以选择不同类型的智能图形，单击"确定"按钮即可。

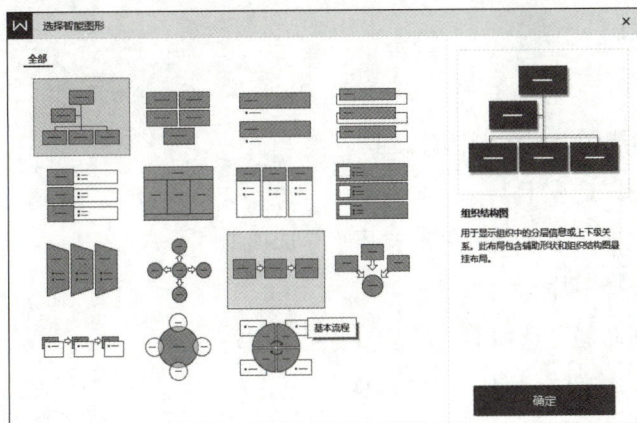

图 4-25　"选择智能图形"对话框

2. 编辑智能图形

选定插入到文档中的智能图形，和选中图片对象一样，智能图形周围也会出现控制手柄；在窗口上面还会出现"设计"和"格式"选项卡。单击"设计"选项卡下的"布局"按钮，可以修改智能图形的布局方式；单击"设计"选项卡下的"更改颜色"按钮，可以更改智能图形的颜色；在"更改颜色"按钮的右侧是"样式列表"，可以进行样式的选择。单击"格式"选项卡，则可以修改智能图形的填充、轮廓、字体、段落格式等设置。

4.5.5 艺术字的插入及编辑

1. 插入艺术字

教学视频

艺术字的
插入

单击"插入"选项卡下的"艺术字"按钮，打开艺术字样式下拉列表，选择其中一种艺术字预设样式，所选样式生成的艺术字即插入到文档中。

2. 编辑艺术字

选定插入到文档中的艺术字，和选定图形对象一样，艺术字周围也会出现控制手柄；还会出现"文字工具"选项卡，可以设置文本填充、文本轮廓、文字效果等。

4.5.6 文字的特殊效果设置

教学视频

文字的特
殊效果
设置

增强文本效果是 WPS 文字最有趣的功能之一。使用该功能可以对文本应用不同的设计效果，创作个性化的美术字，并可以将文本效果应用到文档中的任何文本。单击"开始"选项卡下的"文字效果"按钮，打开"文本效果"下拉列表，如图 4-26 所示，可以应用的设计效果有艺术字、阴影、倒影和发光。

图 4-26 "文本效果"下拉列表

📖 知识练习 4.5

一、选择题

1. (　　)，功能区上显示"图片工具"。

A. 单击"视图"选项卡

B. 在文档中选择文字，然后单击"开始"选项卡

C. 在文档中选择图片

D. 单击"页面布局"选项卡

2. "文字效果"按钮位于（　　）选项卡下。

A. 插入　　　　B. 页面布局　　　　C. 开始　　　　D. 审阅

3. 如果要更改文档中图片的边框颜色，应该单击"图片工具"选项卡下的（　　　）按钮。

    A. "更改图片"　　　　B. "颜色"　　　　　C. "图片轮廓"　　　　D. "重设图片"

二、简答题

1. 阐述图片的插入与编辑方法。

2. 什么是文本框？对文本框可以进行哪些操作？

技能练习 4.5

实训项目 1： WPS 文字中的艺术字和智能图形操作练习。

1. 实训目标

（1）掌握 WPS 文字中艺术字的设置。

（2）掌握 WPS 文字中智能图形的编辑。

2. 实训内容

（1）启动 WPS 文字，打开 C: 盘根目录下的"Word3.wps"文档。

（2）将文章标题"落叶"设置为艺术字样式"渐变填充-金色，轮廓-着色 4"，字体为华文新魏、加粗、字号 48 磅，文本填充为渐变填充，渐变样式为路径渐变，文字环绕方式为"嵌入型"。

实训素材
与指导

"Word3.
wps"文档
与操作
步骤

（3）将文章作者"徐志摩"字体设置为华文行楷、三号，并为其添加艺术字预设样式"渐变填充-钢蓝"的文本效果。

（4）在文章末尾插入智能图形中的基本流程图，更改颜色为"彩色"行第 4 个。

实训项目 2： WPS 文字中的文本框的插入和图片操作练习

1. 实训目标

（1）掌握 WPS 文字中的文本框插入与设置。

（2）掌握 WPS 文字中图片的编辑。

2. 实训内容

（1）启动 WPS 文字，在 D: 盘根目录下打开"图形处理综合应用 .wps"文档。

（2）为文章插入横向文本框，输入以下内容：

实训素材
与指导

"图形处
理综合应
用 .wps"
文档与操
作步骤

> 　　雨淅淅沥沥地下着，沁人心脾，走在校园的小路上，心中难得的从容与洒脱。雨渐渐停歇，光线透着些许暗淡，雨中洗涤过的校园，让我的心变得自由。

（3）在文章标题左侧，插入本地图片"rain.jpg"，环绕方式为"四周型"，图片的缩放比例为 80%，并为图片设置"右下对角透视"的阴影效果。

（4）保存文档。

4.6 页面设置与打印

知识与技能目标

1. 掌握 WPS 文字中页面边距、纸张方向和大小等的设置。
2. 掌握 WPS 文字中页码的设置。
3. 学会 WPS 文字中的保护设置与打印操作。

知识与技能学习

文稿制作好了以后，为了便于交流，经常要打印输出，那么如何对页面进行各种设置并打印输出漂亮的文档呢？

4.6.1 页面设置

教学视频

设置纸型

用户在 WPS 文字中创建新文档时，默认纸型是 A4 纸，页面的方向是纵向。想要获得理想的输出效果，在正式打印之前，可以对文档的页面进行一些调整。本节将介绍如何在 WPS 文字中进行页面设置。

单击"页面布局"选项卡下的"页边距"按钮，在弹出的下拉列表中可以设置文档的页边距；单击"纸张方向"按钮，在弹出的下拉列表中可以设置文档的纸张方向；单击"纸张大小"按钮，在弹出的下拉列表中可以选择相应的纸张大小；单击"文字方向"按钮，在弹出的下拉列表中可以设置文字的方向。

教学视频

设置
页边距

提示： 💬

WPS 文字提供了稿纸设置，单击"页面布局"选项卡下的"稿纸设置"按钮，打开"稿纸设置"对话框，进行稿纸设置。页面可以设置为 400 字规格的稿纸格式。

4.6.2 页眉和页脚设置

页面顶端和底部的内容分别称为页眉和页脚。与文档正文中的文本不同，可以用鼠标和键盘直接选择和编辑正文文本，而页眉和页脚的内容进行编辑前，首先需要打开页眉和页脚空间，进入页眉和页脚编辑状态。

1. 设置页眉和页脚

方法一：双击页面顶部或底部，打开页眉和页脚空间后就可以在页眉和页脚处进行编辑了。

方法二：单击"插入"选项卡下的"页眉和页脚"按钮。

当处于页眉和页脚编辑状态时，"页眉和页脚"选项卡可用，如图4-27所示，设置完成后，单击"关闭"按钮即可关闭页眉和页脚空间，退出页眉和页脚编辑状态。

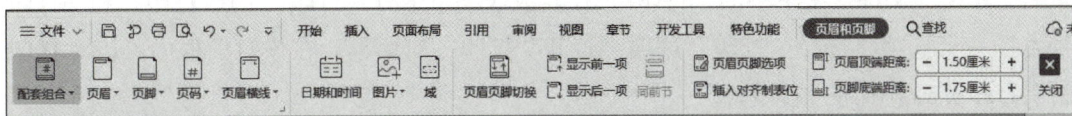

图 4-27 "页眉和页脚"选项卡

> **提示：**
> 双击文档正文也可以关闭页眉和页脚空间，这种操作方式更加简单。

2. 插入页码

单击"页眉和页脚"选项卡下的"页码"按钮，可将页码插入文档顶端、底端或当前位置。单击下拉列表中的"页码…"，即可打开"页码"对话框，如图4-28所示，可以设置页码的样式、位置以及起始页码编号等。

4.6.3 页面背景设置

1. 添加水印

为了体现文档的原创性或美观的需要，可以为文档添加水印，水印有自定义水印和预设水印，自定义水印中可以设置图片水印或文字水印。

方法一：单击"页面布局"选项卡下的"背景"按钮，在下拉列表中选择"水印"，在其级联菜单中单击"自定义水印"组中的"点击添加"按钮，打开"水印"对话框，可以选择图片水印或者文字水印，文字水印可以设置字体、字号、颜色、版式等。

方法二：单击"插入"选项卡下的"水印"按钮，同样可以为页面添加水印。

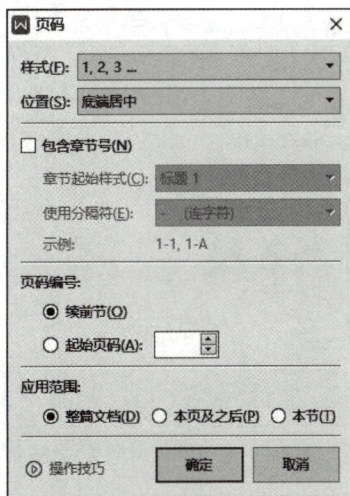

图 4-28 "页码"对话框

2. 设置页面颜色

单击"页面布局"选项卡下的"背景"按钮，可以为文档设置页面颜色，可以是纯色也可以是纹理、图案或者图片。

3. 设置页面边框

单击"页面布局"选项卡下的"页面边框"按钮，打开"边框和底纹"对话框的"页面边框"选项卡，页面边框可以是普通线型，也可以是艺术型。

4.6.4 文档的打印

教学视频

文档的
打印

如果要打印 WPS 文档，需要将打印机连接到计算机并安装驱动程序。在准备好打印机后，单击"文件"菜单中的"打印"，在其级联菜单中有"打印""高级打印"和"打印预览"三个选项。选择"打印"选项会打开"打印"对话框，在该对话框中可以对打印机、打印页码范围等进行设置。

4.6.5 保护文档

教学视频

保护文档

教学视频

限制编辑

图 4-29 "文档加密"的级联菜单

在用户编辑完文档后，为了文档不被修改或破坏，可以通过设置密码对文档进行保护。单击"文件"菜单中的"文档加密"，在其级联菜单中有"文档权限""密码加密"和"属性"三个选项，如图 4-29 所示。

选择"文档权限"选项或者单击"审阅"选项卡下的"文档权限"按钮，均可以打开"文档权限"对话框，如图 4-30 所示，可以对文档进行私密保护。

选择"密码加密"选项，打开"密码加密"对话框，可以对文档进行打开权限和编辑权限的加密设置，如图 4-31 所示。

图 4-30 "文档权限"对话框

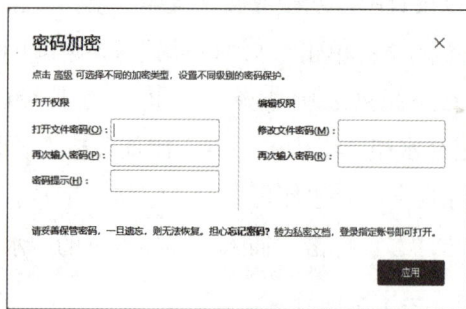

图 4-31 "密码加密"对话框

单击"审阅"选项卡下的"限制编辑"按钮，可以打开"限制编辑"任务窗格，在该窗格中可以限制对文档进行选定样式的格式设置，还可以设置文档的保护方式，包括只读、修订、批注等。

知识练习 4.6

一、选择题

1. 在 WPS 文字中，如果要使文档内容横向打印，在"页面布局"选项卡下应单击（ ）按钮。

A."页边距"   B."纸张方向"   C."纸张大小"   D."分栏"

2. 除了"页眉和页脚"选项卡以外，（ ）选项卡下也具有"页码""页眉和页脚"以及"日期"按钮。

A."开始"   B."插入"   C."页面布局"   D."视图"

3. 如果要编辑页眉和页脚内容，可以单击"插入"选项卡下的（ ）按钮。

A."页眉和页脚"   B."文档部件"   C."日期"   D."页码"

4. 使用预设样式应用到页码的主要优点是（ ）。

A. 它可让用户输入自己的文本

B. 它将设置用户的奇数页和偶数页的页眉和页脚

C. 它提供页眉或页脚的内容和设计

D. 它自动生成页码

5. 在 WPS 文字中，不包含的功能是（ ）。

A. 编译   B. 编辑   C. 排版   D. 打印

6. 在 WPS 文字中，具有"新建"、"打开"、"保存"、"打印"等菜单命令的是（ ）选项卡。

A."开始"   B."文件"   C."页面布局"   D."审阅"

7. WPS 文字中的编辑限制不包括（ ）。

A. 修订   B. 批注   C. 修改   D. 填写窗体

8. 在 WPS 文字中，可以对打印页面进行设置的是（ ）。

A."文件"菜单   B."开始"选项卡

C."页面布局"选项卡   D."视图"选项卡

二、简答题

1. 什么是页眉和页脚？对页眉和页脚可以进行哪些设置？

2. 可以对 WPS 文档进行哪些保护设置？

技能练习 4.6

实训项目 1：WPS 文字中页面设置、页眉页脚设置和文档保护操作练习。

1. 实训目标

（1）掌握 WPS 文字中页面的设置。

（2）掌握 WPS 文字中页眉和页脚的编辑。

（3）了解 WPS 文字加密方法。

（4）熟练打印 WPS 文字文档。

2. 实训内容

（1）启动 WPS 文字，在 D: 盘根目录下打开"页面设置综合应用 .wps"文档。

（2）自定义页面纸张大小为"19.5 厘米（宽度）×27 厘米（高度）"；设置页面左、右边距均为 3 厘米。

（3）为页面添加 1 磅、深红色（标准色）、"方框"型边框。

（4）编辑页眉，并在其居中位置输入页眉内容"时间就是生命"。

（5）设置文档的打开密码为"wdbh123"。

（6）打印文档。

实训项目 2：WPS 文字高级设置练习。

1. 实训目标

（1）掌握 WPS 文字中页面的设置。

（2）掌握 WPS 文字中页码的插入与编辑。

（3）了解 WPS 文字水印的设置。

（4）学会 WPS 文字的限制编辑。

（5）掌握设置 WPS 文字打印的方法。

2. 实训内容

（1）启动 WPS 文字，打开 C: 盘根目录下的"Word4.wps"文档。

（2）纸张大小为"信纸"，页边距为"普通"。

（3）插入页眉，并在其居中位置输入页眉内容"情绪管理"。

（4）插入页码，选择预设样式"页脚外侧"，选择数字格式为"-1-"。

（5）为文档添加文字水印"情绪管理"，字体为华文新魏，96 磅，红色，透明度为 50%，水平版式。

（6）设置页面颜色为"矢车菊蓝，着色 1，浅色 60%"。

（7）启动文档保护，仅允许对文档进行"修订"操作，密码为"czt123"。

（8）将文档打印 5 份。

4.7 云办公与 WPS 文字的特色功能 »

1. 理解 WPS 云办公的优点。
2. 掌握 WPS 文字中文档转换为 PDF 和图片格式的操作方法。

📧 知识与技能学习

WPS Office 是一款优秀的国产软件，功能非常强大，可以实现"云中公办"，并且还提供了非常实用的各种工具，方便用户将一个文档转化为 PDF、图片等格式。

4.7.1 云办公

云办公可以把文档同步上传到远程的云端服务器，实现异地文档编辑与处理功能。WPS 云办公有以下两大优点。

（1）随时随地操作云文档。云办公可以把 WPS 文档上传到云服务器中作为云文档，回家或者出差的时候，只要有网络，使用账号登录 WPS Office 后就可以随时随地对云文档进行操作。

（2）多人协同办公。云办公不仅支持一个人编辑文档，还支持几个人一起合作完成一项任务，比如合并报表等文档操作。单击"文件"菜单中的"分享文档"命令，打开分享面板，如图 4-32 所示，即可对文档进行分享设置。在分享面板中，可以设置"公开分享"方式，如"任何人可查看""任何人可编辑"。也可以设置"指定范围分享"，如"仅指定人可查看/编辑"。如果想任何人都可以接收分享的文件并可以编辑，选择"任何人可编辑"。

单击"创建并分享"按钮即可快速生成分享文件链接。在"分享链接"界面中，我们可以设置链接权限、链接的有效期。在"高级设置"中还可以

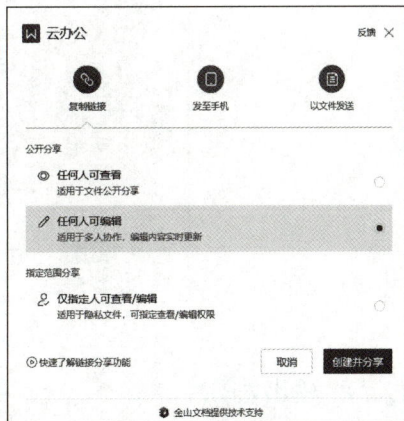

图 4-32　分享面板

设置下载、另存和打印权限。设置好后，发送复制链接即可。此外，还可以通过搜索通讯

录来添加协作者，或者通过扫码分享添加协作者共同编辑文档。如果想取消分享，在"分享链接"界面的链接权限设置处单击"取消分享"。

> **提示：** 💬
>
> 在普通链接分享时，好友点击分享链接，若想加入协作编辑文档需要先登录账号。在"分享链接"界面中，单击"获取免登录链接"并将此链接发送给好友，则好友点击该链接，则不需要登录就可以加入协作编辑文档。

如果想将文档发送至手机，单击"发送至手机"，单击"添加设备"，使用手机版WPS扫码登录后即可添加设备。添加完成后，单击发送，就可以将文档发送至手机，发送的文档可以在手机版WPS的"我→消息"中查看。如果想将文档直接发送给好友，单击"以文件发送"，打开文档所在位置，拖曳发送给微信或者QQ好友即可。

4.7.2 特色功能

WPS文字的特色功能非常实用，它兼具了"输出为PDF""输出为图片""全文翻译"等功能。

1. 输出为PDF

打开WPS文字文档，单击"特色功能"选项卡下的"输出为PDF"按钮，在弹出的"输出为PDF"对话框中选择需要输出的文档，单击"开始输出"按钮，即可将该文档输出为PDF文档，如图4-33所示。此外，还可以在高级设置中设置权限和输出内容等。

图4-33　"输出为PDF"对话框

2. 输出为图片

打开WPS文字文档，单击"特色功能"选项卡下的"输出为图片"按钮，在弹出的"输出为图片"对话框中选择需要的输出方式、水印设备、输出页数、输出格式以及输出品质等，单击"输出"按钮，即可将文档输出为图片，如图4-34所示。

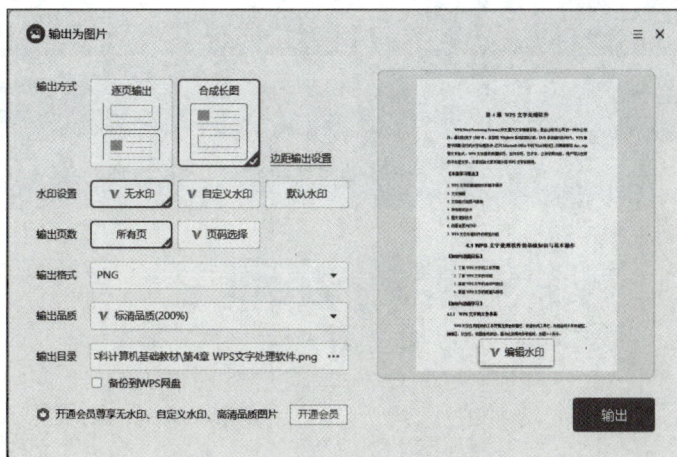

图 4-34 "输出为图片"对话框

3. 全文翻译

打开 WPS 文字文档,单击"特色功能"选项卡下的"全文翻译"按钮,在弹出的"全文翻译"对话框中选择需要翻译的文档并设置翻译语言和翻译页码范围,单击"立即翻译"按钮,即可对文档进行全文翻译,如图 4-35 所示。

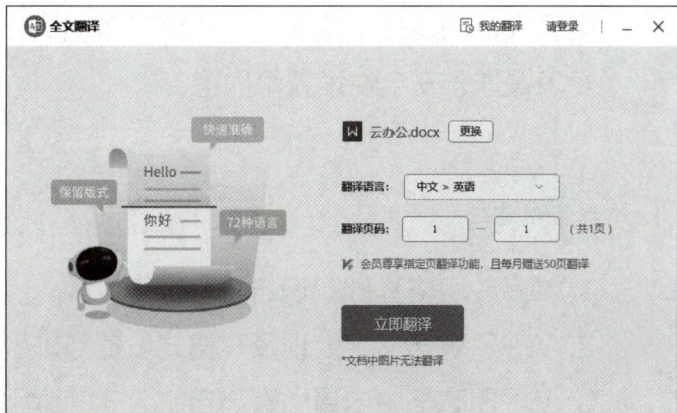

图 4-35 "全文翻译"对话框

知识练习 4.7

简答题

1. 什么是 WPS 文档的云办公?它有什么用途?
2. 简述 WPS 文档的特色功能有哪些。

第 5 章　WPS 表格处理

WPS表格是WPS Office的重要组成部分，它是一种功能强大的表格处理软件，既可用于个人事务处理，也可广泛用于财会、统计和数据分析等领域。在WPS表格中用户可以方便快捷地输入各种各样的数据，并对表格中的数据进行计算、查询、排序、统计和分析等操作。本章介绍电子表格的建立与格式化，表格的数据操作、图表操作、多表操作、安全性设置等内容。

本章学习要点

1. WPS 表格基础知识与基本操作。
2. WPS 表格文字处理及其格式设置与排版。
3. WPS 表格中内置函数与自编公式的运用。
4. WPS 表格图表的制作。

5.1　WPS 表格基本操作　》

🔍 知识与技能目标

1. 了解 WPS 表格工作界面的组成。
2. 掌握 WPS 表格工作簿、工作表与单元格的概念。
3. 掌握 WPS 表格中文字的录入、复制与移动操作。
4. 学会 WPS 表格行宽与列宽的调整方法。
5. 学会 WPS 表格工作表的基本操作。

✉ 知识与技能学习

WPS 表格启动后，其工作界面由哪些元素组成？如何创建一个电子表格文档？创建后又如何进行编辑操作呢？

5.1.1　WPS 表格的工作界面

WPS 表格启动后进入如图 5-1 所示的工作界面。

WPS 表格的工作界面与 WPS 文字的比较类似，WPS 表格的工作界面由快速访问工具栏、工作簿标签栏、选项卡、功能区、编辑栏、名称框、单元格、列标和行号、工作表标签栏、滚动条、状态栏、显示比例滑块、视图切换按钮等元素组成。

1. 工作簿

一个 WPS 表格文件就是一个工作簿（Book），一个工作簿中可以包含一张或多张工作表，单击界面左下方工作表标签栏中"+"号可以新建一张工作表，工作表名默认为 Sheet1、Sheet2、Sheet3、…等。

> **提示：** 💬
> WPS 表格文件扩展名为".et"，一般为了与 Excel 兼容也可以用".xlsx"等扩展名。

图 5-1　WPS 表格的工作窗口

教学视频

WPS 表格
的工作
界面

2. 工作表

WPS 表格最主要的组成内容是工作表（Sheet），一张工作表由很多行与列组成，列号依次用 A、B、C、D、…、Z，然后是 AA、AB、…、AZ，BA、BB、…、BZ，…等来表示，行号依次用数字 1、2、3、4、…来表示。

3. 单元格

行与列构成的格子在 WPS 表格中称为单元格，单元格是 WPS 表格中最基本的操作单元。

（1）单元格地址：表格的每个单元格用一个唯一的地址表示，地址格式为列号后跟行号组成。如 A 列 1 行单元格称为 A1，同理 D 列 7 行单元格称为 D7。活动单元格地址显示在表格左上角的名称框中。

（2）单元格命名：有时为了方便起见，也可以给单元格命名。选中一个或多个单元格后，在工作表的名称框输入一个便于记忆的名字即可。

> **提示：** 💬
>
> 命名后的单元格可以通过名称进行访问，单击工作表名称框右边的下拉箭头，即可以查看所有命名过的单元格。

5.1.2 单元格的基本操作

1. 单元格内容输入

单元格中的内容既可以直接输入，也可以在编辑栏中输入。

方法一：单击需要输入内容的单元格，然后直接输入内容即可，如图5-2所示。

方法二：单击需要输入内容的单元格，将光标移至编辑栏中，在编辑栏中输入内容，单元格中便出现输入的内容，如图5-3所示。

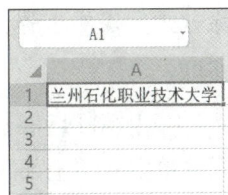

图5-2　在单元格中直接输入内容

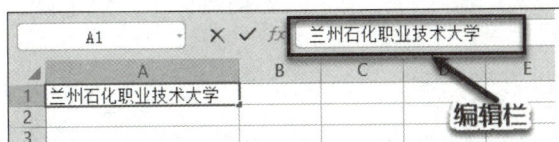

图5-3　在编辑栏中输入内容

提示：

（1）以上两种方法都可实现文字录入，第一种方法直观，第二种方法适合录入较多的内容。另外，录入公式常在编辑栏中录入。

（2）在单元格中输入身份证号码、1/7、001等格式的内容时，WPS表格进行自动智能优化处理，如身份证号码因数据长度过大，会以科学记数法的形式显示；1/7会显示为1月7日；001会显示为1。

（3）如要求输入内容和显示内容一致，须先在英文录入状态下输入单引号"'"，接着输入内容即可。

（4）单元格录入的文字字符会自动向左对齐，录入的数字数据会自动向右对齐。

教学视频

WPS表格
单元格的
基本操作

2. 单元格内容的复制和移动

单元格内容的复制和移动操作过程与WPS文字中表格的操作类似，用鼠标选中要操作的单元格后，使用Ctrl＋C、Ctrl＋X和Ctrl＋V等组合键分别完成复制、剪切和粘贴操作。

提示：

默认情况下复制操作将源单元格的值与格式（如字体、字号、颜色等）一同复制到目标单元格，根据需要可以选择只复制"值"，或只复制"格式"等操作。

3. 单元格的删除

单元格的删除操作较为复杂，可以分为以下两种情况。

（1）删除单元格的值：选中单元格后，按Del键则只删除单元格的值，其格式会被保留。再往此单元格中输入其他内容时，新输入的内容仍采用之前该单元格所设置的格式。

（2）删除单元格：该操作会将单元格整体从表格中删除。如同WPS文字表格的删除操作一样，可以选择"整行""整列""右侧单元格左移"或"下方单元格上移"四种删除方式。操作步骤为选中单元格后，在快捷菜单中选择"删除"，再选择所需的删除方式即可。

（3）清除内容：选中要清除内容的单元格后，在快捷菜单中选择"清除内容"，其级联菜单中有"全部""内容""格式""批注"等选项，常用选项的含义如下。

① 内容：删除的仅是单元格的值，其格式仍然保留。Del 键的功能与此相同。

② 格式：仅清除格式，清除后，文字内容仍然保留，但字体、字号、颜色等将采用默认值。

③ 批注：仅删除批注。

④ 全部：删除单元格的值和批注，并清除内容，具有以上三个选项的功能。

4. 单元格行高和列宽的调整

在表格中，为了美化表格或输入内容过多时，常常需要调整表格的行高和列宽。

（1）调整单列的列宽

方法一：将鼠标移动到两个列在列标处的分界线上，光标变成左右箭头状，如图 5-4 所示，此时按下鼠标左键，左右拖曳鼠标即可调整前一列的列宽。如图 5-4 所示。

图 5-4　列宽调整时光标形状

方法二：选中需要调整列宽的列后，单击"开始→行和列→列宽"，打开如图 5-5 所示的"列宽"对话框，在数值选择框中输入列宽数值，单击"确定"按钮即可。

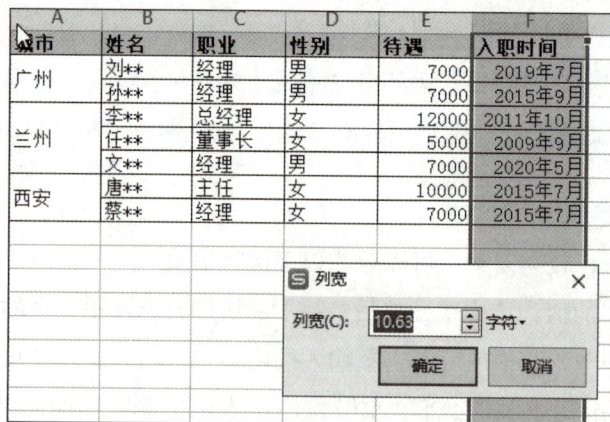

图 5-5　调整列宽

方法三：选择需要调整列宽的列后，在该列内单击鼠标右键，在弹出的快捷菜单中选择“列宽”，也可以调整列宽。

（2）调整多列的列宽

选中多列后，单击“开始→行和列→列宽”，在打开的“列宽”对话框中进行调整。

提示：

多列列宽调整后，被选中各列的列宽相等。

（3）调整行高

选中单独的行或者多行后，单击“开始→行和列→行高”，在打开的“行高”对话框中进行调整。

（4）最适合的列宽或行高

选中列后，单击“开始→行和列→最适合的列宽”即可，行的调整方法类似。调整后各列的宽度或各行的高度刚好可以容纳其中的内容。

（5）列和行的隐藏及取消隐藏

如果不想让某些列或者行在屏幕上显示出来，选中相应的列或者行，单击“开始→行和列→隐藏与取消隐藏→隐藏列（隐藏行）”，则相应的列或者行将被隐藏起来。如图 5-6 所示，D 列和 E 列已被隐藏。如果要重新让隐藏的列或者行显示在屏幕上，只需选择已经隐藏了列或者行的相邻列或行，点击“取消隐藏列”或者“取消隐藏行”即可。

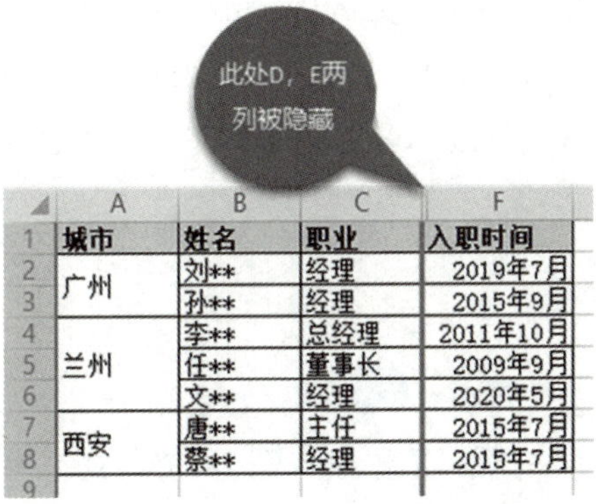

	A	B	C	F
1	城市	姓名	职业	入职时间
2	广州	刘**	经理	2019年7月
3		孙**	经理	2015年9月
4	兰州	李**	总经理	2011年10月
5		任**	董事长	2009年9月
6		文**	经理	2020年5月
7	西安	唐**	主任	2015年7月
8		蔡**	经理	2015年7月
9				

图 5-6　隐藏列

5.1.3　工作表的基本操作

1. 设置新建工作簿中默认工作表数量

WPS 表格在创建一个新工作簿时，默认只有 Sheet1 一个工作表页面，可以根据实际需要对新建工作簿中默认工作表数量进行设置。

操作方法为：单击“文件→选项→常规与保存”在“新工作簿内的工作表数”数值选择框中输入默认工作表数量（如输入 3），则设置完成后，在创建的一个新工作簿中就可以看到默认的工作表数量变成 3 个，即 Sheet1、Sheet2 和 Sheet3。

2. 新建工作表

当默认的工作表数量不够用时，用户还可以新建工作表，在工作表标签栏中单击右侧的"+"号即可。右击工作表标签，在快捷菜单中选择"插入"，在打开的"插入工作表"对话框中也可以完成工作表的创建工作。

> **提示：**
> 当创建多张工作表后部分工作表可能被折叠看不到时，可以单击工作表标签栏中的"…"按钮，在弹出的列表中单击需要显示的工作表名称，即可显示该工作表。

3. 修改工作表的名称

工作表的默认名称为 Sheet1，Sheet2，Sheet3，…。用户根据需要可以修改工作表的名称。右击要重命名的工作表标签，在弹出的快捷菜单中选择"重命名"，如图 5-7 所示；或者单击要重命名的工作表标签，再在功能区中单击"开始→工作表→重命名"。两种方式均可使该工作表标签进入可编辑状态，输入要修改的名称后即可完成工作表的命名操作。

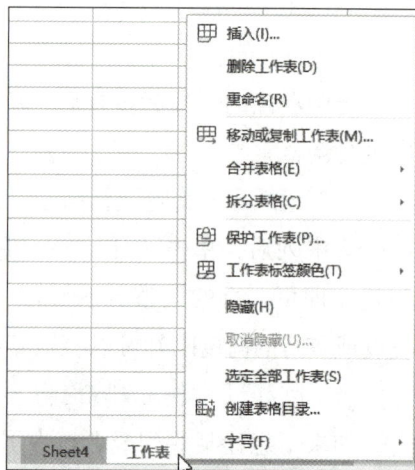

图 5-7　快捷菜单中选择重命名

> **提示：**
> 通过双击工作表标签的方式，也可以完成工作表的重命名工作。

4. 移动工作表的位置

单击要移动位置的工作表标签，按下鼠标左键后向左或向右拖曳鼠标至需要的位置，松开鼠标左键后即可将该工作表移动到该位置。

5. 删除工作表

在工作表标签栏内，右击要删除的工作表标签，从弹出的快捷菜单中选择"删除工作表"即可；或者单击要删除的工作表标签，再单击"开始→工作表→删除工作表"，也可以完成删除工作表的操作。

5.1.4　查找与替换操作

1. 查找操作

表格中的数据特别多时，需要查找某条内容，此时可以用查找功能来实现。单击"开始→查找→查找"，在打开的"查找"对话框中输入要查找的内容即可进行查找，如图 5-8 所示。

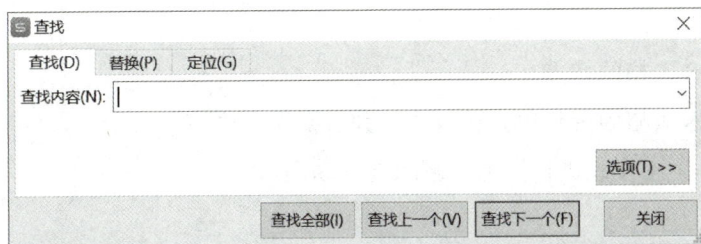

图 5-8　"查找"对话框

2. 替换操作

替换的功能不仅能查找内容，而且还能将其替换为其他内容。其操作步骤类似 WPS 文字中的替换操作步骤。

> **注意：** ⚠️
>
> 替换功能不仅能替换文字，还可以将相应文字的格式全部进行替换。该功能可以快速地将被替换的内容设置为统一特殊格式。

📓 知识练习 5.1

一、选择题

1. WPS 表格是一种（　　　）软件。

A. 系统　　　　　　　　B. 应用　　　　　　　　C. 文字处理　　　　　　D. 电子表格处理

2. 应该（　　　）保存 WPS 表格文件。

A. 不用　　　　　　　　　　　　　　　B. 在完成输入后

C. 在无头紧要的时候　　　　　　　　　D. 随时

3. WPS 表格文件保存时，扩展名不能是（　　　）。

A. el　　　　　　　　　B. xlsx　　　　　　　　C. xls　　　　　　　　D. txt

4. WPS 表格中进行工作表选定操作的组合键是（　　　）。

A. Ctrl + A　　　　　　B. Ctrl + B　　　　　　C. Ctrl + C　　　　　　D. Ctrl + D

5. WPS 表格中单元格输入文本内容时（如身份证号码等），为了输入与显示的内容一致，要先输入（　　　）符号。

A. "　　　　　　　　　B. '　　　　　　　　　C. /　　　　　　　　　D. \

6. WPS 表格中单元格地址表示方法是（　　　）。

A. 行号与列号均用数字　　　　　　　　B. 行号与列号均用字母

C. 行号用字母，列号用数字　　　　　　D. 行号用数字，列号用字母

7. 若要删除表格中的一列，执行的第一项操作是（　　　）。

A. 按 Delete　　　　　　B. 按 Backspace　　　　C. 选择要删除的列　　D. 按 Insert

二、简答题

1. 简述 WPS 表格的特点。

2. 简述 WPS 表格中调整单元格行高与列宽操作方法。

3. 如何对一个工作表进行插入、删除与移动操作？

技能练习 5.1

实训项目： WPS 表格基本操作练习。

1. 实训目标

（1）学会启动与关闭 WPS 表格。

（2）认识 WPS 表格的工作界面。

（3）掌握 WPS 表格的保存方法。

（4）学会 WPS 表格数据的录入与修改方法。

（5）学会 WPS 表格工作表的各种操作。

2. 实训内容

（1）启动 WPS 表格后认识其工作界面的组成，熟悉各组成部分的功能。

（2）创建一个名为"WPS 表格操作练习 .et"的表格文件。

（3）在系统创建的默认工作表 Sheet1 中录入自己的信息，将行高与列宽调整到最合适距离。

（4）插入一个以自己的名字命名的工作表，将该工作表放置在第一张工作表的位置。

（5）将 Sheet1 工作表中的内容复制到第一张工作表中。

（6）删除 Sheet1 工作表。

（7）将该工作簿保存在本地硬盘中。

5.2 单元格格式设置 »

知识与技能目标

1. 掌握单元格数字格式设置。

2. 掌握单元格中文字的字号、字体、颜色等设置。

3. 掌握单元格的合并、对齐等操作。

4. 掌握单元格的边框和底纹设置。

📧 **知识与技能学习**

一个电子表格最基本的组成部分和操作元素是单元格，在表格中的所有数据都输入到工作表中的一个个单元格中，那么如何根据需要设置单元格各种格式呢？

5.2.1 单元格数字格式设置

用户可以根据需要给单元格设置各种各样的数字格式。选定要设置格式的单元格，在"开始"选项卡中，单击"格式"功能组右下角的直角小箭头 ┘，打开"单元格格式"对话框，单击"数字"选项卡，在"分类"列表框中，可以设置单元格各种数字格式，如图5-9所示。

（1）常规：即单元格格式不包含任何特定的数字格式。录入的内容如果不加特殊设定，即是这种格式。

（2）数值：用于数字格式数值项的设置，可以设置小数位数、是否使用千分位分隔符和负数显示方式等。

（3）货币：用于表示货币数值，除了可以设置具体数值格式的相关属性外，还可以在数值前面加上货币符号。

图 5-9 "单元格格式"对话框的"数字"选项卡

（4）会计专用：类似于货币，但少了负数的显示格式。

（5）日期：用于将日期与时间类的数据显示为日期值。

（6）时间：用于将数据显示为时间值。

（7）百分比：设置此格式后，数值将变为百分比格式，如0.8显示为80%，1.5显示为150%。另外，还可以设置小数位数。

（8）分数：用于将数值以分数形式显示出来，如0.5显示为1/2。

（9）科学记数：设置此格式后，数据将以科学记数法的形式显示出来，如0.5显示为5.00E-01。

（10）文本：设置此格式后，数字作为文本进行处理。

教学视频

单元格数
字格式
设置

（11）特殊：WPS 表格所特有的对邮政编码、中文数据等格式的显示设置。

（12）自定义：以现有格式为基础，生成自定义的数字格式。

5.2.2 单元格对齐方式设置

单元格中内容的对齐方式如果不一致，会影响表格的美观。下面以设置单元格中内容垂直居中对齐为例，说明其操作过程。

选定相关单元格，然后在选中的内容区右击鼠标，在弹出的快捷菜单中单击"设置单元格格式→对齐→垂直对齐→居中"，单击"确定"按钮，即可完成单元格垂直居中对齐方式的设置，如图 5-10 所示。

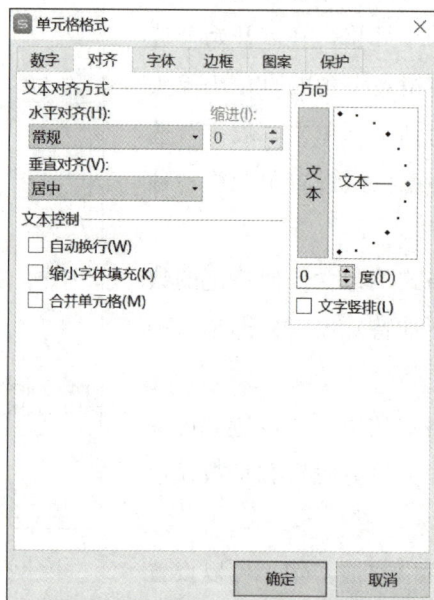

图 5-10 单元格对齐方式设置

单元格除了可以设置水平对齐方式与垂直对齐方式外，还可以进行"自动换行""缩小字体填充"和"合并单元格"等设置。如图 5-11 所示是进行各种格式设置后的显示效果。

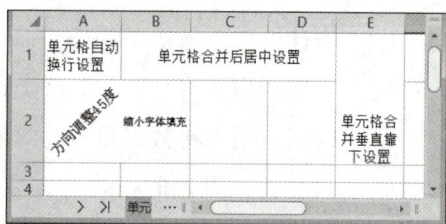

5.2.3 单元格字体格式设置

图 5-11 单元格各种格式设置后的显示效果

设置单元格中文字的字体、字形、字号、颜色等格式是最基础的操作。在"单元格格式"对话框的"字体"选项卡中可以完成这些设置操作，如图 5-12 所示，操作步骤与 WPS 文字中字体格式设置的操作步骤类似。

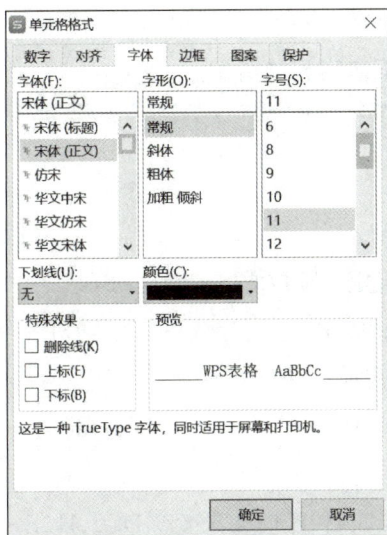

图 5-12　"单元格格式""对话框的""字体"选项卡

图 5-13　边框设置

5.2.4　单元格边框设置

工作表中的单元格默认情况下在屏幕上是用细实线分隔的，但在工作表打印输出时并不显示这些细实线，根据需要可以对单元格进行边框设置。在"单元格格式"对话框的"边框"选项卡（图 5-13）中可以设置单元格边框，其操作步骤与 WPS 文字中的相关内容类似。

> **注意：** ⚠️
> 设置边框线时，先选中要使用的线条样式，再设置表格的边框。

5.2.5　单元格底纹设置

底纹是单元格的背景颜色，使用底纹可以使表格更加美观，同时，也能对某些内容进行特殊标识，如成绩表中优秀成绩所在的单元格的底纹用深色表示，易于辨识。

在"单元格格式"对话框的"图案"选项卡（图 5-14）中可以对单元格的底纹进行设置。

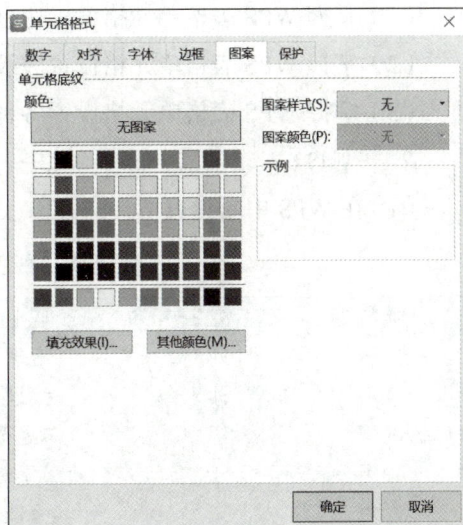

图 5-14　"单元格格式"对话框的
"图案"选项卡

> **注意：** ⚠
>
> 底纹的颜色最好不要太深，否则可能会使单元格内容无法辨识。

📖 知识练习 5.2

一、选择题

1. 在 WPS 表格的工作表中，如未进行特别格式设定，则数值数据会自动（　　）对齐。

A. 靠左　　　　　　　　B. 靠右　　　　　　　　C. 居中　　　　　　　　D. 随机

2. 不连续单元格的选取，可借助于（　　）键完成。

A. Ctrl　　　　　　　　B. Shift　　　　　　　　C. Alt　　　　　　　　D. Tab

3. 数据 3412 的科学计数法表示为（　　）。

A. 3.412E + 00　　　　B. 3.412E + 01　　　　C. 3.412E + 02　　　　D. 3.412E + 03

4. 用 Del 删除单元格内容时，被删除的是单元格的（　　）。

A. 值　　　　　　　　B. 格式　　　　　　　　C. 值和格式　　　　　　　　D. 整个单元格

二、简答题

1. 单元格的格式化设置包含哪些内容？

2. WPS 表格单元格的删除操作可以分为哪些情况？

📖 技能练习 5.2

实训项目： WPS 表格单元格设置操作练习。

1. 实训目标

（1）掌握 WPS 表格单元格设置边框的方法。

（2）掌握 WPS 表格单元格设置底纹的方法。

（3）掌握 WPS 表格单元格设置各种对齐方式的方法。

2. 实训内容

（1）在 WPS 中新建表格，内容输入参照职工全国区域分布统计表（表 5-1）。

表 5-1　职工全国区域分布统计表

城市	姓名	职业	性别	待遇	入职时间
广州	刘**	经理	男	7000	2019 年 7 月
广州	孙**	经理	男	7000	2015 年 9 月
兰州	李**	总经理	女	12000	2011 年 10 月
兰州	任**	董事长	女	5000	2009 年 9 月
兰州	文**	经理	男	7000	2020 年 5 月
西安	唐**	主任	女	10000	2015 年 7 月
西安	蔡**	经理	女	7000	2015 年 7 月

（2）性别列设置靠左对齐，待遇列居中对齐。

（3）先对性别列进行排序，然后将性别列中所有男性和女性所在的单元格分别进行合并。

（4）对男性和女性所在的行，分别添加蓝色和红色的底纹。

（5）将入职时间列设置为全部汉字显示方式。

（6）设置表格边框。

5.3　公式与函数的使用 »

知识与技能目标

1. 学会 WPS 表格中公式的录入和使用。
2. 掌握公式中常用的运算符。
3. 掌握公式的复制操作。
4. 掌握绝对地址的使用方法。
5. 掌握常用函数的使用方法。

知识与技能学习

　　电子表格最重要的功能是对表格中的数据进行各种计算与处理，那么在电子表格中如何输入计算公式？用于计算的公式或函数其格式又有什么要求呢？对于要重复使用的公式又如何进行复制操作呢？

5.3.1　公式的使用

1. 公式的录入

　　公式是用来对有关数据进行计算的算式。要用公式进行计算首先需要在 WPS 表格中录入公式。录入公式的方法如下。

（1）首先要将录入方式切换到英文状态，注意不能在中文状态下输入公式。

（2）所有公式以"="开始，在单元格中或编辑栏中输入均可。

（3）公式输入完后，如果公式正确，则在编辑栏中显示出录入的公式，在相应单元格中显示公式运算的结果。

例 5.1   在 A1 单元格中输入"=1 + 2"（注意不要输入双引号），则 A1 单元格显示 3。

例 5.2   在例 5.1 的工作表中，在 A2 单元格中输入"=3*4"，则 A2 单元格显示 12。

例 5.3   在例 5.1 的工作表中，在 A3 单元格中输入"=A1 + A2"，则 A3 单元格显示 15。

> **提示：** 💬
>
> （1）以上例子中""号不输入，只输入引号内的式子。
>
> （2）公式最好在编辑栏中录入。

2. 公式中的运算符

公式中常用的运算符可以分为四类，见表 5-2。

教学视频

公式的使
用举例

表 5-2   公式中常用的运算符

序号	运算符类型	运算符与功能
1	算术运算符	+（加）、−（减）、*（乘）、\（除）、^（乘方）
2	关系运算符	=、>、<、> =、< =、<>（不等于）
3	逻辑运算符	AND（与）、OR（或）、NOT（非）
4	文本运算符	&（字符串连接）

一个公式中可以包含多种运算符，运算符的优先级如下。

（1）算术运算符遵循先乘除、后加减的原则。

（2）关系运算符的优先级相同，即按公式中先后次序计算。

（3）逻辑运算符的优先级是先"非"，后"与"，"或"优先级最低。

例 5.4   在 A1 单元格输入"China"，在 A2 单元格输入"Lanzhou"，在 A3 单元格录入公式"=A1&A2"，查看 A3 单元格的运算结果。

> **提示：** 💬
>
> （1）与数学中一样，括号可以改变公式运算的顺序，即"先括号内，再括号外"。
>
> （2）WPS 表格中公式没有大括号与中括号，只有括号"（ ）"，其可以嵌套使用，例如（（12+3）*4）/3。

例 5.5   在一个单元格中输入"= 2 + 3*4"，在另外一个单元格中输入"=（2 + 3）*4"，比较两个单元格中运算的结果。

3. 公式复制

（1）普通复制

如果一个单元格录入了公式，则复制操作将把源单元格的公式自动复制目标单元格，当然也可以通过选择性粘贴只复制公式的运算结果。

（2）填充复制

在每个选定单元格的右下角，有一个实心小方格，这个小方格就是"填充炳"，当鼠标指向填充炳时，鼠标指针变成实心的小十字，这时拖曳鼠标即可实现 WPS 表格的自动填充功能（即自动将鼠标拖曳单元格的公式复制到鼠标拖动覆盖的单元格中，这样可以实现公式的快速复制），并且公式中的地址做相应的变化；用公式来进行自动填充还有另一个好处，即当数据输入有误，需要修改正确时，与错误数据所在单元格地址有关的数据都将自动更正。

> **提示：**
>
> （1）填充炳不但可以复制公式，还可以快速填充各种数据，如在输入日期、数值、字符等各类数据后，用鼠标拖曳填充炳可以实现数据的快速录入。
> （2）在复制公式时如果不需要地址自动调整，则可以在地址前加"$"符号，使相对地址变成绝对地址。如 A1 单元格的绝对地址有 $A1、A$1 和 $A$1 三种方式，$A1 在复制公式时列号不变行号自动调整，A$1 在复制公式时列号自动调整行号不变，$A$1 在复制公式时列号与行号都不变。
> （3）输入一个地址后，按 F4 功能键可以在不同的四种地址格式间切换，如工作表第 1 列第 1 行有 A1、$A1、A$1 和 $A$1 四种地址格式。

例 5.6　在一个单元格输入"星期一"，通过填充炳快速录入星期二、……、星期日。

5.3.2　函数的使用

WPS 表格对于数据的处理，不仅表现在求和、求平均数等这些简单的运算上，还可以进行复杂的运算，甚至还可以设计复杂的统计管理表格或者小型的数据库系统。这些功能都离不开函数的使用。

使用函数的优点之一是其书写简单，而且使用函数还可以达到使用公式难以实现的功能。WPS 表格内置了大量的数学、日期与时间、字符、统计、财务、逻辑等相关的函数，用户只要学会这些函数的使用格式，就可以方便地应用于各种场合的数据计算与处理工作。

1. 函数格式

在学习函数之前，需要对一个函数的结构做必要的了解。函数的格式与数学中的一样，由函数名和参数两部分组成，其格式如下：

函数名（参数列表）

说明：

（1）函数名称一般用英文单词或单词的缩写表示，如求和函数名用 SUM 表示，求平均值的函数名用 AVERAGE 表示，求绝对值的函数用 ABS 表示等。

（2）根据计算的需要，函数的参数列表可以是一个参数，也可以是以逗号分隔的多个参数。

（3）如果函数以公式的形式出现，在函数名称前面要输入"="。

（4）在创建包含函数的公式时，可以手动输入函数，也可以利用函数插入功能自动输入。

2. 函数输入

函数可以在编辑栏直接输入，也可以利用插入函数功能自动输入函数。插入函数时其操作步骤如下。

（1）确定函数插入位置：选定要插入函数的单元格。

（2）选择函数：在"公式"选项卡中单击"插入函数"按钮，在打开的"插入函数"对话框中选择需要插入的函数，单击"确定"按钮。

（3）确定函数参数：按照函数参数要求，在"函数参数"对话框中选定需要计算的数据区域，单击"确定"，即可计算出结果。

> **提示：💬**
>
> 公式中可以嵌套函数，并且函数之间也可以互相嵌套。

例 5.7 用求和函数 SUM 计算出 C4:E4 区域数据的汇总结果。

在 F4 单元格中输入计算公式"=SUM（C4，D4，E4）"，也可以输入"=SUM（C4:E4）"，前者适合计算不连续单元格中的数据，后者适合计算连续单元格中的数据，计算产生的结果是相同的。

3. 常用函数

WPS 表格提供了各类丰富的函数，常用函数的格式、功能及应用举例见表 5-3 所示。

表 5-3　WPS 表格常用函数

函数名称	函数格式	函数功能	应用举例
求总和函数	SUM(n1,n2,…)	求 n1,n2,…的总和	=SUM(A1:B5)
条件求总和函数	SUMIF(参数列表，条件)	求参数列表区域中，满足条件的数据总和	=SUMIF(G9:G14," > =60")，求学生成绩表中 G9:G14 数据区域内及格成绩的总和
平均数函数	AVERAGE(n1,n2,…)	求 n1,n2,…的平均值	=AVERAGE(A1:B5)
最大值函数	MAX(n1,n2,…)	求 n1,n2,…中的最大值	=MAX(B1:B10)

续 表

函数名称	函数格式	函数功能	应用举例
最小值函数	MIN(n1,n2,…)	求 n1,n2,…中的最小值	=MIN(B1:B10)
统计函数	COUNT(区域)	统计指定区域中有数字的单元格的个数	=COUNT(B2:B10,C3:C10)
条件统计函数	COUNTIF(区域，条件)	计算区域中满足条件的个数	=COUNTIF(D3:D9,">=60")，统计 D3:D9 数据区域内成绩及格的人数
字符串函数	LEFT(字符串，字符个数)	从指定字符串的第一个字符开始，返回指定个数的字符	=LEFT("China",2)，返回 Ch
	RIGHT(字符串，字符个数)	从指定字符串的右边开始，返回指定个数的字符	=RIGHT("China",3)，返回 ina
	MID(字符串，开始位置，字符个数)	从指定字符串中指定的位置开始，返回指定长度的字符串	=MID("China",3,2)，返回 in
字符串长度函数	LEN(字符串)	求出指字字符串的长度	=LEN("China")，返回 5
三角函数	SIN(参数) COS(参数)	求指定弧度的正弦函数或余弦函数值	=SIN(2)，注意单位为弧度
排位函数	RANK(数值，引用，[排位方式])	返回一个数在一组数中的排位值。数值为需要找到排位的数，引用为包含一组数的数组或引用，排位方式为 0（可省略）时按降序排位，排位方式不为 0 时按升序排位	=RANK(G9,G9:G14,0)，返回 G9 在 G9:G14 区域的降序排位号。RANK 函数"引用"参数常用绝对地址格式，以保证函数复制时引用区域不变，这样可以完成类似一个学生成绩表中排出每个学生成绩的名次的操作

> **提示：** 💬
>
> 函数的名称不区分字母的大小写，即 rank、Rank、RANK 等表示同一个函数。

📋 知识练习 5.3

一、选择题

1. 求工作表中 A1 到 A6 单元格中数据的和不可用（ ）。

A. = A1 + A2 + A3 + A4 + A5 + A6

B. = SUM（A1:A6）

C. =（A1 + A2 + A3 + A4 + A5 + A6）

D. = SUM（A1 + A6）

2. 在 WPS 表格中，如果某单元格中的内容是 18，则在编辑栏中显示一定不对的是（ ）。

A. 10 + 8

B. = 10 + 8

C. 18

D. = B3 + C3

3. 在 WPS 工作表单元格中，输入下列表达式（ ）是错误的。

A. = A1 + B1 + C1

B. = A1/B1

C. = SUM（A1:A3）/2　　　　　　　D. AVERAGE（A1:A3）

4. 下列地址格式中错误的是（　　）。

A. A1:C5　　　　　B. A1:$C5　　　　　C. A1:$C$5　　　　　D. #A1:C5

5. 下列地址格式中当进行公式复制时，其值不会发生变化的是（　　）。

A. A1:A5　　　　　B. A1:$A$5　　　　　C. A$1:$A$5　　　　　D. $A$1:$A$5

二、简答题

1. WPS 表格公式中常用的运算符有哪些？

2. 说明 WPS 表格常用函数有哪些？

技能练习 5.3

实训项目： 学习公式与函数的使用。

1. 实训目标

（1）学会公式的使用方法。

（2）学会常用函数的使用方法。

2. 实训内容

（1）在 WPS 中新建表格，内容输入参照表 5-1。

（2）分别用公式法和函数法求"待遇"列收入的平均值。

（3）用函数 MAX 和 MIN 分别求出最高收入值和最低收入值。

（4）用函数计算月收入超过 10 000 元的人数。

（5）用 RANK 函数求每位职员收入的排位，可用类似"=RANK（C16，$C$16:$C$22）"的格式，求出第 1 位职员的排位后，用填充炳进行复制计算。

5.4 数据的分析与处理

知识与技能目标

1. 掌握基本的数据排序功能，了解复杂的排序操作。

2. 掌握数据自动筛选的操作方法，了解高级筛选的功能。

3. 了解合并计算的概念，掌握合并计算的操作方法。

4. 掌握分类汇总的操作方法。

5. 理解数据透视表的概念，掌握数据透视表的构建方法。

> 知识与技能学习

　　电子表格其强大的功能表现在对数据表格进行各种处理与分析上，那么对各种表格中的大量数据，可以进行哪些处理与分析操作以得到用户所需要的、有价值的信息呢？

5.4.1　数据排序

　　排序又称分类，即按照某个字段（即列）值的大小顺序重新排列数据列表中的记录，这个排序依据的字段称为关键字段或关键字。排序时数据从小到大排列称为升序，从大到小排列称为降序。数据排序的规则如下。

　　（1）对数值按其值的大小排列。

　　（2）对英文、数码、标点等，按 ACSII 码的次序排列。

　　（3）对汉字依据拼音或笔画次序排列。

　　（4）对日期类型按日期的先后顺序进行排列。

　　要对数据列表按某个字段进行简单排序，操作步骤如下。

　　步骤一：选定排序列。鼠标单击需要排序的列中的任意单元格，WPS 表格默认按照选定单元格所在的列为排序的数据区域，列的首行为标题行。

> 提示：💬

　　（1）标题行一般不参与排序等操作。

　　（2）如需要按照行排序可单击"开始→排序→自定义排序"，在打开的"排序"对话框中单击"选项"按钮，打开"排序选项"对话框，勾选"按行排序"复选框。

　　步骤二：进行排序操作。单击"开始→排序→升序（降序）"，即可按照用户需求完成排序。

　　步骤三：自定义排序，如图 5-15 所示。如选择"自定义排序"方式，除了"主要关键字"，还可单击"添加条件"按钮，添加多个"次要关键字"进行排序，这样在排序时如果主要关键字数值相同，则可以依据次要关键字进行排序。另外，还可对排序依据进行选择（排序依据有"数值""单元格颜色""字体颜色""单元格图标"等选项）；还可以选择相应关键字的排序"次序"（如升序、降序）。单击对话框中"选项"按钮，打开"排序选项"对话框,在其中可设置按照行或列进行排序,对汉字也可选择按照拼音顺序或笔画顺序进行排序。

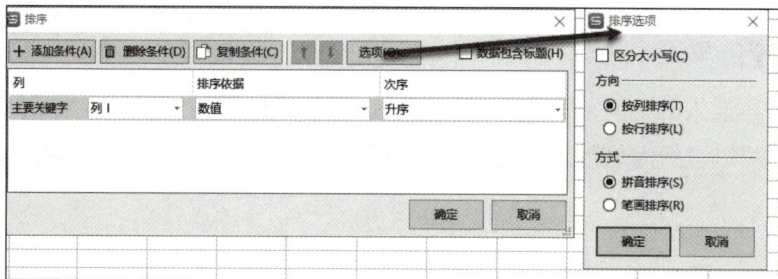

图 5-15　自定义排序

5.4.2 数据筛选

数据筛选有自动筛选和高级筛选两种方法。

1. 自动筛选

自动筛选在工作表中只显示满足指定条件的记录,不满足条件的记录被隐藏起来。筛选条件有内容筛选、颜色筛选、特征筛选等。自动筛选的操作非常简单,主要步骤如下。

步骤一:单击任意单元格或者选定需要筛选的数据区域。

> **提示:**
>
> 如单击单独单元格,表格会自动将其周围连续区域识别为需要筛选的数据区域,但有时系统不能准确识别标题行(即把标题行也当成一行数据),这时就需要用户手动法选择数据区域。

步骤二:单击"数据"选项卡,然后选择"自动筛选",所选择数据区域的首行会显示"自动筛选"下拉按钮,如选择为多列数据,那么每列数据的首行都会显示筛选下拉按钮,如图 5-16 所示。

步骤三:单击"自动筛选"下拉按钮会显示相应列的"筛选面板",在其中可进行各种复杂条件的筛选。例如对图 5-16 来说,可以选择显示待遇大于等于 10 000 元的员工,也可以显示性别为男性的员工。还可以进行较为复杂的筛选,如筛选女性

图 5-16　自动筛选结果

员工中工资为 6 000 元以上的员工等。

思考：
如何取消自动筛选功能？

提示：
WPS 表格提供了功能强大的自动筛选功能，读者可以自己练习其使用方法。

2. 高级筛选

教学视频 高级筛选实例

自动筛选在原有数据区域内显示筛选结果，将不符合筛选条件的数据隐藏起来，高级筛选可以在其他区域显示筛选结果，并且对原有数据不做隐藏。高级筛选可以设置复杂的筛选条件，可以像自动筛选一样将多个字段（纵向的列）设置为逻辑“与”（AND，多个条件同时成立为“真”）的关系，也可以将多个字段设置为逻辑“或”（OR，多个条件有一个成立则为“真”）的关系。高级筛选的操作过程如下。

（1）打开“高级筛选”对话框

共有三种方式可以打开“高级筛选”对话框。

方法一：在需要筛选的数据区域中右击任意单元格，在弹出的快捷菜单中单击“筛选→高级筛选”命令。

方法二：单击“开始→筛选→高级筛选”按钮。

方法三：单击“数据”选项卡中“重新应用”功能按钮右下角的直角小箭头 ┘，也可打开“高级筛选”对话框。

以上三种打开“高级筛选”对话框的方式如图 5-17 所示。

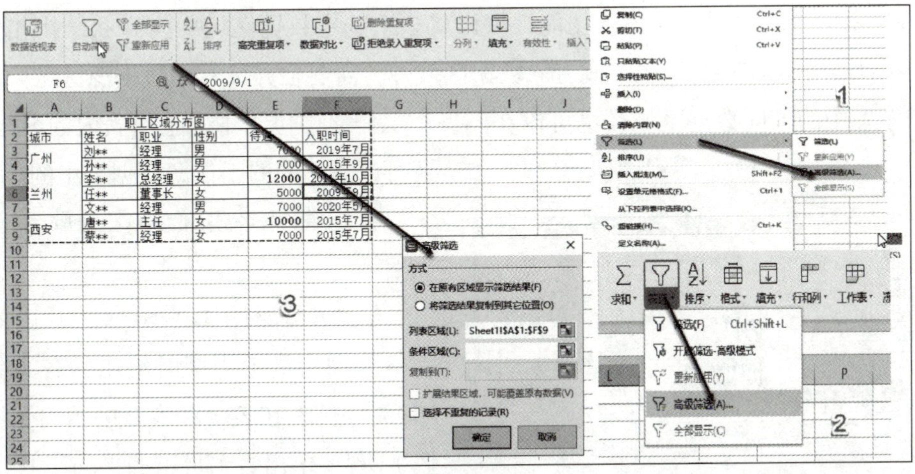

图 5-17　打开“高级筛选”对话框的方式

（2）高级筛选操作步骤

高级筛选操作步骤如图 5-18 所示。

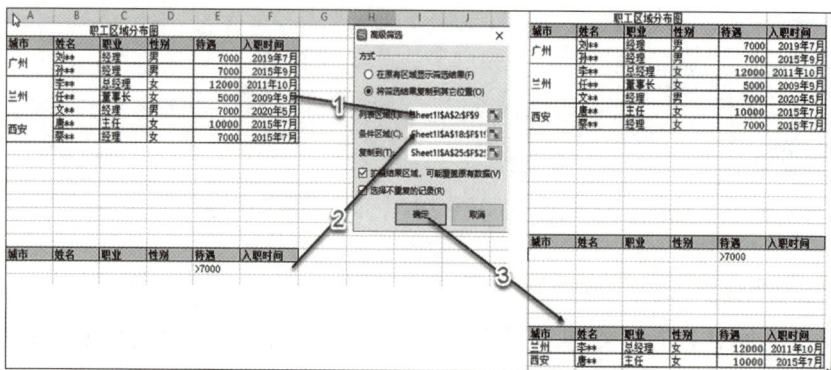

图 5-18　高级筛选操作步骤

步骤一：设置条件区域。在需要筛选的数据区域以外的位置设定条件区域，条件区域的首行必须跟数据区域的首行字段一致。一般将数据表的首行复制到条件区域。如图 5-18 所示将条件区域设置到数据表下方。

步骤二：输入筛选条件。条件区域字段以下为条件描述区，当设置了多个条件时，同行之间条件为 AND 的关系，不同行之间为 OR 的关系（可以简单地概括为"同行与，异行或"）。如图 5-18 所示在"待遇"下面输入">7000"。

步骤三：如图 5-18 所示中间显示部分，选择"将筛选结果复制到其他位置"，在对话框中选定需要筛选的数据区域和条件区域，再选择要将筛选结果"复制到"的目标区域，单击"确定"按钮，即可完成高级筛选。结果如图 5-18 所示右下方显示部分。

5.4.3　合并计算

教学视频

合并计算
实例

WPS 表格中的"合并计算"功能，可以将多个选定数据区域中内容和结构相似的表格，按照计算方式合并到新选定或者原数据区域中。需要合并计算的数据源区域可以是同一张工作表中的不同数据区域，也可以在同一个工作簿中位于不同工作表内的数据区域，还可以是不同的工作簿数据表中的区域。

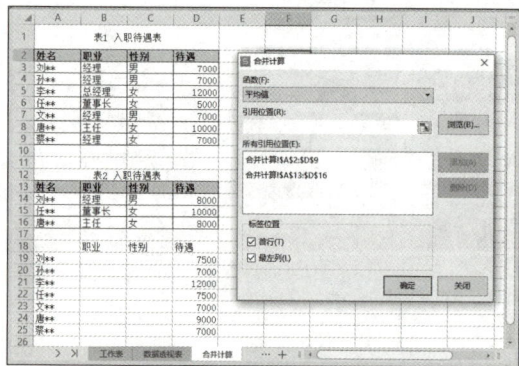

图 5-19　数据合并计算的操作步骤举例

数据合并计算的操作步骤举例说明如下。

例 5.8　如图 5-19 所示，左边的两个表格分别为员工入职时给出的各自的待遇（有部分员工在表 1 和表 2 中给出了不同待遇），现要求出每个员工的平均待遇。

步骤一：确定合并计算结果显示位置。用鼠标单击需要显示合并计算结果的单元格，如图 5-19 所示的 A19 单元格，然后在功能区中选择"数据"选项卡，单击"合并计算"按钮，打开"合并计算"对话框。

步骤二：选择要合并计算的表格。在"合并计算"对话框的"函数"下拉列表中，选择合并的计算方式，有"求和""计数""平均值"等选项，这里选择"平均值"。在"引用位置"文本框中选择需要合并计算的数据区域，分别选择表1和表2，单击"添加"，添加至"所有引用位置"列表框。

步骤三：选择要合并计算的选项。"合并计算"对话框"标签位置"组中有"首行"和"最左列"两个选项。如果选中"首行"，即按照每一列的列标题（标题行）进行合并计算；如果选中"最左列"，则按照最左侧的每一行的行标题进行合并计算。相同标题的合并为一条记录，不同标题的则合并为多条记录，如果都不选中，则按照选中的数据区域的相同位置的数据进行合并计算，不考虑列标题和行标题内容是否相同。如图5-19所示左下方即为合并计算结果。

> **注意：** ⚠️
> 如"标签位置"中的"首行"和"最左列"都不选择，且需要计算的数据区域的结构一旦不相同，会出现计算错误的提示。

5.4.4 分类汇总

WPS表格提供了"分类汇总"功能，可以快速地对一张数据表进行自动分类汇总计算。当启用"分类汇总"功能时，WPS表格将分级显示数据清单，以便为每个分类汇总显示或隐藏明细数据行。进行分类汇总的操作步骤举例说明如下。

教学视频

分类汇总
实例

例5.9 如图5-20所示，对"职工全国区域分布统计表"，按城市分类统计员工的平均待遇和入职时间情况。

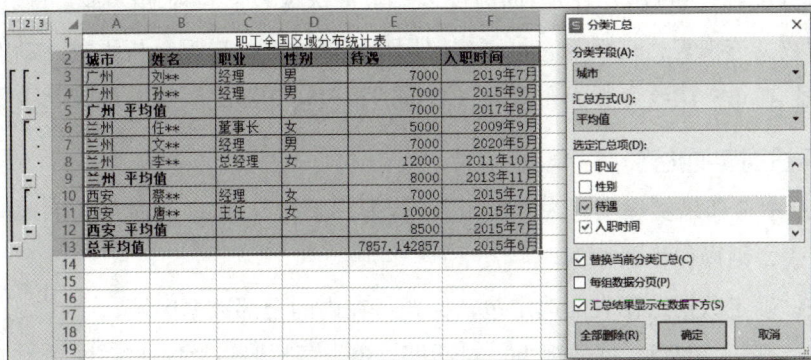

图5-20 分类汇总的操作步骤举例

步骤一：对分类汇总的表格进行排序。先对需要进行分类汇总的字段进行排序，排序后相同记录的数据会被排序在一起。该例中按"城市"关键字进行排序。

步骤二：选择汇总表格。选定排序后需要分类汇总的包括标题行在内的全部表格。

步骤三：打开"分类汇总"对话框。单击"数据→分类汇总"，打开"分类汇总"对话框。

步骤四：选择分类汇总字段。在"分类字段"下拉列表中显示需要分类汇总的字段（该例中选择"城市"），则分类汇总后每个汇总列的名称显示为该字段名。

步骤五：选择汇总方式。在"汇总方式"中可选择汇总计算的方法，有"求和""计数""平均值"等选项（该例中选择"平均值"）。

步骤六：选择要汇总数据的列。"选定汇总项"列表框中选择需要进行汇总计算的列（该例中选择"待遇"和"入职时间"）。

步骤七：选择分类汇总其他选项。根据需要可在"替换当前分类和汇总""每组数据分页""汇总结果显示在数据下方"三个复选框中进行勾选，单击"确定"按钮，即完成分类汇总的操作。

如图 5-20 所示的汇总结果已求出每个城市的平均待遇与平均入职时间。

如图 5-20 所示的左侧显示分类汇总分级情况，单击"–"号按钮则可折叠分类汇总明细，折叠后按钮变为"+"号，再单击该按钮则打开折叠。

提示： 💬

要取消分类汇总，在"分类汇总"对话框中单击"全部删除"按钮即可。

5.4.5 数据透视表

教学视频

数据透视表应用实例

分类汇总只能根据一个字段（即列）进行分类后，对一个或多个字段进行汇总统计，如在例 5.9 中，以"城市"分类，按"待遇"和"入职时间"进行统计。如果用户要按多个字段进行分类统计，就要使用数据透视表。数据透视表是一种功能强大的交互式报表，之所以称为数据透视表，是因为它可以按照用户不同方式的数据分析需求，动态地改变版面布置，并且在每一次改变版面布置时，数据透视表会立即按照新的布置重新计算数据。

1. 数据透视表的构建

在例 5.9 中，如果要建立列为"城市"，行为"职业"，按"待遇"的平均值进行统计的数据透视表，则操作步骤如下。

步骤一：确定数据透视表。选定包括标题行在内的全部数据区域。

步骤二：打开"创建数据透视表"对话框。单击"数据→数据透视表"，打开"创建数据透视表"对话框，如图 5-21 所示，在"请选择单元格区域"中已经自动将数据区域添加进去，如果想添加新的数据源构建透视表可在"使用外部数据源"和"使用多重合并计算区域"中进行选择并添加。需要注意的是"使用外部数据源"选项，可连接数据库中数据源或者直接打开已经存储在本地的数据库源文件，来构建数据透视表。

步骤三：生成数据透视表。单击"确定"按钮，生成一个新的空数据透视表，同时透视表右侧显示"数据透视表"任务窗口，如图5-22所示。在"字段列表"中显示了所有可用的字段名，在"数据透视表区域"中共有4个可以为透视表结构布局的部分，"行"和"列"在透视表中起分类作用，为透视表行和列的标签；放进"筛选器"中的字段为数据透视表筛选页，决定对哪些数据在透视表进行汇总；"值"中的字段用来统计汇总，为数据透视表中显示汇总的数据。在该例中分别将"字段列表"中相应

图 5-21　"创建数据透视表"对话框　　图 5-22　"数据透视表"任务窗口

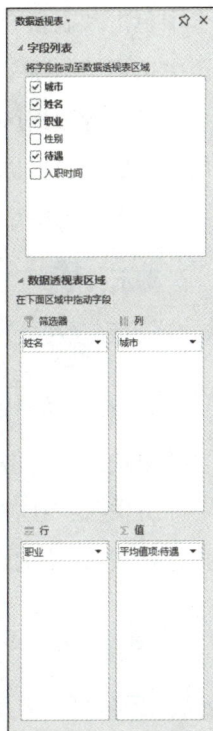

的字段拖动到相应的区域中，并且将"值"中"待遇"设置为按"平均值"统计，构建完成后的数据透视表，如图5-23所示。

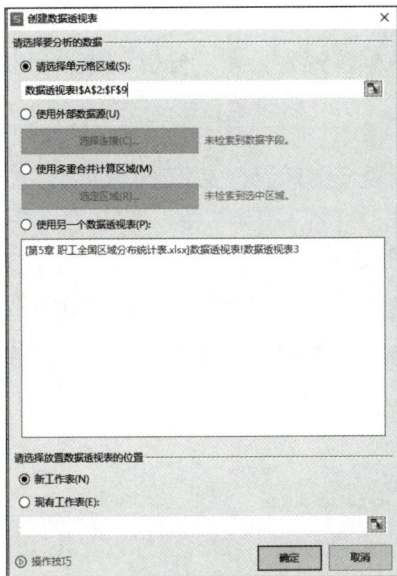

	A	B	C	D	E	F
1			职工全国区域分布统计表			
2	**城市**	**姓名**	**职业**	**性别**	**待遇**	**入职时间**
3	广州	刘**	经理	男	7000	2019年7月
4	广州	孙**	经理	男	7000	2015年9月
5	兰州	李**	总经理	女	12000	2011年10月
6	兰州	任**	董事长	女	5000	2009年9月
7	兰州	文**	经理	男	7000	2020年5月
8	西安	唐**	主任	女	10000	2015年7月
9	西安	蔡**	经理	女	7000	2015年7月
10						
11						
12	姓名	(全部) ▼				
13						
14	平均值项:待遇	城市 ▼				
15	**职业** ▼	**广州**	**兰州**	**西安**	**总计**	
16	董事长		5000		5000	
17	经理	7000	7000	7000	7000	
18	主任			10000	10000	
19	总经理		12000		12000	
20	**总计**	7000	8000	8500	7857.14286	
21						

图 5-23　构建完成后的数据透视表

2. 数据透视表的刷新

（1）源数据区域的内容有变化：单击生成的数据透视表任意单元格，在"分析"选项

卡中单击"刷新→刷新数据"命令，或者右击数据透视表中任意单元格，在弹出的快捷菜单中选择"刷新"选项。

（2）源数据区域行和列有增减：在"分析"选项卡中单击"更改数据源"按钮，在弹出的"更改数据透视表数据源"对话框中，重新选择数据源数据区域。

（3）刷新整个数据透视表：在"分析"选项卡中单击"刷新→全部刷新"命令。

> **提示：**
>
> 只有在数据透视表任意单元格上单击鼠标后，才会显示"分析"选项卡。

3. 数据透视表的删除

方法一：单击透视表中任意单元格，在"分析"选项卡中单击"删除数据透视表"。

方法二：在"分析"选项卡中单击"选择"按钮，在弹出的下拉列表中选择"整个数据透视表"，按键盘上 Del 键。

知识练习 5.4

一、选择题

1. WPS 表格的数据排序，下列说法中正确的是（　　　　）。

A. 只能按一个关键字进行排序

B. 只能对数据进行升序排序

C. 可以按一个主要关键字，多个次要关键字进行排序

D. 只能对数据进行降序排序

2. 想快速找出"成绩表"中成绩最好的前 20 名学生，合理的方法是（　　　　）。

A. 给成绩表进行排序

B. 要求成绩输入时严格按照"高低分"次序来录入

C. 只能一条一条看

D. 进行分类汇总

3. 根据期中考试成绩，按"总分"字段升序排序，"总分"相同的按"数学"成绩进行升序排序，这里的升序是指（　　　）的意思。

A. 从小到大排序　　　　B. 从大到小排序

C. 从左到右排序　　　　D. 从右到左排序

4. 对英文字母和各种符号等，排序时按（　　　）次序排列。

A. ASCII 码　　　　B. 字母顺序　　　　C. 不能排序　　　　D. 标点符号顺序

5. 分类汇总可以按照（　　　）个字段进行数据分析。

A. 1　　　　　　　B. 2　　　　　　　C. 3　　　　　　　D. 4

6. 数据透视表可以按照（　　　）个字段进行数据分析。

A. 1 　　　　　　　　　B. 2 　　　　　　　　　C. 3 　　　　　　　　　D. 多

二、简答题

1. 说明 WPS 表格排序的原则。

2. 举例说明 WPS 表格中合并计算有什么功能。

3. 分类汇总时选择的汇总字段可以按照哪些方式汇总信息？

4. 说明数据透视表的创建方式。

技能练习 5.4

实训项目： WPS 表格中数据的分析与处理练习。

1. 实训目标

（1）熟练掌握 WPS 表格中数据的排序方式。

（2）熟练掌握自动筛选的操作方法。

（3）掌握分类汇总的操作方法。

（4）学会 WPS 表格中数据透视表的制作方法。

2. 实训内容

（1）录入或打开如图 5-16 所示的"职工全国区域分布统计表"。

（2）对"待遇"列进行升序排序，"待遇"相同时按"城市"排序，"城市"相同时按"入职时间"排序。

（3）用分类汇总的方法求出不同城市"待遇"的平均值。

（4）用数据透视表统计不同城市、不同职业"待遇"的平均值。

5.5　数据图表　　≫

知识与技能目标

1. 了解图表的概念和组成。

2. 学会创建图表和对图表进行编辑的操作方法。

知识与技能学习

如果将表格中的数据以图形的方式表示，不仅形式美观、大方，而且可让人们对数据的了解更加直观和明了，那么如何将一个数据表格转化为相应的图表呢？对图表又可以进行哪些操作呢？

5.5.1 数据图表的概念

1. 什么是数据图表

在日常工作中用图的形式表示信息更加直观、易于人们理解与记忆。在 WPS 表格中把一个表中的数据用图形的方式显示出来就是数据图表（简称为图表），更准确地说，数据图表就是对数据进行可视化操作的一种表现形式。对于数据而言，图表的表示更加清晰和直观，有利于帮助用户了解各种数据间的差异及其数据的数学计算关系。

> **提示：** 💬
> 当工作表中源数据发生变化时，图表中对应项的数据会自动更新。

2. 图表中各元素

一个图表一般由多个元素组合而成，如图 5-24 所示。

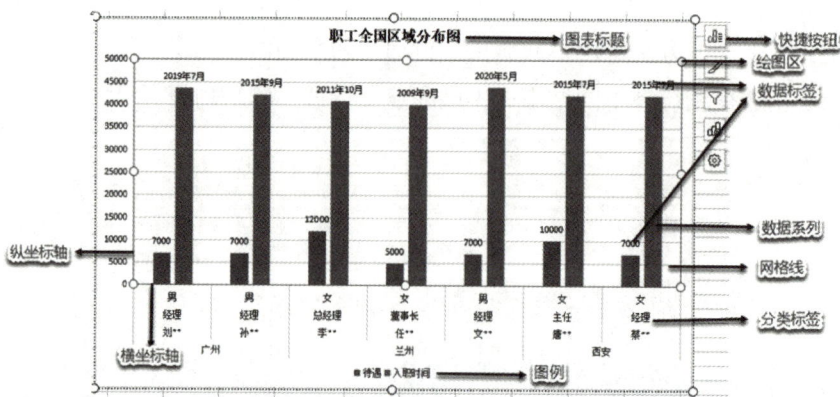

教学视频

创建图表实例

图 5-24　图表中各元素的组成

（1）图表标题：即图表的名称，在绘图区正上方显示。

（2）快捷按钮：在生成图表时，在图表右上方会自动显示快捷按钮，通过这些按钮可对图表的元素进行增、删、改、查等操作，也可以设置图表样式和配色图案，还可以调整图表元素的格式等。

（3）绘图区：由横坐标和纵坐标圈定的图形显示区域组成。操作时选定绘图区后，可以通过控制柄调整绘图区大小。

（4）数据标签：显示在数据系列中的数据值。

（5）数据系列：在绘图区中由若干行或列组成，同一数据系列用相同的颜色，对应选定的源数据区域中的一列或者一行的数据，由一个或多个数据点组成，而每个数据点对应着表中每个单元格的数据。

（6）图例：有多个数据系列时，在绘图区下方显示，用于标注数据系列的颜色和对应的数据名称，数据名称一般为数据的列名。

> **提示：** 💬
>
> （1）图表中默认只会显示一部分元素，其他元素可以根据需要进行添加。
>
> （2）图表中的元素可以移动、调整大小或者更改格式，还可以更改显示或者删除不希望显示的图表元素。

3. 图表类型

按图表存放的位置可以将图表分为嵌入式图表和独立型图表。嵌入式图表与源数据表在同一张工作表中；独立型图表则单独存放在另一张工作表中，自动生成的工作表标签为Chart1、Chart2、Chart3、…等。

同一个数据表，其数据可以用不同的图形表示出来，因此图表根据其呈现方式的不同，可以分为柱形图、折线图、饼图、条形图、面积图、XY（散点）图、股价图、雷达图等多种，如图5-25所示。

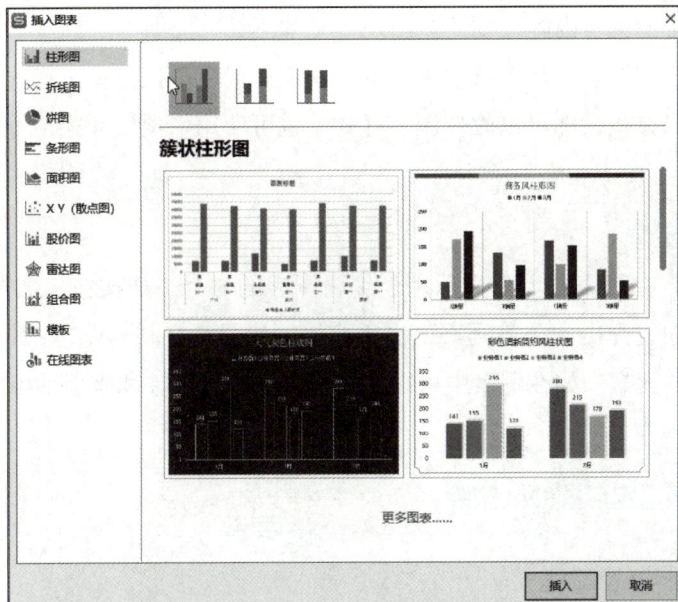

图 5-25 "插入图表"对话框

创建图表

创建图表的步骤如下。

步骤一：选择要生成图表的数据表。

步骤二：插入图表。单击"插入"选项卡下的图表类型的相关按钮，选择所需的图表类型。或者单击"插入"选项卡下的"全部图表"按钮，弹出如图 5-25 所示的"插入图表"对话框，单击左侧的图表类型，在右侧选择适合的子类型后单击"插入"按钮，则完成图表的创建工作。

> **提示：** 💬
>
> 当一个数据表中全部为文字与字符信息时（即没有表示大小的数据与日期等信息），使用图表就失去意义。

编辑图表

创建图表后，可以根据需要更改图表形状、编辑其中元素、增加或删除数据项、改变其外观等各种编辑操作。

1. 更改图表样式

创建好的图表可以非常方便地使用 WPS 表格预定义好的样式更改它的外观。操作方法如下。

步骤一：单击图表中任意位置，这时在功能区将出现"绘图工具"和"图表工具"选项卡，单击图表中的文本内容，则还会出现"文本工具"选项卡。

步骤二：单击"图表工具"选项卡下的"快速布局"下拉按钮，在弹出的下拉列表中单击选择一种布局方式，即可以改变图表样式。也可使用"预设样式"等工具完成更改图表样式的操作。

2. 修改图表元素

选定图表后，在图表右上角显示用于编辑图表的 5 个快捷按钮，如图 5-26 所示。单击第 1 个快捷按钮，弹出"图表元素"快捷菜单，如图 5-26a 所示，在其中可以添加、删除、更改图表中的元素。如在图表中可以选择是否显示坐标轴和坐标轴标题等元素。

> **提示：** 💬
>
> 图表元素也可选定后按 Del 删除。

3. 修改图表样式及配色

第 2 个快捷按钮用于修改图表的样式及配色，单击后弹出"图表样式"快捷菜单，

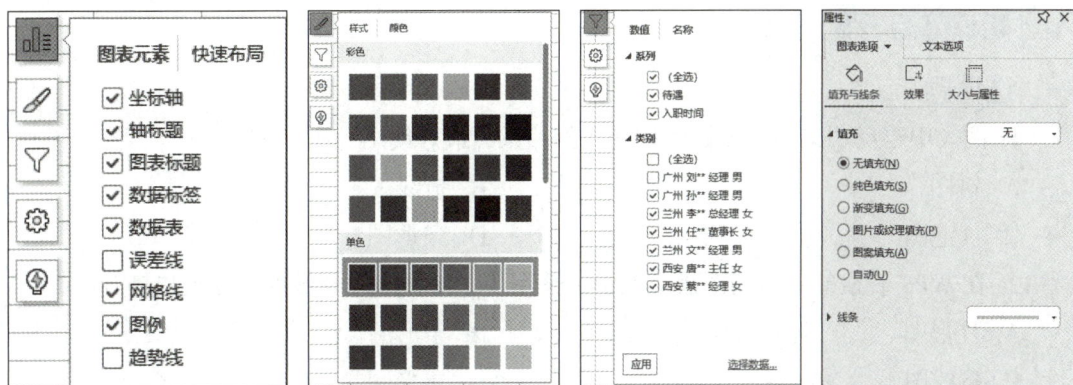

| （a）"图表元素"快捷菜单 | （b）"图表样式"快捷菜单 | （c）"图表筛选器"快捷菜单 | （d）设置图形区域格式 |

图 5-26　编辑图表的 5 个"快捷按钮"

如图 5-26b 所示，在其中可以设置图表选用的预设样式，或以不同的配色方案显示图形色彩。

4. 修改数据系列

第 3 个快捷按钮用于修改数据系列，即"图表筛选器"，其快捷菜单如图 5-26c 所示。在"系列"组中可以选择用图形方式显示的数据，该例中可以选择"待遇"或"入职时间"，也可以选择"待遇"和"入职时间"同时显示，在类别组中可以选择显示的数据项（表格中的行，即一个记录），取消选择后该行内容在图表中不显示。在"名称"选项卡中可以对图表中要显示的数据列（即字段）进行选择。

5. 修改图表区域格式

第 4 个快捷按钮用于设置图表区域格式的工具，其快捷菜单如图 5-26d 所示，在其中可以对图表的背景、线条、文字等进行设置，也可以设置图表的效果和大小。

6. 选择在线图表

第 5 个快捷按钮用于选择在线图表，在其中可以选择丰富的图表样式，需联网使用。

提示：

（1）在图表中双击某个元素，都会在窗口右侧打开类似图 5-26d 的"属性"设置窗格，以对该元素进行相关设置。

（2）在图表中直接修改数据后并不会影响到源数据表中的数据，所以在修改图表时一般不对其中的数据进行修改，数据最好在工作表的源数据表格中修改。

📖 知识练习 5.5

一、选择题

1. 图表中要反映某一对象占整体的比例关系，最好使用（   ）。

A. 饼图   B. 折线图

C. 气泡图   D. 条形图

2. 在 WPS 表格的图表的图表类型中，选用（   ）能表现数据的变化趋势。

A. 柱形图   B. 条形图

C. 折线图   D. 饼形图

3. 当工作表中源数据发生变化时，图表中对应项的数据会（   ）。

A. 自动更新   B. 不变化

C. 删除   D. 插入

二、简答题

1. 什么是图表？用图表表示数据有什么优点？

2. 说明创建好的图表可以进行哪些编辑操作。

📖 技能练习 5.5

实训项目： 利用数据制作饼图。

1. 实训目标

（1）掌握 WPS 表格中数据生成图表的方法。

（2）掌握 WPS 表格中编辑图表的操作方法。

2. 实训内容

（1）录入或打开如图 5-16 所示的"职工全国区域分布统计表"。

（2）利用该表的数据创建一个图表。

（3）按本节 5.5.3 中介绍的内容完成图表的各种编辑操作练习。

（4）修改原工作表中的数据，观察图表的变化。

（5）删除所创建的图表。

5.6 信息保护与数据导入

知识与技能目标

1. 学会工作簿、工作表保护的操作方法。
2. 了解单元格的保护方法。
3. 掌握获取外部数据的方法。

知识与技能学习

一个表格在进行交流的时候，要对其信息采取各种保护措施，以防止人们修改与破坏其中的数据，那么对电子表格可以进行哪些设置以保护其数据呢？对于一个其他外部文件中已经存在的数据，如何直接导入电子表格中进行使用从而避免重复输入呢？

5.6.1 保护文档

1. 保护工作簿

在编辑完工作簿文档后，为了文档不被他人修改或破坏，可以通过设置密码对文档进行保护，其操作过程与 WPS 文字中文档密码的设置方法类似。单击"文件"按钮，在弹出的"文件"菜单中选择"文档加密→密码打密"，在打开的"密码加密"对话框中即可进行相关操作。

> **注意：**
> 如果想要将设置的密码删除，打开工作簿，按照以上步骤，在"密码加密"对话框中，删除已设置的密码后单击"应用"按钮即可。也可单击"文件"按钮，选择"文件→文件加密"，在打开的"选项"对话框的"安全性"设置中进行相关操作。

教学视频

保护文档
设置

2. 保护工作簿结构

如果不想让用户对工作簿中的工作表进行修改，就要对工作簿结构进行保护。单击"审阅"选项卡下的"保护工作簿"按钮，打"保护工作簿"对话框，如图 5-27 所示，在其中设置密码完成后，所有对工作表的操作，如移动、删除、插入、更名等都被禁止。

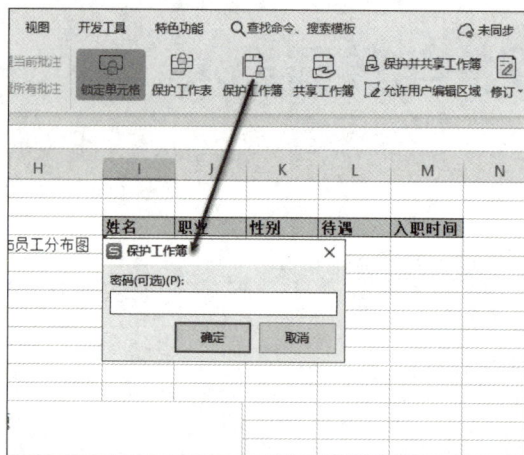

图 5-27　"保护工作簿"对话框

> **注意：**⚠
>
> （1）保护工作簿后，不影响对工作表中数据表的各种操作。
>
> （2）要撤消对工作簿的保护，选择"审阅"选项卡，单击"撤消保护工作簿"按钮，输入保护密码后完成撤消操作。

3. 保护工作表

如果要保护工作表中的数据不被修改，就要为工作表设置密码。单击"审阅"选项卡下的"保护工作表"按钮，打开"保护工作表"对话框，如 5-28 所示，在其中可以设置密码，还可以在"允许此工作表的所有用户进行"列表框中，对保护的操作权限进行选择，例如选定了"插入行"，则被保护的工作表中插入行的操作是允许的。如要撤销保护，只需选择"审阅"选项卡，单击"撤销保护工作表"按钮，输入保护密码后完成撤销操作。

4. 保护单元格

对单元格的保护，包括隐藏数据和锁定编辑，可以隐藏单元格的数据和公式或者限制用户对数据进行编辑，防止数据泄密和误操作。

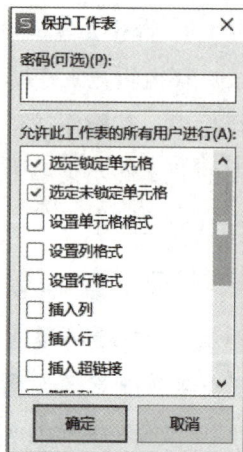

图 5-28　"保护工作表"对话框

（1）隐藏单元格中的数据：右击需要隐藏数据的单元格，在弹出的快捷菜单中，选择"设置单元格格式"，在弹出的对话框中选择"数字"选项卡，在"分类"列表框中单击"自定义"，右侧"类型"文本输入框中，英文输入状态下，输入";;;"，即设置了单元格数字格式代码，如图 5-29 所示。若要取消数据隐藏，只需选定隐藏数据的单元格，将单元格数字格式代码删除，重新选择数字格式代码即可。

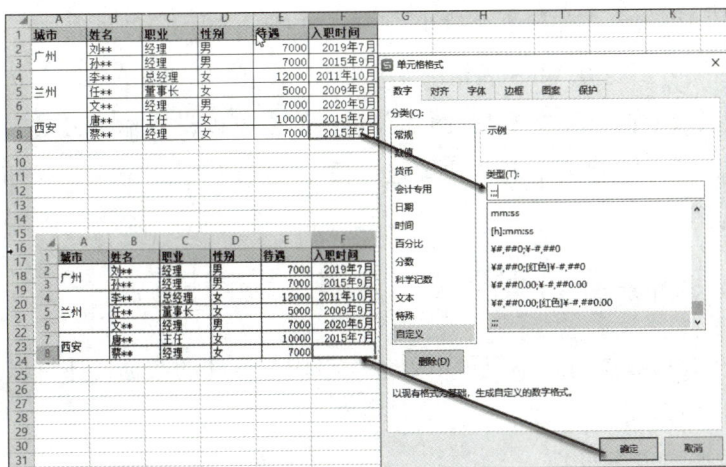

图 5-29 保护单元格设置

（2）隐藏单元格中的公式：隐藏单元格中的公式指只显示单元格中的公式计算结果，在"编辑框"中不显示单元格的数据计算公式。设置方法为右击需要隐藏的单元格，选择"设置单元格格式"，在弹出的对话框中选择"保护"选项卡，如图 5-30 所示，勾选"隐藏"复选框，单击"确定"按钮即可完成隐藏单元格中的公式操作。

（3）锁定单元格：单击选定需要锁定的单元格，单击"审阅"选项卡下的"锁定单元格"按钮，或者在"单元格格式"对话框的"保护"选项卡中，勾选"锁定"复选框，均可完成对该单元格的锁定操作。

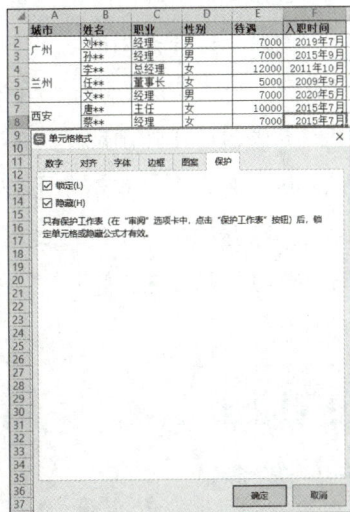

图 5-30 "保护"选项卡

5. 输出为 PDF 文档或图片文件

为了确保表格文件不易被修改，可以将文件输出为 PDF 文档或图片文件。

（1）输出为 PDF：打开 WPS 表格的工作簿文档，单击"特色功能"选项卡下的"输出为 PDF"按钮，在弹出的"输出为 PDF"对话框中选择需要输出的工作簿，单击"开始输出"按钮，即可将该工作簿文档输出为 PDF 文档。

（2）输出为图片：打开 WPS 表格的工作簿文档，单击"特色功能"选项卡下的"输出为图片"按钮，在弹出的"输出为图片"对话框中可以设置输出方式、水印、输出页数、输出格式以及输出品质等，根据需要进行相应设置，单击"输出"按钮，即可将该工作簿文档输出为图片。

5.6.2 导入外部数据

WPS 表格在处理数据时，不仅可以处理表格内已存在的数据，还可以处理通过导入途径获得的外部数据。

导入外部数据的步骤如下。

步骤一：单击"数据"选项卡"导入数据"按钮，出现"第一步：选择数据源"对话框，勾选"直接打开数据源文件"单选钮，单击"选择数据源"，选择文本文件所在的路径，并进行确认操作。

步骤二：在弹出的"文件转换"对话框中，文本编码默认选择"简体中文 GBK"，单击"下一步"按钮。

步骤三：在弹出的"文本导入向导 - 3 步骤之 1"对话框中，在"请选择最合适的数据类型"中，默认勾选"分隔符号"单选钮，单击"下一步"按钮。

步骤四：在弹出的"文本导入向导 - 3 步骤之 2"对话框中，在"分割符号"中勾选"Tab 键"复选框，单击"下一步"按钮。

步骤五：在弹出的"文本导入向导 - 3 步骤之 3"对话框中，在"列数据类型"中勾选"常规"单选钮，选择"目标区域"，单击"完成"按钮，即可将一个外部文件导入工作表中。

教学视频
导入外部
数据实例

知识练习 5.6

一、选择题

1. 对 WPS 工作簿的保护可以通过设置（　　　）的形式进行。

A. 文档密码　　　　B. 工作表保护　　　　C. 工作簿保护　　　　D. 单元格保护

2. 保护工作簿结构后不能进行的操作是（　　　）。

A. 工作表的操作　　　B. 数据表操作　　　C. 数据编辑　　　D. 数据插入

二、简答题

1. 对于 WPS 表格中信息的保护包含哪些方面？

2. 简述导入外部数据的主要操作步骤。

技能练习 5.6

实训项目 1： 练习 WPS 表格中信息的保护操作。

1. 实训目标

掌握 WPS 表格中工作簿和工作表的保护操作。

2. 实训内容

（1）录入或打开如图 5-16 所示的"职工全国区域分布统计表"。

（2）按本节 5.6.1 中介绍的内容进行设置工作簿和工作表的保护操作。

（3）将以上工作表输出为图片文件，并添加以自己的姓名为水印的背景。

实训项目 2： 练习导入外部数据的操作。

1. 实训目标

学会将一个外部文本文件导入 WPS 表格中的操作方法。

2. 实训内容

（1）打开"记事本"软件，在 D: 盘根目录下建立如下文本文档。文件以"学生信息表 .txt"名称保存，注意录入时不同项目内容之间分隔符号的使用（一般可以按 Tab 键等特殊的符号作为不同数据项的分隔符号，以便于系统在导入时识别）。

姓　名	学号	总分	专业
王爱学	1001	430	软件技术
李大学	1002	460	网络技术
张会学	1003	480	人工智能技术

（2）使用本节 5.6.2 中介绍的方法将"学生信息表 .txt"文件导入一张工作表中。

第 6 章　WPS 演示文稿制作

WPS演示是WPS Office软件的重要组件之一。本章主要介绍WPS演示的基本操作，幻灯片主题、背景、动画等设置内容。读者通过本章的学习，可以掌握使用WPS演示进行演示文稿制作的综合技能。

本章学习要点

1. WPS 演示的基础知识与基本操作。
2. 模板与幻灯片设计。
3. 幻灯片的基本操作。
4. 修饰演示文稿。
5. 幻灯片放映设置。
6. 演示文稿的输出。

6.1　WPS 演示的基础知识与基本操作　»

🔍 知识与技能目标

1. 了解 WPS 演示的功能。
2. 了解 WPS 演示工作界面的组成。
3. 了解 WPS 演示的不同视图方式及其应用。

📧 知识与技能学习

　　演示文稿是人们日常工作中交流与研讨问题的重要手段，WPS 演示提供了强大的用于制作演示文稿的功能，那么其工作窗口有什么特点呢？如何对其进行启动与关闭等操作呢？

6.1.1　WPS 演示简介

　　WPS 演示是我国金山办公软件股份有限公司开发的办公自动化软件 WPS Office 的重要组件之一。本章基于 WPS Office 教育考试专用版编写，该版本采用了主流的设计风格，充分尊重了用户的体验与感受。WPS 演示完全兼容 MS Office 幻灯片的文件格式。使用 WPS 演示制作的幻灯片在教育培训、宣传演讲、工作总结、产品展示等方面得到了广泛应用。

6.1.2　WPS 演示的启动和退出

1. WPS 演示的启动

方法一：在 WPS Office 窗口的"新建"界面，选择"表格→新建空白文档"。
方法二：双击一个 WPS 演示文稿文件或 WPS 演示快捷方式图标。

2. WPS 演示的退出

WPS 演示的退出和大部分软件退出的操作一样，方法有很多种，如按组合键 Alt + F4

教学视频

WPS 演示
的启动和
退出

等。如果已经在 WPS 演示幻灯片上进行过编辑操作，关闭时会提示是否保存对文档的更改。

> **注意：** ⚠
>
> （1）养成随时保存文档的习惯非常重要，如文档编辑后没有保存，可能造成文档内容的丢失。
>
> （2）WPS 演示默认保存的文件扩展名为 .dps。

6.1.3 WPS 演示的工作界面

启动 WPS Office 后，进入"新建"界面。使用 WPS 演示首先需要在此界面中去选择创建演示文稿，之后进入 WPS 演示的工作界面。

WPS 演示的工作界面主要分为六个部分：文档标签栏、"文件"按钮和快速访问工具栏、选项卡和功能区、"大纲/幻灯片"窗格、编辑区、状态栏等，如图 6-1 所示。

教学视频

WPS 演示
的工作
界面

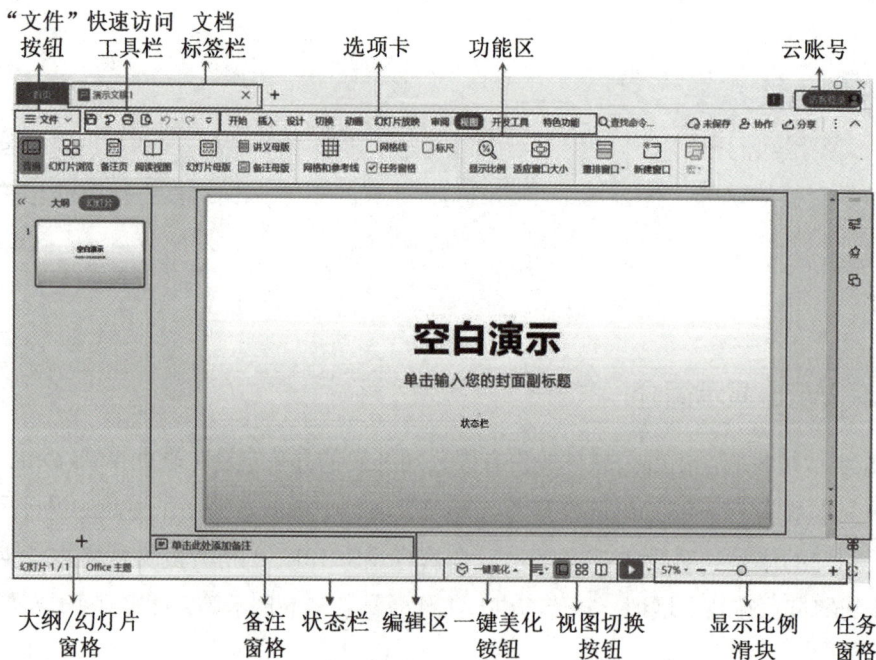

图 6-1 WPS 演示的工作界面

1. 文档标签栏

文档标签栏在 WPS 演示窗口的最上方，其功能与 WPS 文字类似。

2. "文件"按钮和快速访问工具栏

单击"文件"按钮即可打开"文件"菜单。"文件"菜单中包括新建、打开、保存、另存为等功能。

快速访问工具栏在"文件"按钮右侧，依次是：保存、输出为 PDF、打印、打印预览、撤销和恢复等命令按钮，如图 6-2 所示，单击右侧下拉按钮，在弹出的"自定义快速访问工具栏"菜单中选择某一命令选项，则相应的命令按钮即可在快速访问工具栏中出现。

图 6-2　快速访问工具栏

3. 选项卡和功能区

WPS 演示设置了多个选项卡，每个选项卡下的功能区进一步分成了多个功能组，每个功能组中均包含特定的功能按钮、列表框等内容。

> **提示：** 💬
>
> 有一些选项卡不是标准选项卡，只有在需要处理相关任务时才会出现在工作界面中，例如选中一个表格会出现"表格工具"和"表格样式"选项卡，又如选中一段文字会出现"文本工具"选项卡。

（1）"开始"选项卡

"开始"选项卡（图 6-3）中主要包括 6 个功能组，分别是"剪贴板""幻灯片""字体""段落""绘图""编辑"等。

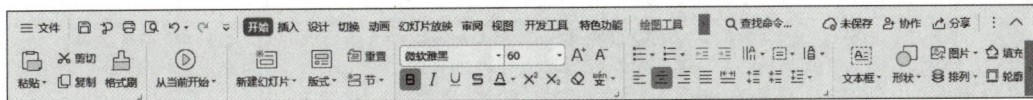

图 6-3　"开始"选项卡

（2）"插入"选项卡

"插入"选项卡（图 6-4）中主要包括 7 个功能组，分别是"表格""图像""形状""链接""文本""符号""媒体"等。

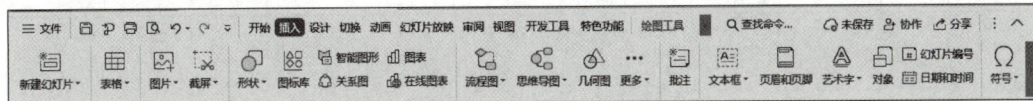

图 6-4　"插入"选项卡

（3）"设计"选项卡

"设计"选项卡（图 6-5）中主要包括 3 个功能组，分别是"页面设置""设计模板""背景"等。

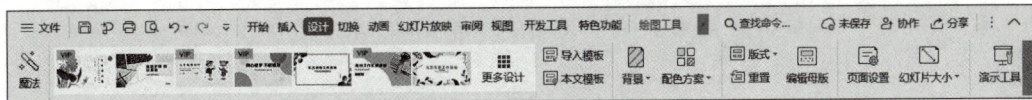

图 6-5　"设计"选项卡

（4）"切换"选项卡

"切换"选项卡（图6-6）中可以进行幻灯片页面的切换效果和切换方式的设置。

图 6-6 "切换"选项卡

（5）"动画"选项卡

"动画"选项卡（图6-7）中主要包括3个功能组，分别是"预览效果""动画""自定义动画"等。

图 6-7 "动画"选项卡

（6）"幻灯片放映"选项卡

"幻灯片放映"选项卡（图6-8）中主要包括2个功能组，分别是"开始放映幻灯片""设置"等。

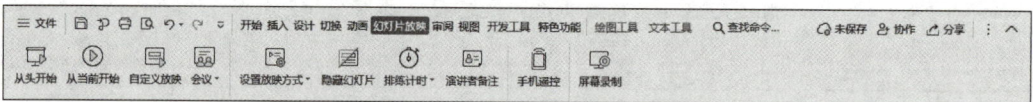

图 6-8 "幻灯片放映"选项卡

（7）"审阅"选项卡

"审阅"选项卡（图6-9）中主要包括3个功能组，分别是"校对""标记""中文简繁转换"等。

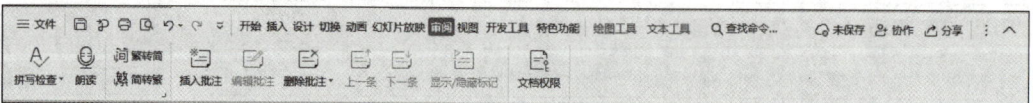

图 6-9 "审阅"选项卡

（8）"视图"选项卡

"视图"选项卡（图6-10）中主要包括6个功能组，分别是"演示文稿视图""母版视图""显示""显示比例""窗口""宏"等。

图 6-10 "视图"选项卡

（9）"开发工具"选项卡

"开发工具"选项卡在 WPS Office 个人版中显示为灰色，处于不可用状态，将 WPS Office 版本升级到 WPS Office 专业版，或通过另外安装 VBA 工具就可以启用，如图 6-11 所示。

图 6-11　"开发工具"选项卡

"开发工具"选项卡用来扩展 WPS Office 软件的功能。用户可以利用 VBA 开发设计一些操作规范来控制用户的操作行为，或开发出功能强大的自动化程序等，以提高用户的工作效率。

（10）"特色功能"选项卡

"特色功能"选项卡（图 6-12）中主要包括 5 个功能组，分别是"输出转换""文档助手""安全备份""分享协作""资源中心"等。

图 6-12　"特色功能"选项卡

3. "大纲／幻灯片"窗格

窗口左边的"大纲／幻灯片"窗格用于显示演示文稿的幻灯片数量及位置，通过它可以方便地掌握整个演示文稿的结构。在"幻灯片"窗格下显示了整个演示文稿中幻灯片的编号及缩略图；在"大纲"窗格下列出了当前演示文稿中各张幻灯片中的文本内容。

4. 编辑区

编辑区是整个工作界面的核心区域，用于显示和编辑幻灯片。用户在其中可输入文字内容、插入图片、设置动画效果等，是使用 WPS 演示制作演示文稿的操作平台。

5. 备注窗格

备注窗格位于幻灯片编辑区下方，可供幻灯片制作者或幻灯片演讲者查阅幻灯片备注信息，或在播放演示文稿时对需要的幻灯片添加说明和注释。

6. 状态栏

在状态栏里不仅可以显示当前幻灯片的页数，还可以隐藏或显示备注窗格，在"普通""幻灯片浏览""阅读"等视图模式中进行切换，创建演讲实录，调整放映方式，以及设置显示比例。

6.1.4 WPS 演示的视图模式

WPS 演示为用户提供了多种视图模式，不同的视图其应用场景也不相同，每种视图都有特定的工作区、工具栏、相关的按钮及其他工具。但无论是哪种视图模式下对演示文稿的修改都会对编辑文稿生效，并且所有改动都会呈现在其他视图中。

在窗口的上方选择"视图"选项卡，可以看到五种视图模式：普通视图、幻灯片浏览视图、备注页视图、阅读视图和母版视图。

1. 普通视图

系统默认的视图模式就是普通视图，在该视图模式下，工作界面包含有"大纲／幻灯片"窗格、编辑区和备注面板等。普通视图是幻灯片编辑的主要视图，大部分操作都在此视图下进行。

2. 幻灯片浏览视图

幻灯片浏览视图的作用是便于用户对幻灯片进行快捷的更改与排版，在该视图模式下可以随意拖动幻灯片页面进行排序，也可以改变幻灯片的版式和结构、设计模式和配色方案等，但不能对单张幻灯片的具体内容进行编辑。幻灯片浏览视图是以缩略图的形式来显示幻灯片页面的，如图 6-13 所示。

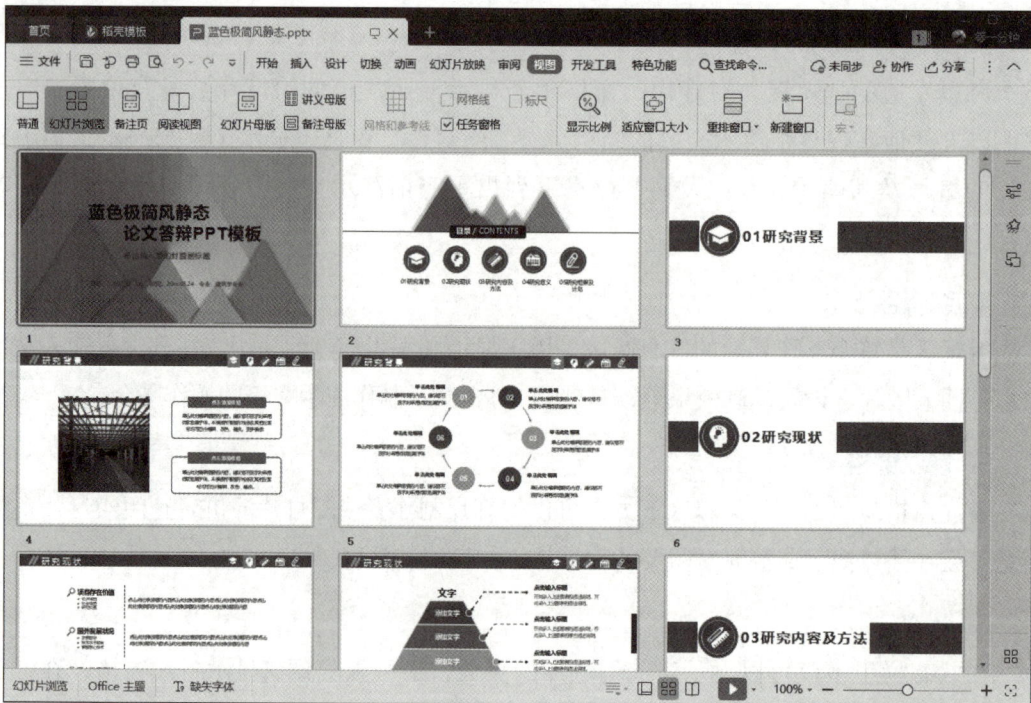

图 6-13　幻灯片浏览视图

3. 备注页视图

备注页视图主要用于检查演示文稿附带备注页一起打印时的外观，每一页都将包括一张幻灯片和相应的演讲者备注，单击备注内容即可进行编辑。编辑备注内容也可在普通视图模式下的备注面板中进行，根据"单击此处添加备注"的提示操作即可。

4. 阅读视图

阅读视图的作用是可以在 WPS 演示窗口中放映幻灯片，这样能方便地查看幻灯片页面的动画和切换效果。

5. 母版视图

母版视图包括"幻灯片母版""讲义母版""备注母版"等 3 种视图。

幻灯片母版是用来存储设计模板信息的幻灯片，模板信息包括字形、占位符大小或位置、背景设计和配色方案等。母版可以用来统一页面元素，从而提高用户演示文稿的制作效率。"幻灯片母版"视图如图 6-14 所示。

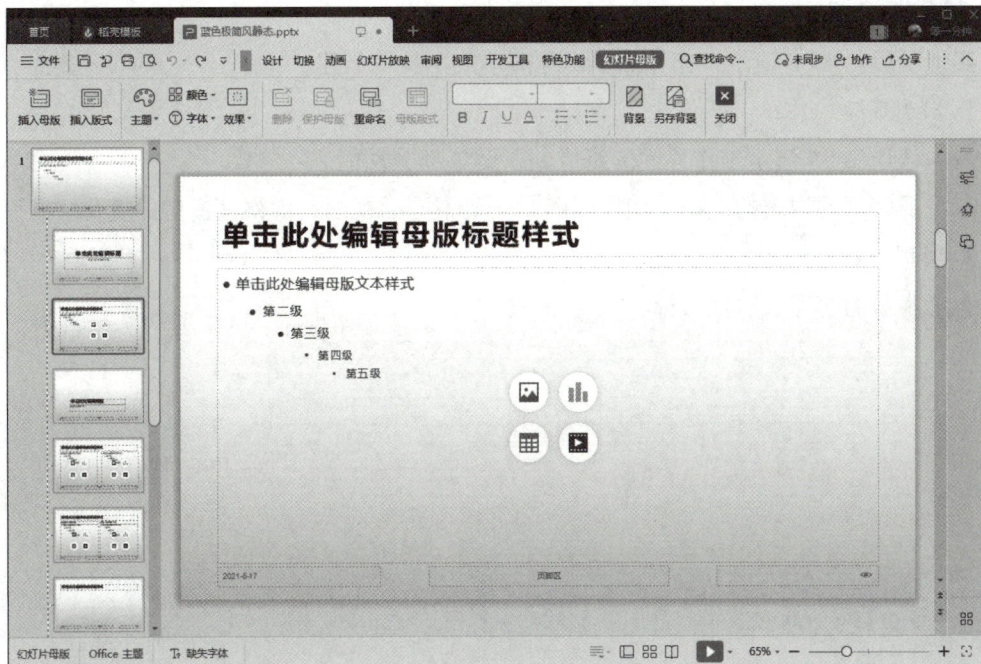

图 6-14 "幻灯片母版"视图

知识练习 6.1

一、选择题

1. WPS 演示能以不同的文件格式保存演示文稿，其默认的扩展名是（　　　）。

A．.pptx   B．.wps   C．.dps   D．.ppt

2. WPS 演示，其系统默认的视图模式是（　　　）。

A. 大纲视图　　　　B. 幻灯片浏览视图　　C. 普通视图　　　　D. 幻灯片视图

3. 下列选项中不属于 WPS 演示标准选项卡的是（　　　）选项卡。

A."开始"　　　　B."动画"　　　　C."幻灯片放映"　　D."文本工具"

4. 不能成功启动 WPS 演示的方法是（　　　）。

A. 在 WPS Office 窗口的"新建"界面，选择"表格→新建空白文档"

B. 单击一个 WPS 演示文稿文件

C. 双击一个 WPS 演示文稿文件

D. 双击 WPS 演示快捷方式图标

二、简答题

1. 简述 WPS 演示工作界面的组成及各部分的功能。

2. WPS 演示为用户提供了哪些视图模式？各有什么用途？

技能练习 6.1

实训项目： WPS 演示工作界面认识与简单演示文稿创建。

1. 实训目标

（1）认识 WPS 演示工作界面的组成并了解各部分功能。

（2）了解不同视图的应用，切换到演示文稿不同的视图，观察其窗口的变化。

2. 实训内容

参考本节内容完成实训目标。

6.2　模板与幻灯片设计 ≫

知识与技能目标

1. 学会创建演示文稿。

2. 掌握改变幻灯片版式的操作。

3. 掌握用母板统一幻灯片的外观。

4. 学会应用设计模板。

📖 **知识与技能学习**

　　在制作演示文稿时使用一个优秀的设计模板可以省去很多烦琐的工作，使制作出来的演示文稿版式合理、主题鲜明、界面美观，能迅速提升演示文稿的观赏效果，那么如何使用模板快速制作一个演示文稿呢？

6.2.1　创建演示文稿

1. 创建空白演示文稿

　　WPS 演示提供了多种新建文档的方法，通过这些方法都可以新建并进入到 WPS 演示的工作界面。操作方法与创建 WPS 文字文档类似。

　　启动 WPS Office 后，单击"新建→演示→新建空白文档"即可。

教学视频

WPS 演示
中创建演
示文稿

2. 利用主题模板创建演示文稿

　　在 WPS Office 窗口的"新建"界面中，选择"演示"组件后，在"推荐模板"下会出现许多演示文稿的主题模板，首先要识别免费模板和收费模板，每个模板最下方的模板说明中第一个图标是"免"字图标的，即为免费模板，如图 6-15 所示，当然也可以通过支付版权费来使用更为美观的收费模板。单击需要的主题模板，根据提示操作即可下载并使用该主题模板。

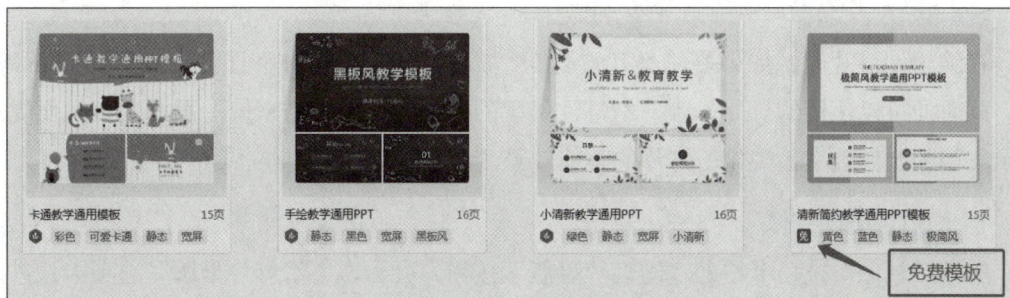

图 6-15　如何识别免费模板

6.2.2　设置幻灯片版式

　　幻灯片版式是指幻灯片内容在幻灯片上的排列方式。一张幻灯片的版式由各种占位符组成，占位符可放置文字、图片等幻灯片内容。WPS 演示的每一套新建模板在默认情况下包含 11 种版式，每种版式有各自的名称，每个版式幻灯片中都显示了可以在其中添加文本、图形、图表、图片等对象的占位符，以及占位符所分布的位置。

　　右键单击编辑区，在弹出的快捷菜单中选择"幻灯片版式"，即可显示"母版版式"

窗口，在其中选择需要的版式即可，如图 6-16 所示。

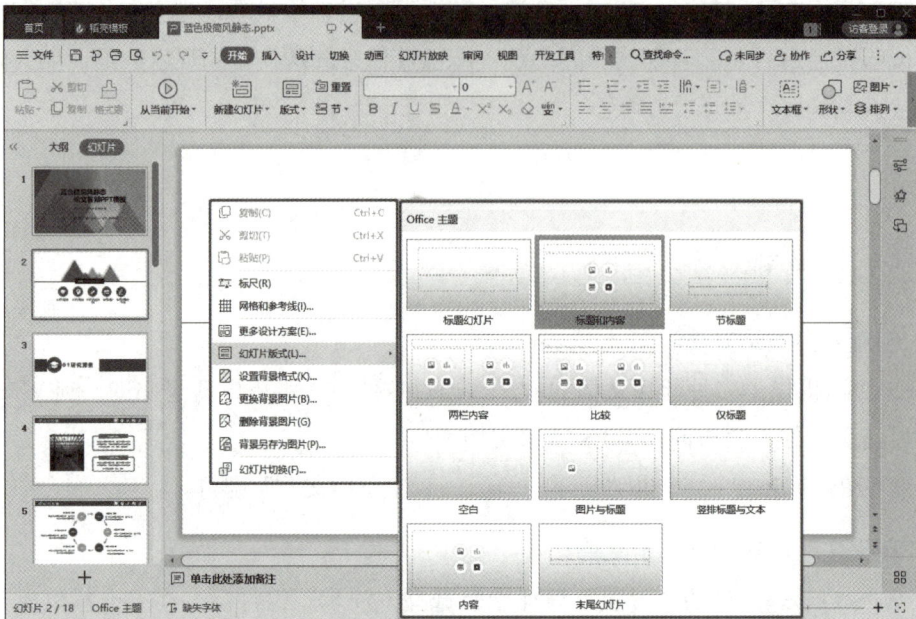

图 6-16　设置幻灯片版式

用户要调出"幻灯片版式"中"母版版式"窗口，还可以在"开始"或"设计"等选项卡中单击"版式"按钮来完成。

6.2.3　用母版统一幻灯片的外观

在编辑幻灯片时，如果要使所有的幻灯片都包含相同的字体和图像（如产品 logo 等）时，此时便可以使用幻灯片母版。幻灯片母版的主要作用就是用来统一页面元素从而提高演示文稿的制作效率、美化幻灯片的整体效果。

1. 幻灯片母版操作

单击"视图"选项卡中的"幻灯片母版"按钮，会出现"幻灯片母版"选项卡，进入到"幻灯片母版"的编辑状态并在选项卡中展示相应的功能组，如图 6-17 所示。

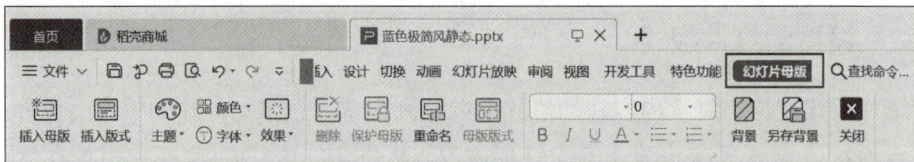

图 6-17　"幻灯片母版"选项卡

WPS 演示中的母版包括幻灯片母版、讲义母版、备注页母版三种。

幻灯片母版又包括标题母版和幻灯片母版，两种母版同为一组，WPS 演示中支持多母版操作，选中并右击一页母版，选择快捷菜单中的"新幻灯片母版"来添加新的母版组，也可选择快捷菜单中的"新幻灯片版式"，会在当前母版组的最后添加一页新的幻灯片母版。在"幻灯片母版"选项卡中选择"插入母版"或"插入版式"也可以完成相同的操作。

母版编辑完成后需要单击"幻灯片母版"选项卡中的"关闭"按钮，来退出母版的编辑状态，返回到普通视图下才能看到母版的应用效果。

标题母版用来控制所有使用标题版式的幻灯片页面属性，而幻灯片母版用来控制所有使用其他版式的幻灯片页面属性。标题母版一般用在文档首尾两页或中间的章节页面，其他页面均使用幻灯片母版。

> **提示：**
> WPS 演示中的多母版应用，使得基于母版的幻灯片制作更加灵活、高效。

2. 设置页面的日期及页码

先进入"幻灯片母版"视图，选中其中一页幻灯片母版，再单击"插入"选项卡中的"日期和时间"按钮，在弹出的"页眉和页脚"对话框中，选择"幻灯片"选项卡，在此对话框中可以为选中的幻灯片母版页面插入日期和时间、幻灯片编号和页脚内容，单击"应用"按钮将设置应用到选中的母版中，选择"全部应用"可将设置应用到所有母版中。

3. 设置页面统一标志

编辑幻灯片时，经常会用到在不同页面的同一位置放置相同标志的情况（如将单位名称放在每张幻灯片页面的左上角等），这可以通过幻灯片母版来统一进行设置，提高了演示文稿的制作效率。

例如在幻灯片页面的右下角要求统一显示某个标志（如公司商标等），可以先进入"幻灯片母版"视图，在左侧"幻灯片"窗格中选择一页幻灯片母版，再单击"插入"选项卡中的"图片"按钮，在弹出的"插入图片"对话框中找到标志图片所存放的位置，单击"打开"按钮，这时图片会自动插入到当前母版中，用户在调整图片的大小和位置后即可返回普通视图查看设置效果。

WPS 演示中还会经常用到跳转按钮，幻灯片放映时单击该按钮会自动跳转到指定的幻灯片，其操作方法和上述设置统一标志的操作方法类似，先进入"幻灯片母版"视图，在左侧"幻灯片"窗格中选择一张幻灯片母版，再选择"插入"选项卡中的"形状"按钮，在弹出的"预设"形状窗口中选择"动作按钮"组中的相关按钮即可。

> **提示：**
> 通过母版统一设置幻灯片背景、页面标题、各种元素位置、格式、动画等，既省时省力又能快速使幻灯片外观规范统一。

6.2.4 应用设计模板

1. 设计模板和母版的区别

设计模板是一个包含专门的页面样式的文件，它提供演示文稿的格式、配色方案、母版样式及产生特效的字体样式等。应用设计模板可快速生成风格统一的演示文稿。

母版规定了演示文稿（包括幻灯片、讲义及备注）的文本、背景、日期及页码格式等，体现了演示文稿的外观，包含了演示文稿中的共有信息。每个演示文稿提供了一个母版集合，包括幻灯片母版、标题母版、讲义母版、备注母版等。

2. 获取设计模板

平时使用的设计模板可以通过以下的方式获取。

（1）自己设计模板并保存使用。

（2）使用 WPS Office 提供的设计模板。

（3）可以将设计的比较好的演示文稿另存为模板。

（4）从其他的模板提供网站下载。

（5）使用 WPS Office 提供的分享功能分享设计模板。

3. 套用设计模板

教学视频

（1）本地设计模板的套用

在"设计"选项卡中单击"导入模板"按钮，在弹出的"应用设计模板"对话框中找到需要导入的模板后单击"打开"按钮。此时所选模板的版式将自动套用到当前演示文稿中，各张幻灯片的版式格式、背景、配色方案等都会一起发生变化，在"普通"视图中可以立即显示套用后的效果。

套用设计
模板

> **提示：** 💬
>
> 如果对模板版式自动套用效果不满意，可以选择"撤消"按钮来恢复到原来的效果。

（2）在线设计模板的套用

套用在线幻灯片母版（模板）需要计算机连接到 Internet。有以下三种方法可以使用在线幻灯片母版。

方法一：在 WPS 演示窗口左侧的"大纲/幻灯片"窗格中任意选中一张幻灯片，单击其下方的"+"按钮，在弹出的"新建"页面选择所需要的在线模板，在该模板缩略图上单击"立即下载"按钮即可下载并套用。

方法二：在"设计"选项卡中单击"更多设计"按钮，在弹出的"在线设计"对话框中选择所需要的模板。

方法三：在 WPS 演示窗口的状态栏中单击"一键美化"按钮，会在编辑区的下方弹出展示窗口，单击所需模板缩略图中的"点击使用"按钮即可。

知识练习 6.2

一、选择题

1. 幻灯片母版设置，可以起到（　　）作用。

A. 统一整套幻灯片的风格　　　　　　B. 统一标题内容

C. 统一图片内容　　　　　　　　　　D. 统一页码内容

2. WPS 演示提供了多种（　　），它包含了相应的配色方案、母版和字体样式等，可供用户快速生成风格统一的演示文稿。

A. 新幻灯片　　　　B. 模板　　　　C. 配色方案　　　　D. 母版

3. 演示文稿中的每张幻灯片都是用某种（　　）创建的，它预定义了新建幻灯片的各种占位符布局等情况。

A. 模板　　　　　　B. 新幻灯片　　　　C. 格式　　　　　D. 版式

4. 要在演示文稿所有幻灯片的左上角添加 Logo 标志，最便捷途径是（　　）。

A. 设置背景　　　B. 选择幻灯片版式　　　C. 应用设计模板　　　D. 编辑幻灯片母版

二、简答题

1. WPS 演示的设计模板和母版有什么区别？

2. 如何应用母版设计幻灯片？

技能练习 6.2

实训项目：制作简单的自我介绍幻灯片。

1. 实训目标

（1）学会创建一个演示文稿。

（2）掌握母版和模板的使用。

2. 实训内容

（1）制作一个有 5 个页面组成的自我介绍演示文稿，文件名称为"自我介绍 .dps"。

（2）套用一种自己喜欢的主题模板。

（3）设计并应用母版，使每页页面左上角显示学校名称，页面底部居中显示页码信息，页面底部左边显示前进和后退按钮。

（4）套应一种自己喜欢的系统设计模板改变幻灯片样式。

6.3　幻灯片的基本操作

知识与技能目标

1. 掌握选定幻灯片的操作。
2. 掌握插入和删除幻灯片的操作。
3. 学会调整幻灯片的顺序。

知识与技能学习

教学视频

幻灯片的
基本操作

　　一个演示文稿通常由多张幻灯片组成，幻灯片是演示文稿的主体，那么如何插入和删除幻灯片，以及调整它的顺序呢？

6.3.1　选定幻灯片

　　可以通过多种操作方法选定要操作的幻灯片，操作方法如下。

　　（1）单张幻灯片选定操作：单击"视图"选项卡中的"普通"按钮，将视图模式切换到"普通"视图模式下，在左侧的"大纲／幻灯片"窗格中选择"幻灯片"选项卡，在其下面的幻灯片列表中单击需要选定的幻灯片即可。

　　（2）多张幻灯片选定操作：选定第一张幻灯片后，再按住 Shift 键同时单击选择想要选择的最后一张幻灯片，此时便可选定连续的多张幻灯片；需要选定多张不连续的幻灯片页面时，可按住 Ctrl 键，再用鼠标依次单击要选择的幻灯片即可。

　　（3）全部幻灯片选定操作：使用快捷键 Ctrl + A 即可。

6.3.2　插入和删除幻灯片

1. 幻灯片的插入

　　有多种方法可以插入一张新的幻灯片，方法如下

　　方法一：选定并右击要插入新幻灯片位置前面的一张幻灯片，在弹出的快捷菜单中选择"新建幻灯片"命令，系统会自动在选定幻灯片的下方插入一张新的幻灯片。

　　方法二：在"大纲／幻灯片"窗格中选择"幻灯片"选项卡，单在要插入幻灯片的位置（两张幻灯片的中间缝隙处），此时会在当前位置产生一条用横线表示的幻灯片占位符，按下 Enter 键或单击鼠标右键，在弹出的快捷菜单中选择"新建幻灯片"命令，都会在当前位置插入一张新的空白幻灯片。

方法三：在"大纲/幻灯片"窗格中选择"幻灯片"选项卡，把鼠标光标移动到要插入幻灯片位置的前面一张幻灯片上后，会在该幻灯片右下方出现"+"按钮，单击"+"按钮后在弹出的"新建"页面中把鼠标光标移动到要使用的版式模板上，单击该页面上的"立即下载"按钮。

2. 幻灯片的删除

幻灯片的删除操作是在普通视图或幻灯片浏览视图中进行的，操作方法是选定要删除的幻灯片，按 Del 键或 Backspace 键即可删除选定的幻灯片。

6.3.3　调整幻灯片的顺序

在编辑幻灯片的过程中，根据需要可以对幻灯片进行前后顺序调整。

1. 利用鼠标拖曳的方式进行调整

在"普通视图"和"幻灯片浏览"视图下，每张幻灯片都有默认的顺序编号，"普通"视图下的编号显示在幻灯片左上方的位置，使用数字1、2、3等依次进行编号；"幻灯片浏览"视图下的编号显示在幻灯片页面的左下角位置。

调整幻灯片的顺序时，先选定要调整的幻灯片，在其页面上按住鼠标左键移动，此时鼠标光标右下角出现一个虚线方框，表示鼠标有拖曳内容存在，拖曳到目标位置再松开鼠标左键，幻灯片页面的编号会自动进行更改，这样便完成了幻灯片顺序的调整。

2. 利用剪切与粘贴的方式进行调整

使用剪切与粘贴的方式进行幻灯片顺序的调整时，在选定需调整顺序的幻灯片后使用组合键 Ctrl + X 和组合键 Ctrl + V 即可实现。此外，使用右键快捷菜单中的"剪切"与"粘贴"命令同样可调整幻灯片的顺序。

知识练习 6.3

一、选择题

1. 插入幻灯片时，在选定的幻灯片上按（　　）键，会在当前幻灯片的下方自动插入一张新的幻灯片。

A. Ctrl　　　　　　　B. Enter　　　　　　　C. Ctrl + Enter　　　　　D. Ctrl + N

2. 选定不连续的多张幻灯片时需要按（　　）键。

A. Shift　　　　　　　B. Ctrl + A　　　　　　C. Ctrl　　　　　　　　D. Enter

3. 选定全部幻灯片时，可用快捷键（　　）。

A. Shift + A　　　　　B. Ctrl + A　　　　　　C. F3　　　　　　　　　D. F4

4. 选定一张幻灯片后，按（　　）键可以删除这张幻灯片。

A. Ctrl + C　　　　　　B. Alt　　　　　　　　C. Del　　　　　　　　　D. Esc

5. WPS 演示中，在（　　　）视图模式下可以方便地复制、删除幻灯片或调整幻灯片的顺序，但不能对某张幻灯片上具体内容进行编辑修改。

A."普通"　　　　　B."幻灯片浏览"　　　C."备注页"　　　　D."阅读"

二、简答题

1. 选定幻灯片可以使用哪些操作方法进行？

2. 如何插入、删除与移动一张幻灯片？

技能练习 6.3

实训项目： 学习幻灯片的基本操作。

1. 实训目标

（1）掌握幻灯片的选定操作。

（2）掌握幻灯片的插入、删除、顺序调整等操作。

2. 实训内容

（1）打开上节实训项目中要求制作的"自我介绍 .dps"演示文稿。

（2）在幻灯片最后插入两张页面，介绍自己的故乡。

（3）练习幻灯片的插入、删除、顺序调整等操作。

6.4 修饰演示文稿　　》》

知识与技能目标

1. 掌握幻灯片设置背景、插入图形、表格、艺术字和文本的操作。

2. 掌握在幻灯片中插入多媒体对象的操作。

3. 学会幻灯片切换效果的设置。

4. 学会幻灯片动画效果的设置。

知识与技能学习

演示文稿主要是用来展示信息，为了提升幻灯片的演示效果，可以在其中插入各种对象，如艺术字、图片、声音和视频等，那么如何插入这些对象？对这些对象如何进行各种设置呢？

6.4.1 设置背景

一个好的 WPS 演示文稿想要吸引观众，不仅需要内容充实，优美的页面设计也很重要，漂亮、清新、淡雅的幻灯片背景，也能将演示文稿打造得更有创意和有观赏性。

1. 打开"对象属性"任务窗格

幻灯片背景可在"对象属性"任务窗格中进行设置，打开该任务窗格有如下方法。

方法一：在 WPS 演示窗口左侧的"大纲／幻灯片"窗格中选定要设置背景的幻灯片，单击鼠标右键，在弹出的快捷菜单中选择"设置背景格式"。

方法二：右击幻灯片编辑区页面空白处（指没有对象占位符处），在弹出的快捷菜单中选择"设置背景格式"。

方法三：先选定要设置背景的幻灯片，单击"设计"选项卡的"背景"下拉按钮，在弹出的"背景"列表中选择"背景"，或直接单击"背景"按钮，都可以打开"对象属性"

任务窗格（该对话框一般显示在窗口的右边）。

设置幻灯片背景

2. 填充背景颜色

在"对象属性"任务窗格中，选择"填充"组中的"纯色填充"后，单击"颜色"下拉按钮，在弹出的"颜色"下拉列表中列出了所有可用颜色，包括"最近使用颜色""主题颜色""标准颜色""更多颜色"等选项，也可以通过"取色器"在显示窗口中提取所需颜色，如图 6-18 所示。

在"颜色"下拉列表中选择"更多颜色"命令，弹出"颜色"对话框，如图 6-19 所示，该对话框中包含"标准""自定义""高级"等 3 个选项卡，用户可以利用这三

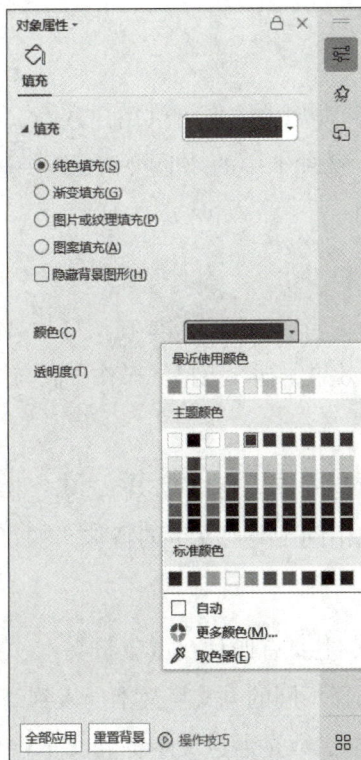

图 6-18 "颜色"下拉列表　图 6-19 "颜色"对话框

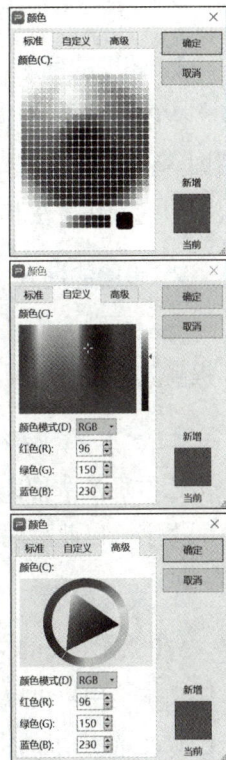

种不同的颜色选择方式进行幻灯片背景颜色的设置。

3. 设置填充效果

在"对象属性"任务窗格的"填充"组中，还有"渐变填充""图片或纹理填充""图案填充"等选项，用户可以根据幻灯片的设计需求进行选择，以此设置填充效果。

（1）"渐变填充"选项："渐变填充"和"纯色填充"的区别就在于"渐变填充"有非常漂亮的颜色过渡效果。

（2）"图片或纹理填充"选项：可以将已有图片或纹理样式设置为幻灯片背景。

（3）"图案填充"选项：在"图案填充"选项中有图案样式设置，WPS 演示提供了 48 种不同的图案样式供用户选择。

> 💬 **提示：**
>
> 在"对象属性"任务窗格的最下方有"全部应用"按钮，可以将上述的颜色等设置内容应用于所有的幻灯片页面，"重置背景"按钮可以取消此次设置操作。

6.4.2 插入图形、表格、艺术字和文本

在 WPS 演示窗口的"插入"选项卡中，可为幻灯片插入不同的对象，例如图形，表格、艺术字、文字等。

1. 图形的插入

WPS 演示中有多种类型的图形可供用户选择，如常用形状、图标库、智能图形和关系图等，可在"插入"选项卡中的"形状"分组中进行选择，操作方法与 WPS 文字中插入图形的操作方法相同。

2. 表格的插入

在对演示文稿进行编辑时，经常需要在幻灯片页面中插入表格进行数据的说明和展示，以提高演示文稿的展示效果，插入表格的操作方法与 WPS 文字中的表格的操作方法相同。

3. 艺术字的插入

艺术字是一种文字样式库。用户可以将艺术字插入到演示文稿中，制作出富有艺术效果的文字，以此呈现出不同于普通文字的特殊文本效果。

4. 文本的插入

教学视频

幻灯片中
插入图形

WPS 演示中的文本主要有四种：占位符文本、文本框中的文本、形状中的文本和艺术字文本。用户可以选择不同的方式将文本插入到幻灯片中。

WPS 演示中的文本多数是通过文本框和文本占位符的方式插入的。文本框的优势在于可以随意调整大小和位置。WPS 演示中的文本占位符是属于版式内容的一部分。

（1）文本占位符

占位符是用来占位的符号，是一种边缘带有虚线或阴影线的框，经常出现在演示文稿的模板中，分为文本占位符、表格占位符、图表占位符、媒体占位符和图片占位符等类型。

文本占位符（图6-20）占住位置后，可以往里面添加内容。文本占位符在幻灯片中表现为一个虚线框，其内部通常显示有"单击此处添加标题"之类的提示信息，单击虚线框内部后会激活插入点光标，类似"单击此处添加标题"等提示信息会自动消失，用户就可以输入需要的内容。

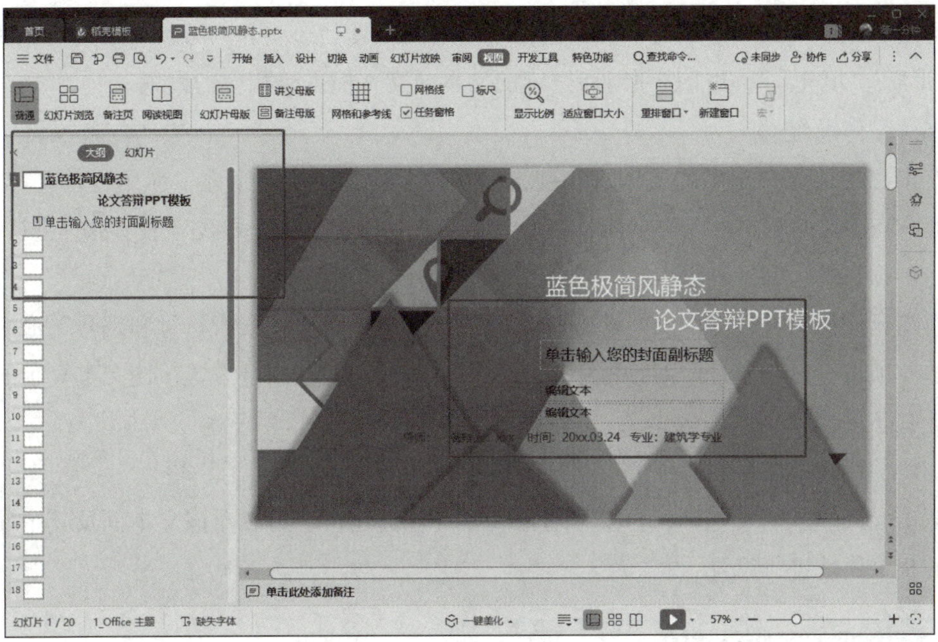

图 6-20　文本占位符

在文本占位符内输入的文本能在"大纲"窗格中显示，并且按级别不同位置也有所不同。

文本占位符可以进行删除、移动、调整大小、设置其边框与底纹等各种操作。

（2）文本框

文本框和文本占位符有相似之处，但也略有不同，相似之处就是都能完成文本内容的插入，但预设版式的占位符中的内容能在"大纲"窗格中显示，而插入到文本框中的内容不会出现在"大纲"窗格中。相对来说，利用文本框插入文本更方便些。

（3）图形中插入文本

右击已插入的图形，在弹出的快捷菜单中选择"编辑文字"命令，该图形中会出现闪烁的光标，此时可输入文字，按 Enter 键可换行，输入完成后单击幻灯片页面空白处即可完成图形中文本的插入。

> **提示：**
>
> 插入的常用形状中，线条和连接符是不能插入文本的。

（4）通过复制与粘贴方式插入文本

文本还可以通过复制与粘贴的方式插入进来，将需要插入的文本内容复制后，切换到幻灯片编辑区内直接进行粘贴，会自动产生一个带有粘贴文本内容的文本框。也可以直接将复制的内容文本粘贴到已有的文本框内或占位符中。

（5）使用"绘图工具"选项卡进行设置

选定已经插入的文本或文本框，会出现"绘图工具"选项卡，可以利用其功能区中的"编辑形状""填充"等功能按钮对所选定的文本或文本框进行相应的设置。

（6）字体设置

右击已经插入并选定的文本，在弹出的快捷菜单中单击"字体"命令，打开"字体"对话框，在该对话框中可以对字体、字形、字号、字体颜色、下划线、上下标等进行设置。

（7）项目符号和编号设置

右击已经插入并选定的文本，在弹出的快捷菜单中单击"项目符号和编号"命令，在打开的"项目符号与编号"对话框中可以对项目符号和编号进行设置，使文本显示的更清晰、更有条理性。

（8）使用"对象属性"任务窗格进行设置

双击已经插入的文本框，打开"对象属性"任务窗格，可以对该文本框及其中插入的文字的相关属性进行设置。

6.4.3 插入多媒体对象

WPS 演示文稿的幻灯片可以使用音频、视频等多媒体对象来提升演示文稿的放映效果，有声有色、图文并茂的幻灯片越来越受到用户的欢迎。

在"插入"选项卡的"媒体"组中可以插入视频和音频等多媒体对象，如图 6-21 所示。

单击"视频"按钮，在弹出的"插入视频"下拉列表框中包括"嵌入本地视频""链接到本地视频""网络视频""Flash""开场动画视频"等选项。

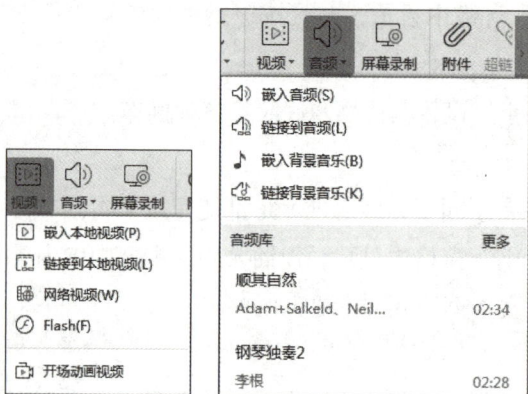

教学视频

插入多媒体对象

（a）"插入视频"下拉列表框　　（b）"插入音频"下拉列表框

图 6-21　插入多媒体对象

单击"音频"按钮，在弹出的"插入音频"下拉列表框中包括"嵌入音频""链接到音频""嵌入背景音乐""链接背景音乐""音频库"等选项。

进行相应的多媒体文件选择后，即可在指定的位置插入视频或音频。

1. 视频的插入

在幻灯片插入视频的过程中，"嵌入本地视频""网络视频""Flash"等选项用到的是最多的。

"嵌入本地视频"选项指的是将用户已经准备好的本地视频文件嵌入到幻灯片页面中。视频嵌入到幻灯片页面后，视频播放窗口自动调整为与幻灯片页面小大相同，选中视频后即在四周出现尺寸控点，拖曳这些尺寸控点可以进行视频播放窗口的大小调整。同时，在选项卡中出现"视频工具"选项卡，可以对视频的播放方式进行相关的设置，还可以在窗口右侧的"对象属性"窗口中对视频对象进行的相关设置，如图 6-22 所示。

图 6-22　视频设置

WPS 演示还提供了视频裁剪工具，嵌入到幻灯片页面中的视频可以直接进行裁剪后使用。

"网络视频"选项指的是将网络上的某一个视频播放地址链接到幻灯片页面中。首先在"插入视频"下拉列表中选择"网络视频"，在打开的"插入网络视频"对话框的文本框中输入需要插入的网络视频播放地址，单击"插入"按钮后，幻灯片页面中会出现一个视频对象，同"嵌入本地视频"的设置方法相同，可以对该视频对象的大小及属性进行设置。

"Flash"选项指的是将 .swf 格式的动画或视频文件嵌入到幻灯片页面中。选中已经插入幻灯片页面中的 Flash 对象后会出现"图片工具"选项卡，可以根据需求进行相应的设置。

2. 音频的插入

在 WPS 演示中插入音频的过程中，常用的有"嵌入音频"和"嵌入背景音乐"这两个选项。这两种选项的操作方法基本相同，只是嵌入到幻灯片页面后音频的使用有所不同。

"嵌入音频"选项是在幻灯片放映至音频所在页面时进行播放，或是音频在当前页面开始播放后到指定的页面停止播放。

"嵌入背景音乐"选项是不论用户选择嵌入的幻灯片页面是哪一张，最终都会自动嵌入到演示文稿的首页，此时可以手动将嵌入的背景音乐图标移动到其他页面中进行使用。幻灯片播放时，背景音乐将从背景音乐所在页面开始播放。

> **提示：**
>
> 一个演示文稿中可以插入多个背景音乐，但一张幻灯片中只能插入一个背景音乐；背景音乐一般都是从插入页开始播放，只能影响到当前页之后的幻灯片页面；如果在插入时将背景音乐添加到首页，背景音乐将影响到所有幻灯片。

选中插入的音频对象后，会出现"音频工具"选项卡，可以对音频对象进行相关的设置。单击功能区中的"设为背景音乐"按钮，可以将选中的音频对象在"嵌入音频"和"嵌入背景音乐"两者之间进行相互切换。

可以利用"幻灯片切换"任务窗格给幻灯片插入音频，如图 6-23 所示，此位置只支

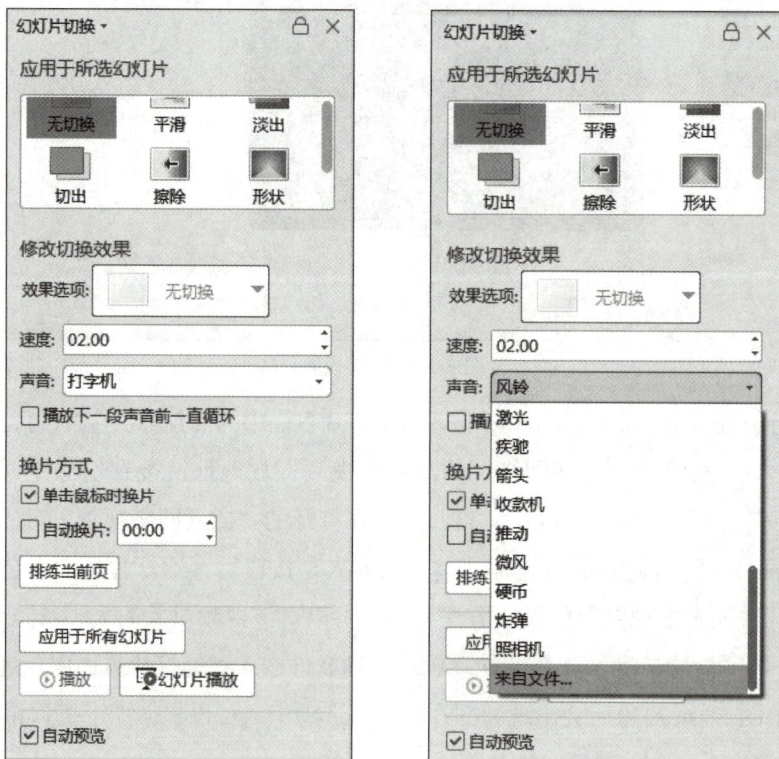

（a）"幻灯片切换"任务窗格　　　　（b）"声音"下拉列表

图 6-23　利用"幻灯片切换"任务窗格给幻灯片插入音频

持插入 .wav 格式的音频文件。右击幻灯片，在弹出的快捷菜单中选择"幻灯片切换"命令，调出"幻灯片切换"任务窗格（图 6-23a），单击"修改切换效果"组中的"声音"下拉按钮，在弹出的"声音"下拉列表（图 6-23b）中可以选择一种预置声音，或选择最后一项"来自文件"，打开"添加声音"对话框，选取所需要的声音文件后，单击"打开"按钮，即可为当前幻灯片插入切换时的音频。

可勾选"播放下一段声音前一直循环"复选框来设置声音循环播放。单击"应用于所有幻灯片"按钮，可实现幻灯片每一次切换时都有音频播放的效果。

> **提示：** 💬
>
> 进入已插入视频或音频的幻灯片页面，选中插入的视频或音频对象（包括 Flash 对象），直接按键盘上的 Del 键即可删除该视频或音频对象。

6.4.4　设置切换效果

幻灯片的切换效果是指在幻灯片放映过程中，结束上一张幻灯片放映与开始下一张幻灯片放映时所显示的一种视觉效果。WPS 演示文稿放映时，在两张幻灯片页面过渡时添加切换效果，演示效果会更加精彩。幻灯片的切换效果可以设置多种不同的切换效果，如平滑、淡出、切出、溶解、百叶窗、棋盘等。

在 WPS 演示窗口左侧的"幻灯片 / 大纲"窗格中选定一张或多张需要设置切换效果的幻灯片，选择"切换"选项卡，在"切换效果"下拉列表中，选取所需要设置的切换效果。

单击"声音"下拉按钮，在弹出的"声音"下拉列表中选取一种声音，或者选择"来自文件"，打开"添加声音"对话框，选取所需要的声音文件后，单击"打开"按钮。可勾选"循环放映，直到下一个声音开始时"选项来设置声音循环播放。

勾选"单击鼠标时换片"复选框，可以实现在放映状态下单击鼠标进行切换的效果。

勾选"自动换片"复选框，在其后的数值选择框内可设定切换时间，可以实现在放映状态下以设定的切换时间来自动换页。

若要将幻灯片切换设置应用于所有幻灯片，可单击"应用到全部"按钮。

如果要取消幻灯片的切换效果，先选中要取消切换效果的幻灯片，在"幻灯片切换"任务窗格的切换效果列表框中会显示已设置的动画切换效果，单击选择"无切换"，即可取消所选幻灯片的切换效果，单击"应用于所有幻灯片"，则取消所有幻灯片的切换效果。

6.4.5 设置动画效果和超链接

1. 设置动画效果

教学视频

设置动画
效果

为了使幻灯片更具有观赏性，可以为幻灯片中的标题、文本和图片等对象设置动画效果，从而使这些对象以动态的方式出现在屏幕中。通过 WPS 演示的"动画"选项卡，可以非常方便地为幻灯片中的对象设置各种类型的动画效果，主要包括进入、强调、退出、动作路径、绘制自定义路径等。

设置动画效果如图 6-24 所示。

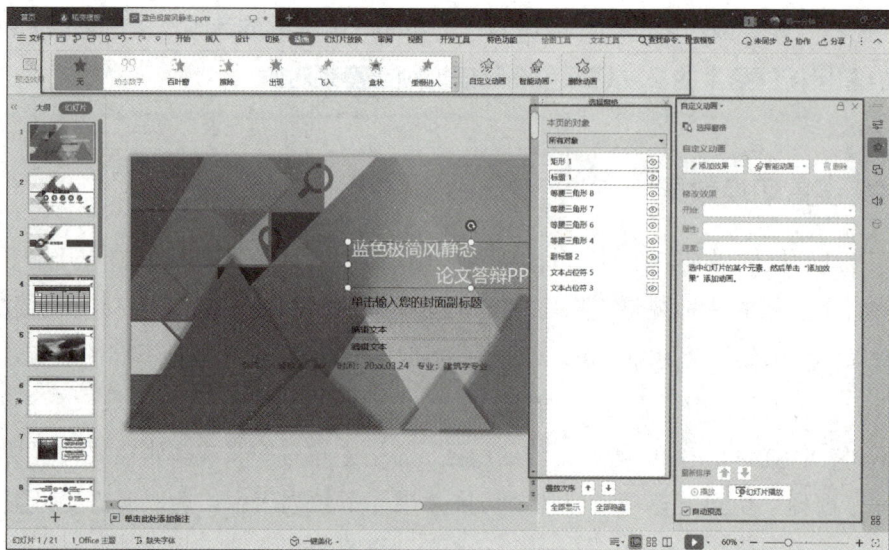

图 6-24　设置动画效果

选择"动画"选项卡，在其功能区中有"动画样式"列表，以及"自定义动画""智能动画"和"删除动画"等按钮。

单击"自定义动画"按钮，调出"自定义动画"任务窗格，在其中可以对动画效果作详细的设置，比如设置动画的开始方式、方向和速度等。

单击"选择窗格"，在"自定义动画"任务窗格左侧会出现"选择窗格"窗格，里面列出了当前选定的幻灯片中所有的对象，用户可以选择显示一部分对象或显示全部对象，方便用户在设置动画效果时选择对象。当对象较多的时候可以在此给对象进行叠放次序的调整，还可以给对象进行重新命名等操作。

在"动画"选项卡的"动画样式"列表中或在"自定义动画"任务窗格中的"添加效果"列表中都有很多的动画效果可供用户选择使用，两处对应的动画效果是相同的。

（1）预设动画的设置

在幻灯片页面中选择需要设置动画的对象，或在"选择窗格"窗格中直接选择需要设置动画的对象，单击"自定义动画"任务窗格中的"添加效果"下拉按钮，在弹出的"添加效果"列表中可以选择"进入"或"退出"时的动画样式。比如选择"进入"组中的"百叶窗"效果，此时"添加效果"按钮会变成"更改"按钮，而按钮下方会出现"修改：百叶窗"字样，在下面的对象动画列表中会显示出当前对象所有已设置的动画效果。

设置动画的开始方式，方向和速度等，如图6-25所示。

在"开始"中默认动画开始方式为"单击时"，是指放映幻灯片时单击鼠标左键才开始此动画的播放，也可以选择"之前"或"之后"，指的是在前面一个动画播放之前或之后开始当前动画的播放。

在"方向"中可以设置当前动画的动作方向，各类动画的动作方向不尽相同，比如前面选择"百叶窗"效果时，"方向"中可以选择水平或垂直，而动画效果更改为"飞入"效果时，"方向"中可以选择自底部、自左侧等8种不同的动作方向选项。

图 6-25　设置动画的开始方式，方向速度

"速度"指的是动画播放的速度，可以选择非常慢、慢速、中速、快速和非常快等选项。

单击"自定义动画"任务窗格下方的"播放"按钮，可以进行动画效果的预览。单击右侧的"幻灯片播放"按钮可对当前幻灯片进行正式的播放。

（2）动作路径的设置

动作路径是动画播放时的运动路线，可在"动画样式"列表中的"动作路径"和"绘制自定义路径"两个组中进行设置。"动作路径"组中有"基本""直线和曲线""特殊"等路径类别可供选择，如图6-26所示；"绘制自定义路径"组中有"直线""曲线""任意多边形""自由曲线""为自选图形指定路径"等自定义路径方式可供用户选择。

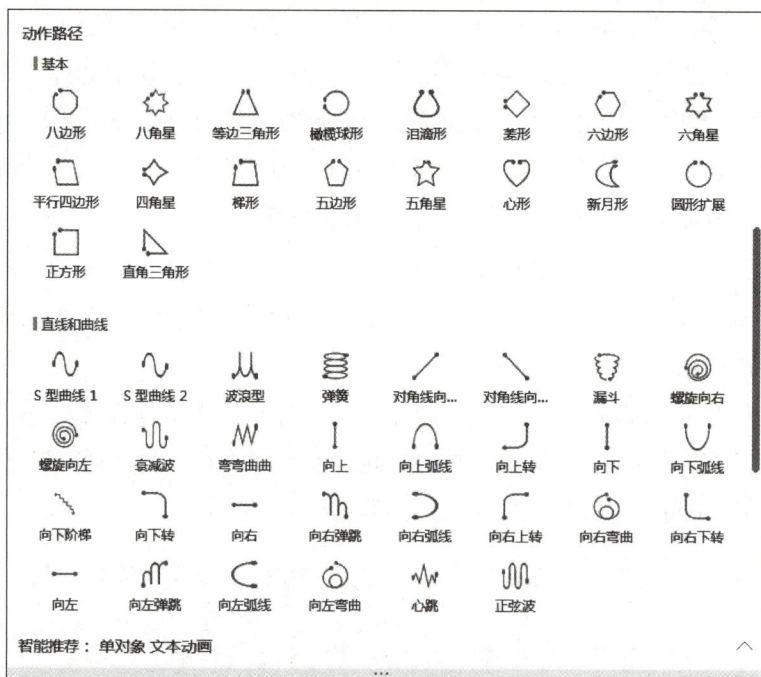

图 6-26 "动作路径"组

　　设置动作路径时，先选择需要设置动作的对象，再选择"动作路径"的类型，比如选"正方形"，对象动画会根据"正方形"的动作路径从起点到终点进行播放。如果选择"绘制自定义路径"中的动作类型，需要用户根据自己的需求在幻灯片页面中进行动作路径的手动绘制，如图 6-27 所示。

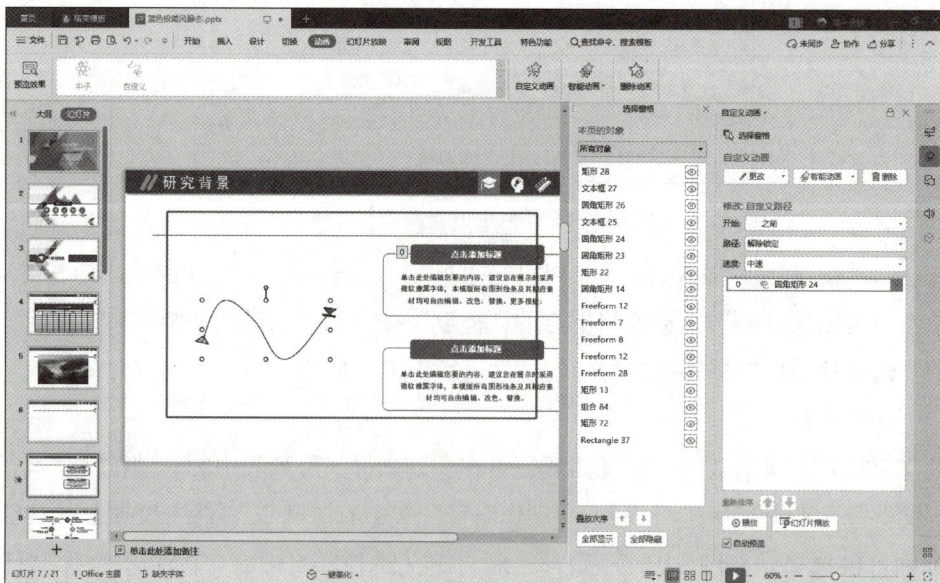

图 6-27 动作路径的手动绘制

（3）调整动画的顺序

幻灯片页面中的对象较多时可能会需要设置多个动画，系统会根据设置动画的前后顺序对多个动画自动进行编号排序。如果需要调整动画的顺序，如图 6-28 所示可以在"自定义动画"任务窗格中，选择对象动画列表中需要调整的动画，通过单击下方"重新排序"右侧的向上或向下的按钮进行前后顺序调整，或将鼠标指针移动到需要调整顺序的动画上，当鼠标指针变成黑色上下方向的双箭头时，拖曳动画到合适的位置即可。

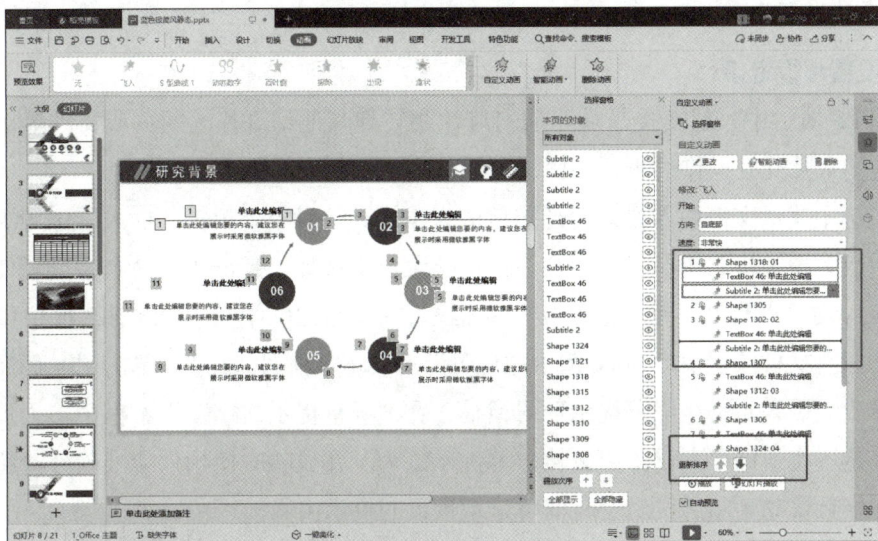

图 6-28　调整动画的顺序

（4）删除动画效果

如果有需要删除的动画效果，可以在"自定义动画"任务窗格的对象动画列表中，选择需要删除的动画，单击上方的"删除"按钮或单击"动画"选项卡中的"删除动画"按钮，也可以直接按 Del 键即可删除。

（5）设置动作

可以在幻灯片页面中设置一些按钮，当演示文稿在放映时单击这些按钮即可完成一些特定的动作，如跳转到下一张幻灯片等，具体操作如下。

选定要设置动作的幻灯片，单击"插入"选项卡中的"形状"，在弹出的下拉列表中选择所需的"动作按钮"类型后，在幻灯片编辑窗口拖曳鼠标绘制动作按钮，松开鼠标后自动弹出如图 6-29 所示的"动作设置"对话框，在"鼠标单击"选项卡的"超链接到"单选钮下的下拉列表

图 6-29　"动作设置"对话框

框中选择"下一张幻灯片",单击"确定"按钮完成单张幻灯片的动作设置。

如果要给一个演示文稿的所有幻灯片中设置动作,可以选择"视图"选项卡中的"幻灯片母版",之后的操作与单张幻灯片的动作设置相同。

> **提示:** 💬
>
> (1)如果使用单个幻灯片母版,母版设置的动作在演示文稿的所有幻灯片页面中均有效。(2)如果使用多个幻灯片母版,则必须在每个母版上设置动作。

2. 设置超级链接

在 WPS 演示中,超链接是从当前幻灯片跳转到其他幻灯片、网页或文件等对象的链接,它是幻灯片交互操作的重要手段,其操作方法举例说明如下:

首先选中演示文稿中需要设置超链接的文本或其他对象,单击"插入"选项卡下"链接"组中的"超链接"按钮,或者在右键快捷菜单中选择"超链接"命令,或者使用组合键 Ctrl+K,均可以打开"插入超链接"对话框,如图 6-30 所示。在该对话框中可以设置链接到"原有文件或网页""本文档中的位置"和"电子邮件地址"。单击"屏幕提示"按钮,会弹出"设置超链接屏幕提示"对话框,在"屏幕提示文字"文本框中输入提示文字单击"确定"按钮即可。设置超链接屏幕提示是为了在放映时使用户能准确分清超链接对象,鼠标指针移动到超链接对象时即可显示预设的提示内容。

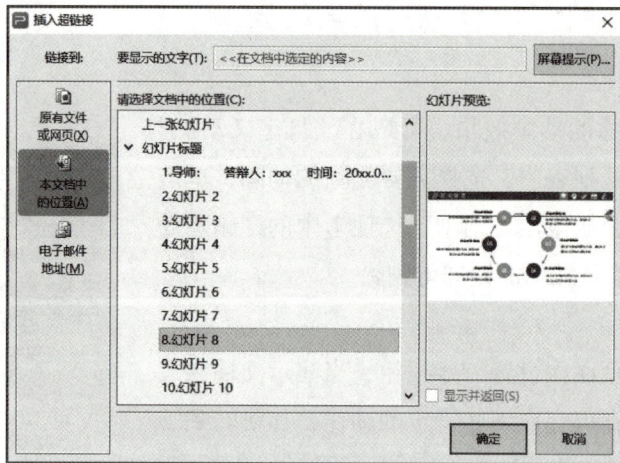

图 6-30 "插入超链接"对话框

> **提示:** 💬
>
> 右击已设置超链接的文本或其他对象,在弹出的快捷菜单中选择"超链接→取消超链接",即可取消该对象设置的超链接,选择"编辑超链接"即可重新设置超链接; Del 键可以删除超链接和设置该超链接的文本或其他对象。

知识练习 6.4

一、选择题

1. 在演示文稿中给幻灯片重新设置背景，若要给所有幻灯片使用相同背景，则在"对象属性"任务窗格中应单击（　　）按钮。

A."全部应用"　　　B."应用"　　　　C."取消"　　　　D."重置背景"

2. 为幻灯片设置动画效果时，应选择"动画"选项卡下的（　　）按钮。

A."自定义动画"　　B."动作设置"　　　C."动作"　　　　D."自定义放映"

3. 演示文稿放映时，希望单击鼠标后页面中一个已经出现的"三角形"转数圈，可以通过设置这个"三角形"的（　　）动画效果来实现。

A."出现"　　　　B."强调"　　　　　C."退出"　　　　D."重点"

4. WPS 演示中的超级链接，可以链接到（　　）。

A. 这台电脑上的一个视频文件　　　　B. 第 1 张幻灯片

C. 百度网站　　　　　　　　　　　D. 以上都可以

5. 通过（　　）可以设置幻灯片背景。

A."配色方案"按钮　　B."背景"按钮　　C. 设计模板　　D. 以上都可以

二、简答题

1. 简述给一个 WPS 演示文稿页面中的文本框设置背景的操作方法。

2. 简述给一个 WPS 演示文稿插入视频或音频的操作过程。

3. 简述给演示文稿的所有幻灯片页面插入"前一页"与"后一页"按钮的操作方法。

技能练习 6.4

实训项目： 修饰演示文稿练习。

1. 实训目标

（1）学会幻灯片背景的设置。

（2）掌握在幻灯片中插入艺术字、视频与音频的操作。

（3）掌握幻灯片自定义动画的设计。

2. 实训内容

（1）给"自我介绍 .dps"演示文稿设置一张背景图片，在首页中以自己喜欢的样式插入艺术字"请您观看！"。

（2）在"自我介绍 .dps"演示文稿的首页中插入一段音乐。

（3）在"自我介绍 .dps"演示文稿中设计一个自定义动画，播映时演示自己在 12306 网站订票的整个流程。

6.5 幻灯片放映设置

知识与技能目标

1. 了解演示文稿的各种放映方式。
2. 学会根据需要来设置演示文稿的放映方式。
3. 掌握自定义放映的设置。

知识与技能学习

用户花费了大量时间和精力制作完成一个演示文稿，最终目的是通过放映来展示信息，用户需要在不同的场景下使用不同的放映方式，以此达到更好的放映效果，那么如何设置演示文稿的各种放映方式呢？

6.5.1 演示文稿的放映

单击"幻灯片放映"选项卡，如图 6-31 所示，在"开始放映幻灯片"功能组中，可以设置放映幻灯片的方式，包括"从头开始""从当前开始"和"自定义放映"等功能按钮。

图 6-31 "幻灯片放映"选项卡

1. 从头开始放映

单击"从头开始"按钮，幻灯片会从演示文稿的第一张幻灯片页面开始放映。单击状态栏中"放映"按钮右侧的下拉按钮，在弹出的列表中选择"从头开始"，幻灯片也会从头开始放映，如图 6-32 所示。

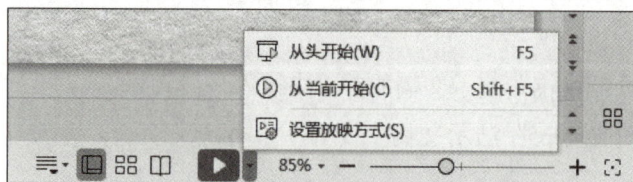

图 6-32 在状态栏中设置幻灯片从头开始放映

教学视频

提示： 💬

用户更常用的方法是按 F5 功能键，幻灯片即从头开始放映。

2. 从当前开始放映

单击"从当前开始"按钮，幻灯片会从用户选定的幻灯片页面开始向后进行放映，之前的幻灯片页面直接被跳过。

提示： 💬

使用组合键 Shift+F5 也可从当前页面开始放映。

3. 放映控制

幻灯片播放过程中，需要用户对幻灯片放映进行控制，比如切换到下一页或切换到指定页等操作。

放映控制

（1）上下切换页面控制

方法一：幻灯片播放过程中使用鼠标左键单击，或者按 Space 键、N 键、向右或向下的方向按键、Enter 或 PageDown 键，都可以切换到下一页幻灯片页面。

使用 Backspace 键、P 键、向左或向上的方向按键、PageUp 键，都可以切换到上一页幻灯片页面。

方法二：右击幻灯片放映页面，在弹出的幻灯片放映快捷菜单中选择"上一页"或"下一页"命令，即可控制幻灯片页面的上下切换，如图 6-33 所示。

方法三：在幻灯片放映页面使用鼠标的滚动轮，向前或向后滚动即可完成幻灯片页面的"上一页"或"下一页"的快速切换。

（2）切换到指定页面

在幻灯片放映过程中，直接输入幻灯片页面的数字编号，按 Enter 键，即可将当前幻灯片页面快速切换到指定页面。

（3）切换到首页或结束页

方法一：按 Home 键，会快速切换到幻灯片的首页；按 End 键会快速切换到幻灯片的结束页。

方法二：右击幻灯片放映页面，在弹出的快捷菜单中选择"第一页"或"最后一页"命令，即可快速切换到首页或结束页。

方法三：在幻灯片放映过程中，输入数字 1 或结束页面的数字编号，按 Enter 键即可切换到首页或结束页。

⇨ 下一页(N)
⇦ 上一页(P)
⇤ 第一页(F)
⇥ 最后一页(L)
定位(G)　　　　▶
使用放大镜(U)
演讲者备注(N)
屏幕(C)　　　　▶
指针选项(O)　　▶
🔲 幻灯片放映帮助(H)
🔲 结束放映(E)

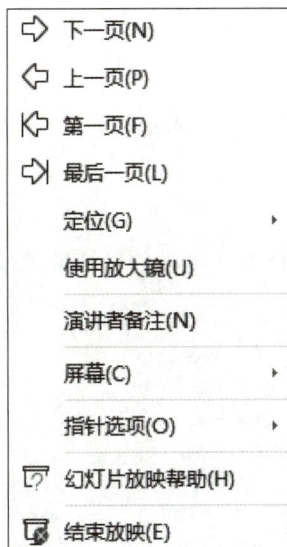

图 6-33　幻灯片放映快捷菜单

（4）幻灯片的定位

在幻灯片放映过程中，右击幻灯片页面调出快捷菜单，选择"定位"，在其级联菜单中有"幻灯片漫游""按标题""以前查看过的""回退""自定义放映"等 5 个选项，根据需要进行相应设置后可以实现幻灯片的定位操作，如图 6-34 所示。

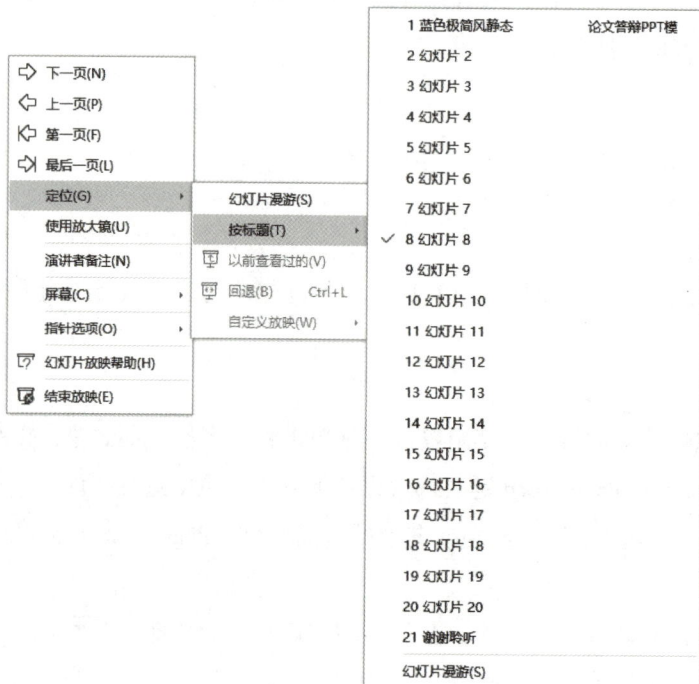

图 6-34　快捷菜单中的"定位"选项

（5）自定义放映

"定位"中的"自定义放映"选项（图 6-35）可以让用户使用之前配置好的自定义放映方案进行幻灯片的放映，如图 6-35 所示。比如当前幻灯片共 10 个页面，而用户配置的自定义放映方案为播放幻灯片中数字编号为 1、3、5、7 的这几张页面，选择该自定义放映方案后，WPS 演示会根据放映方案中的要求依次放映 1、3、5、7 页面，其他页面则不进行放映，放映方案执行完后即结束放映。

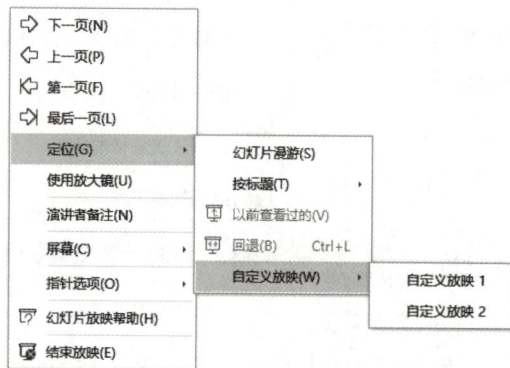

图 6-35　"定位"中的"自定义放映"选项

（6）使用放大镜

右击幻灯片放映页面，在弹出快捷菜单中选择"使用放大镜"命令，即可进行放大或缩小页面的操作。

> **提示：** 💬
>
> 幻灯片放映过程中，使用 Ctrl 键 + 鼠标滚动轮，也可进行放大或缩小页面的操作。

（7）演讲者备注

备注是在编辑幻灯片时输入要讲解或提示性的内容，在放映幻灯片时使用演示者视图的方式，观众可以看到全屏放映的幻灯片页面，演讲者可以看到备注中的信息。

> **提示：** 💬
>
> （1）演讲者备注可以使演示更简单，也可以专门打印备注页，便于用户熟悉演示的内容。
>
> （2）在幻灯片编辑或放映状态下，选定备注文本后按 Del 键即可删除备注文本内容。

（8）屏幕控制

在幻灯片放映过程中，经常会使用到暂时停止信息的展示等操作，可以在放映状态下右击幻灯片放映页面，在弹出的快捷菜单中选择"屏幕"，在其级联菜单中有"黑屏""白屏""暂停""继续执行""显示 / 隐藏墨迹标记"等命令，用来进行屏幕控制。

（9）使用鼠标标记内容

幻灯片在放映的过程中可以使用鼠标轨迹来进行划重点的操作，可以拖曳鼠标，使得轨迹划出线条来标记内容。右击幻灯片放映页面，在弹出的快捷菜单中选择"指针选项"，或者在放映页面左下角的指针选项工具栏中有一组快捷工具，其功能和"指针选项"中的命令的功能是相同的，如图 6-36 所示。

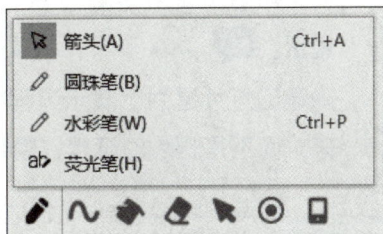

图 6-36　指针选项工具栏

"指针选项"中的命令和选项分为四组，如图 6-37 所示。

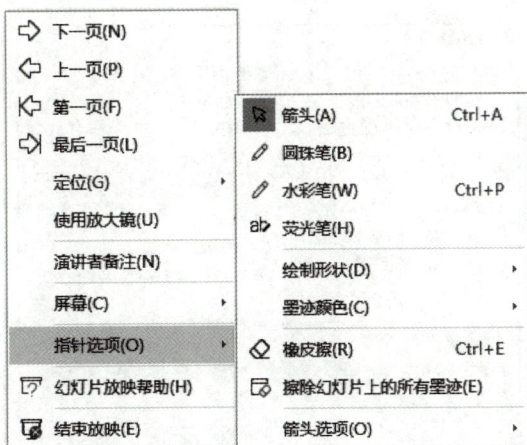

图 6-37　"指针选项"中的命令和选项

第一组中有"箭头""圆珠笔""水彩笔""荧光笔"等命令。

第二组中有"绘制形状"和"墨迹颜色"两个选项。其中"绘制形状"中包括"自由曲线""直线""波浪线"矩形等绘制工具;"墨迹颜色"中有多种预设颜色可供选择。

第三组中有"橡皮擦"和"擦除幻灯片上的所有墨迹"两个命令,"橡皮擦"可以擦除部分墨迹,"擦除幻灯片上的所有墨迹"是将全部使用过的墨迹进行一次性擦除。

第四组中有"箭头选项",可以控制幻灯片放映时,鼠标指针是否可见。

（10）结束放映

在幻灯片放映状态下右击页面,在弹出的快捷菜单中选择"结束放映"命令,或者按 Esc 键即可结束放映。

（11）隐藏幻灯片

在幻灯片播放时有部分幻灯片页面如果不需要展示出来,可以设置隐藏幻灯片。

隐藏幻灯片可以在"普通"视图模式或者"幻灯片浏览"视图模式中进行设置,其操作方法相同。先选定需要隐藏的幻灯片,在"幻灯片放映"选项卡中单击"隐藏幻灯片"按钮。被隐藏的幻灯片在幻灯片数字编号上会出现带反斜杠"\"的方框标记。再次单击"隐藏幻灯片"按钮即可取消隐藏。

> **提示：**
>
> 隐藏幻灯片是为了演示过程中不放映部分幻灯片页面,暂时把这部分幻灯片隐藏起来,而不是删除幻灯片,隐藏的幻灯片仍然保留在演示文稿中。

6.5.2 设置放映方式

在"幻灯片放映"选项卡的"设置"组中,单击"设置放映方式"按钮,弹出"设置放映方式"对话框。如图 6-38 所示。

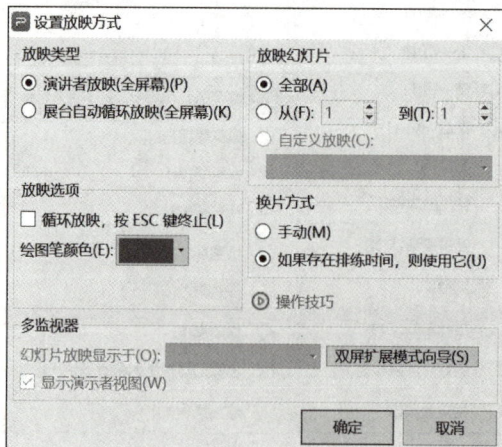

图 6-38 "设置放映方式"对话框

"放映类型"设置中有"演讲者放映（全屏幕）""屏台自动循环放映（全屏幕）"两种类型。"演讲者放映（全屏幕）"类型指的是用户手动操作幻灯片放映，"展台自动循环放映（全屏幕）"类型指的是幻灯片开始放映后演示文稿自动根据提前设置好的放映方案进行切换幻灯片页面，播放过程中不需要用户进行控制，需要停止放映，只能使用 ESC 键退出。

"放映幻灯片"设置中有 3 种放映方式可以选择，"全部"指的是从第一张幻灯片页面向后进行放映，"从"指的是选择从第几张幻灯片页面开始放映到第几张幻灯片结束放映，即确定放映范围，"自定义放映"是指可以选择提前设置好的放映方案进行放映。

"放映选项"设置中的"循环放映，按 ESC 键终止"可以控制幻灯片放映结束后自动重新再开始放映，不选择此项时放映完成后即结束放映。"绘图笔颜色"指的是设置放映过程中使用的"圆珠笔"和"水彩笔"的默认颜色。

在"换片方式"设置中有"手动"和"如果存在排练时间，则使用它"两种选项。"手动"方式使用较多，可以手动控制幻灯片放映的时间和放映页面。"如果存在排练时间，则使用它"指的是用户在之前做过排练操作并且系统保存有排练时间的记录的情况下，在正式播放时使用排练的时间来进行放映，方便用户按照排练时间准确地进行幻灯片页面的展示。

"多监视器"设置指的是当用户有多个监视器时，使用演示者视图可轻松地让演讲者查看备注内容和下一张幻灯片的预览，同时观众仅看到主监视器上的当前幻灯片放映页面。

6.5.3　设置自定义放映

1. 设置自定义放映方案

在"幻灯片放映"选项卡中单击"自定义放映"按钮，打开"自定义放映"对话框，如图 6-39 所示。

（1）新建自定义放映方案：在"自定义放映"对话框的方案列表框中显示已经设置好的放映方案，可以单击"新建"按钮进行新的放映方案设置，如图 6-40 所示，在打开的"定义自定义放映"对话框最上方文本框中可以输入新放映方案的名称，默认名称为"自定义放映 1"，后面再新建放映方案时的默认名称为"自定义放映 2""自定义放映 3"等。从左侧列表框中选择要添加到新放映方案中的幻灯片后，单击中间的"添加"按钮，

图 6-39　"自定义放映"对话框

可以将选中的幻灯片添加到右侧的列表框中，如果需要删除右侧列表框中的幻灯片，可以选择需要删除的幻灯片后单击中间的"删除"按钮。

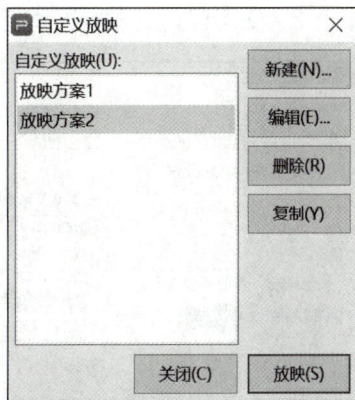

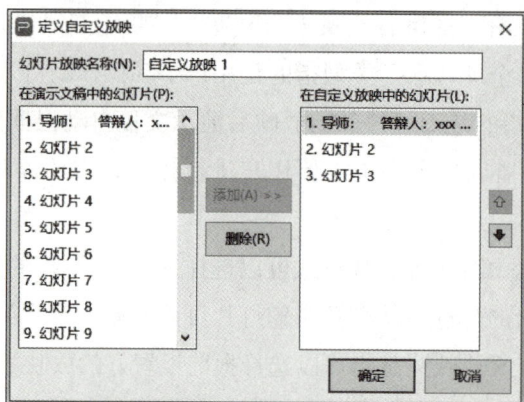

图 6-40 "定义自定义放映"对话框

（2）调整放映顺序：如需要对放映方案中的幻灯片放映顺序进行调整，可以选中该幻灯片，单击右侧的向上或向下箭头按钮来进行调整。

（3）编辑放映方案：在"自定义放映"对话框中，选择方案列表框中的某一个方案后，单击"编辑"按钮，会打开该放映方案的"定义自定义放映"对话框，可以对当前放映方案进行修改与调整。

（4）删除放映方案：选择方案列表框中需要删除的方案后，单击"删除"按钮进行方案的删除操作。

（5）复制放映方案：选择方案列表框中某一个方案后单击"复制"按钮，可以复制出一个同名称前带有"（复件）"的相同方案出来。

（6）放映：选择方案列表框中的某一个放映方案，单击"放映"按钮，可以放映当前所选放映方案中的幻灯片页面。

2. 使用自定义放映方案进行放映

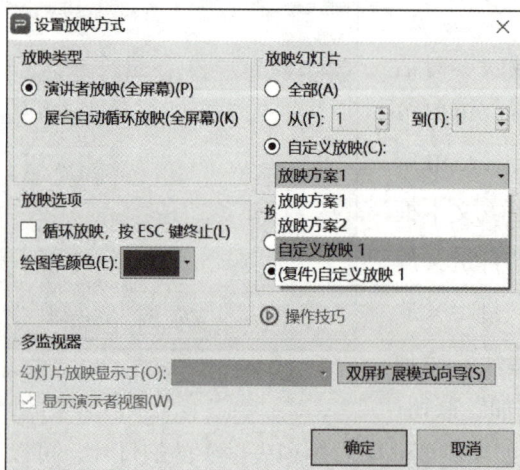

单击"幻灯片放映"选项卡"设置"组中的"设置放映方式"按钮，弹出"设置放映方式"对话框，选择"放映幻灯片"设置中的"自定义放映"，在下方的下拉列表框中选择已经设置好的放映方案，单击"确定"按钮即可使用该自定义放映方案进行放映如图 6-41 所示。

也可在幻灯片放映过程中，右击放映页面，在弹出的快捷菜单中选择"定位→自定义放映"，在级联菜单中选择相应的放映方案即可。

图 6-41 使用自定义放映方案进行放映

知识练习 6.5

一、选择题

1. 在 WPS 演示中，如果从第 3 张幻灯片跳转到第 8 张幻灯片，需要在第 3 张幻灯片上设置（　　）。

A. 自定义动画　　　　B. 幻灯片切换　　　　C. 放映方式　　　　D. 超链接

2. 在 WPS 演示中，要想让一张幻灯片中的内容分步出现，可以通过（　　）设置来实现。

A. 自定义放映　　　　B. 幻灯片切换　　　　C. 自定义动画　　　　D. 动作按钮

3. 在制作幻灯片的过程中，需要查看正在编辑的这张幻灯片的放映效果，应该单击（　　）按钮。

A. "自定义放映"　　　　　　　　　　B. "从头开始放映"

C. "从当前开始放映"　　　　　　　　D. "幻灯片浏览"

4. 幻灯片放映过程中，可以按（　　）键中断放映，返回编辑状态。

A. Del　　　　　　B. Ctrl　　　　　　C. Alt　　　　　　D. Esc

二、简答题

1. WPS 演示中可以设置哪些放映方式？

2. WPS 演示在演示文稿放映过程中通过鼠标可以进行哪些重点内容的标注操作？

技能练习 6.5

实训项目：学习幻灯片放映方式的设置。

1. 实训目标

（1）学会演示文稿的各种放映方法操作。

（2）掌握自定义演示文稿的设置方法。

2. 实训内容

用"自我介绍 .dps"演示文稿进行放映、设置放映方式、设置自定义放映等操作练习。

6.6 演示文稿的输出

🔍 知识与技能目标

1. 掌握 WPS 演示中将演示文稿打包成文件夹和压缩包的操作方法。
2. 掌握 WPS 演示中将演示文稿输出为 PDF 和图片的操作方法。
3. 学会 WPS 演示文稿的打印设置。

💬 知识与技能学习

制作完成的演示文稿经常要在不同的情况下进行查看或放映，根据需要可以将演示文稿输出为不同的文件类型。WPS 演示提供的文稿输出方式有放映、输出为 PDF 和图片、打印和打包等。

6.6.1 演示文稿的打包

1. 打包成文件夹

教学视频

WPS 演示文稿打包成文件夹

步骤一：首先在 WPS 演示中打开已经制作好的演示文稿文件，单击"文件"按钮，在弹出的"文件"菜单中选择"文件打包"，在其级联菜单中选择"将演示文档打包成文件夹"命令。

> **提示：** 💬
>
> 如果演示文稿没有进行保存，打包操作前系统将会提示"文件未保存，请先保存文件，然后重新进行打包操作"。

步骤二：在打开的"演示文件打包"对话框（图 6-24）中，首先需要输入"文件夹名称"，再选择打包文件存放的位置，单击"浏览"按钮进行保存路径的选择，如勾选"同时打包成一个压缩文件"复选框，WPS 演示将自动打包生成一个同名的压缩包文件，单击"确定"按钮。

图 6-42 "演示文稿打包"对话框

步骤三：打包完成后会弹出"已完成打包"对话框，提示"文件打包已完成，您可以进行其他操作"，单击"打开文件夹"按钮可以打开打包文件存放的文件夹，其中会显示打包的演示文稿和文稿中使用的音频、视频文件。

> **提示：** 💬
>
> 打包的作用是避免演示文稿中插入的音频、视频等文件因为位置发生变化而产生无法播放的情况出现，同时也便于演示文稿的重新编辑。

2. 打包成压缩包

在 WPS 演示中打开已经制作好的演示文稿文件，单击"文件"按钮，在弹出的"文件"菜单中选择"文件打包"，在其级联菜单中选择"将演示文档打包成压缩文件"命令。其他的操作和打包成文件夹的操作基本相同。

打包成文件夹和打包成压缩包的区别：前者是将演示文稿和插入的音频、视频文件打包成一个文件夹；后者是将演示文稿和插入的音频、视频文件打包成一个压缩包文件。

教学视频

WPS 演示文稿打包成压缩包

> **提示：** 💬
>
> 打包成文件夹的操作过程中，如果勾选了"同时打包成一个压缩文件"，就会同时将文件打包成一个文件夹和一个压缩包文件。

6.6.2　演示文稿输出为 PDF 和图书

1. 输出为 PDF

打开已经制作好的演示文稿文件，单击"文件"按钮，在弹出的"文件"菜单中选择"输出为 PDF"命令，打开"输出为 PDF"对话框，其余操作与 WPS 文字中输出为 PDF 文件操作类似。

2. 输出为图片

打开已经制作好的演示文稿文件，单击"文件"按钮，在弹出的"文件"菜单中选择"输出为图片"命令，打开"输出为图片"对话框，其余操作与 WPS 文字中输出为图片操作类似。

6.6.3　演示文稿的打印

1. 打印预览

教学视频

在 WPS 演示中单击"文件"按钮，在弹出的"文件"菜单中选择"打印"，在其级联菜单中选择"打印预览"命令即可进入"打印预览"界面。预览时还可以设置如下内容。

（1）打印内容设置：单击"打印预览"选项卡中的"打印内容"下拉按钮，在弹出的

演示文稿的打印

下拉列表中可选择打印整张幻灯片、备注页、大纲或讲义。

（2）缩放比例设置：在"缩放比例"下拉列表中可以选择预览界面中打印内容的显示比例。

（3）其他设置功能：可以设置页面的横向或纵向打印、单面打印还是手动双面打印、打印时的页眉和页脚内容、是否打印隐藏的幻灯片、给幻灯片加框等。

> **提示：** 💬
>
> 单击"打印预览"选项卡中的"关闭"按钮，可以关闭"打印预览"界面，返回到幻灯片普通视图模式下。

2. 打印设置

在 WPS 演示中单击"文件"按钮，在弹出的"文件"菜单中选择"打印"，在其级联菜单中选择"打印"命令，在弹出的"打印"对话框中可以进行如下设置。

（1）打印范围：可以设置打印页面的范围，有"全部""当前幻灯片""选定幻灯片""自定义放映""幻灯片"等选项。

（2）打印内容：在"打印内容"下拉列表中有"幻灯片""讲义""备注页""大纲视图"等选项。如果选择了打印"讲义"，可以调整每页纸中打印的幻灯片数量。

📄 知识练习 6.6

一、选择题

1. 在 WPS 演示中，（   ）不是演示文稿的输出方式。

A. 打印　　　　　　B. 输出为 PDF　　　C. 输出为网页　　　D. 输出为图片

2. 在演示文稿中，以下（   ）内容是无法打印出来的。

A. 幻灯片中的图片　　　　　　　　B. 幻灯片中的动画

C. 母版上设置的标志　　　　　　　D. 幻灯片的展示时间

3. 如果将演示文稿置于另一台没有安装 WPS Office 的计算机上放映，那么应该对演示文稿进行（   ）操作。

A. 移动　　　　　　B. 打印　　　　　　C. 打包　　　　　　D. 复制

二、简答题

1. WPS 演示文稿打包成文件夹和打包成压缩包的区别是什么？

2. WPS 演示文稿有哪些输出方式？

📄 技能练习 6.6

实训项目 1：WPS 演示文稿的打包与输出练习。

1. 实训目标

（1）掌握 WPS 演示文稿的打包方法。

（2）掌握 WPS 演示文稿的常用输出方法。

2. 实训内容

打开"自我介绍 .dps"演示文稿，参考本书 6.6.1 至 6.6.5 中介绍的内容进行练习。

实训项目 2：WPS 演示文稿综合应用。

1. 实训目标

（1）掌握幻灯片设计模板的应用方法。

（2）掌握幻灯片设计模版的应用。

（3）掌握幻灯片的基本操作。

（4）掌握演示文稿的修饰。

（5）掌握幻灯片放映设置。

教学视频

"ys.dps"
文档和操
作步骤

2. 实训内容

打开演示文稿"ys.dps"，按照下列要求完成对此文稿的修饰并保存。

（1）设置幻灯片大小为"35 毫米幻灯片"，并确保适合；为整个演示文稿应用一种适当的设计模板。

（2）在第一张幻灯片前插入一张版式为"标题幻灯片"的新幻灯片，主标题输入"神奇的章鱼保罗"，并设置黑体、48 磅、蓝色（标准色）；副标题输入"8 次预测全部正确"，并设置为宋体、32 磅、红色（标准色）。

（3）将第二张幻灯片的版式调整为"图片与标题"，标题为"西班牙队夺冠"；将文件夹下的图片文件"图片 1.png"插入到左侧的内容区，图片大小设置为"高度 8 厘米""宽度 10 厘米"，图片水平位置为"3 厘米"（相对于左上角）；图片动画设置为"进入 / 盒状"，文本动画设置为"进入 / 阶梯状"。

（4）对第三张幻灯片进行以下操作。

① 将幻灯片版式调整为"两栏内容"，且将文本区的第二段文字移至标题区域并居中对齐。

② 将文件夹下的图片文件"图片 2.png"插入到幻灯片右侧的内容区，图片大小设置为"高度 7.2 厘米"，且"锁定纵横比"。

③ 将幻灯片中的文本动画设置为"进入 / 劈裂"，图片动画设置为"进入 / 飞入"、方向为"自右侧"。

（5）将第四张幻灯片的版式改为"空白"，为幻灯片中的表格套用一种合适的样式，并设置所有单元格对齐方式为居中对齐。

（6）全部幻灯片的切换效果设置为从左下"抽出"。

第7章　计算机网络基础

计算机网络已经深入到人们工作、生活的每个角落，随处存在的计算机网络给人们带来了很多便利。本章主要介绍计算机网络基本知识、局域网组网技术、局域网的构建与管理等内容。

本章学习要点

1. 计算机网络的概念、功能以及组成。
2. 局域网的构建与管理技术。
3. 局域网常用的组网技术。

7.1　计算机网络基本知识 ≫

🔍 知识与技能目标

1. 了解计算机网络的概念及发展历程。
2. 了解计算机网络的分类。
3. 理解计算机网络协议的概念、OSI RM 分层结构和各层的功能。
4. 掌握计算机网络常用的拓扑结构。
5. 掌握计算机网络系统的组成。

✉ 知识与技能学习

现在人们的学习、生活与工作都离不开计算机网络，从中学甚至小学便开始使用计算机网络，那么关于计算机网络是如何产生与发展的？什么是网络协议？如何进行网络分类？网络系统由哪些部分组成呢？

7.1.1　计算机网络的概念

计算机网络是指将地理位置不同的具有独立功能的多台计算机及其外部设备，通过通信线路连接起来，在网络软件的管理及协调下，实现资源共享和信息传递的计算机系统。

1. 计算机网络的主要功能

计算机网络的功能主要包括以下三个方面。

（1）硬件资源共享。可以在全网范围内提供对处理资源、存储资源、输入输出资源等昂贵设备的共享，使用户节省投资，也便于集中管理和均衡分担负荷。

（2）软件资源共享。允许互联网上的用户远程访问各类数据库，进行远程的文件传输、进程管理和文件访问等服务，从而避免软硬件资源的重复投入，降低了成本，也便于集中管理。

（3）用户间信息交换。计算机网络为分布在各地的用户提供了强有力的通信手段。用户可以通过计算机网络传送电子邮件、发布消息和进行电子商务等活动。

2. 计算机网络的发展

计算机网络于 20 世纪 60 年代起源于美国，原本用于军事通信，后来逐渐进入民用领域，经过不断地发展和完善，现已广泛应用于各个领域。计算机网络的发展总体来说经历了以下四个阶段。

（1）网络起步阶段

20 世纪 60 年代末到 20 世纪 70 年代初为计算机网络发展的起步阶段。其主要特征是为了增加系统的计算能力和资源共享，人们把计算机连成了实验性的网络。第一个远程分组交换网叫 ARPANET，是由美国国防部于 1969 年建成的，第一次实现了由通信网络和资源网络构成的计算机网络系统，这标志计算机网络的产生，ARPANET 也是这一阶段网络的典型代表，它是面向终端的计算机网络，如图 7-1 所示。

图 7-1　面向终端的计算机网络

（2）局域网形成阶段

20 世纪 70 年代中后期是局域网发展的形成阶段。其主要特征是局域网络作为一种新型的计算机应用体系结构开始进入产业部门。局域网技术是从远程分组交换通信网络和 I/O 总线结构计算机系统派生出来的。1974 年，英国剑桥大学计算机研究所开发了著名的剑桥环局域网（Cambridge Ring）。1976 年，美国 Xerox 公司的 Palo Alto 研究中心推出以太网（Ethernet），它是一种总线竞争式局域网络。这些网络的成功实现，一方面标志着局域网络的产生，另一方面，以太网及各类环网对以后局域网络的发展起到重要的作用。其结构如图 7-2 所示。

图 7-2　局域网结构

（3）局域网络成熟阶段

20 世纪 80 年代是计算机局域网络发展的成熟阶段。其主要特征是局域网完全从硬件上实现了对通信协议的支持。计算机局域网及其互连产品的集成，使得局域网与局域网互连、局域网与各类主机互连，以及局域网与广域网互连的技术越来越成熟。1980 年 2 月，美国电气和电子工程师学会（institute of electrical and electronics engineers, IEEE）下设的 802 标准委员会宣告成立，并相继提出了 IEEE802.1—802.11 等局域网络标准草案，其中的绝大部分内容已被国际标准化组织（international organization for standardization, ISO）正式认可，作为局域网络的国际标准，它标志着局域网协议及其标准化的确定，为局域网的进一步发展奠定了基础。

（4）网络的广泛应用阶段

20 世纪 90 年代初至今是计算机网络快速发展与广泛应用的阶段。其主要特征是 Internet、高速通信网络、接入网技术、网络与信息安全技术的广泛流行。Internet 作为国际性的网际网络与大型信息系统，在当今的经济、文化、科学研究、教育与人类社会生活等方面发挥着越来越重要的作用。宽带网络技术的发展，为社会信息化提供了技术基础，网络与信息安全技术为网络应用提供了重要的安全保障。基于光纤技术的宽带城域网与接入网技术，以及移动计算网络与无线网络等已经成了网络应用与研究的热点问题。

7.1.2 计算机网络的分类

按照不同的划分标准，计算机网络有不同的分类。

1. 按网络覆盖的地理范围划分

（1）个人区域网（personal area network, PAN）

个人区域网就是在个人工作的地方把属于个人使用的电子设备（如便携式电脑、平板电脑、便携式打印机以及移动电话等）用无线技术连接起来的自组网络，这种网络不需要使用特别的网络接入设备，因此也常称为无线个人区域网（wireless PAN, WPAN），其通信范围大约在 10 米左右。

思考：
在日常工作与生活中是否使用过 WPAN？

（2）局域网（local area network, LAN）

局域网是最常见、应用最广泛的一种网络。局域网一般用微型计算机或工作站通过高速通信线路相连，其通信速率一般在 10 Mbps 以上；高速局域网通信速率可达 10 Gbps，但它所覆盖的地理范围较小（如 1 km 左右）。IEEE 的 802 标准委员会定义了多种 LAN 网：以太网（Ethernet）、令牌环网（token ring）、光纤分布式接口网络（fiber distributed data interface, FDDI）、异步传输模式网（asynchronous transfer mode, ATM）以及无线局域网（WLAN）等。

（3）城域网（metropolitan area network, MAN）

城域网的通信范围一般是一个城市，可跨越几个街区甚至整个城市，其通信距离约为 5 km ～ 50 km。城域网可以为一个或多个单位所拥有，但也可以是一种公用设施，用来将多个局域网进行互联，由于光纤连接的引入，使 MAN 中高速的 LAN 互连成为可能。目前很多城域网采用的是以太网技术。

（4）广域网（wide area network, WAN）

教学视频

计算机网络的分类

广域网也称为远程网，覆盖的地理范围可从几十公里到几千公里，可以覆盖一个地区、国家或横跨几个洲。广域网利用公共分组交换网、卫星通信网和无线分组交换网，将分布在不同地区的城域网、局域网或大型计算机系统互联起来，以达到资源共享的目的。如果说局域网的作用是增强信息社会中资源共享的深度，则广域网的作用就是扩大信息社会中资源共享的范围。

> **思考：**
> 学校中使用的校园网属于哪一种网络？

2. 按网络使用者划分

（1）公用网（public network）

公用网是指通信公司出资建造的大型网络，现在已经成了社会的一种公共基础设施，这种网络对公众开放，所有愿意按通信公司的规定交纳网络费的个人或单位都可以接入和使用这种网络，因此公用网也称为公众网。

（2）专用网（private network）

专用网是指为本系统或本单位内工作需要而建造的网络。这种网络不向本系统或本单位以外的人提供服务。例如军队、铁路、电力等均有本系统或本单位的专用网。

3. 按网络传输技术划分

（1）广播式网络（broadcast networks）

广播式网络是指所有联网计算机共享一个公共通信信道的计算机网络。当一台计算机利用共享通信信道发送分组（分组交换网络中传输的格式化数据块，是基本的信息传输单位）信息时，网络所有的计算机都会"收听"到这个分组信息。由于分组中带有目的地址和源地址，接收到该分组的计算机将检查目的地址是否与本节点地址相同，若相同则接收该分组，否则忽略该分组。

（2）点对点式网络（point-to-point networks）

点对点式网络是指每条物理线路只连接一对计算机的网络。假如两台计算机之间没有直接连接的线路，则它们之间的分组传输需要通过中间节点的转发，直至目的节点。中间节点需要首先接收分组并存储在自己的转发队列中，然后按照一定的转发策略进行转发。由于连接多台计算机之间的线路结构可能很复杂，因此从源节点到目的节点可能存在多条路径。分组从源节点到目的节点的传输路径需要路由来为其选择对应算法。采用分组存储转发与路由选择机制是点对点网络与广播式网络的重要区别之一。

4. 按网络传输介质划分

（1）有线网络

有线网络通常是指采用双绞线、同轴电缆以及光缆等有线传输介质组建的网络。

（2）无线网络

无线网络是指使用无线传输介质进行传输的网络，其信号在空气中以电波的方式传输。无线网络容易受到外界环境的干扰。

> **思考：** 💡
> 在日常学习中使用的无线网线有哪些？

7.1.3　计算机网络协议

1. 网络协议的概念

网络协议是指计算机网络中互相通信的对等实体之间，交换信息时所必须遵守的一组规则的集合。对等实体通常是指计算机网络体系结构中处于相同层次的信息单元。协议如同人与人之间的对话，通信的双方如果协议不匹配则无法进行正常的交流。通信协议示意图如图 7-3 所示。

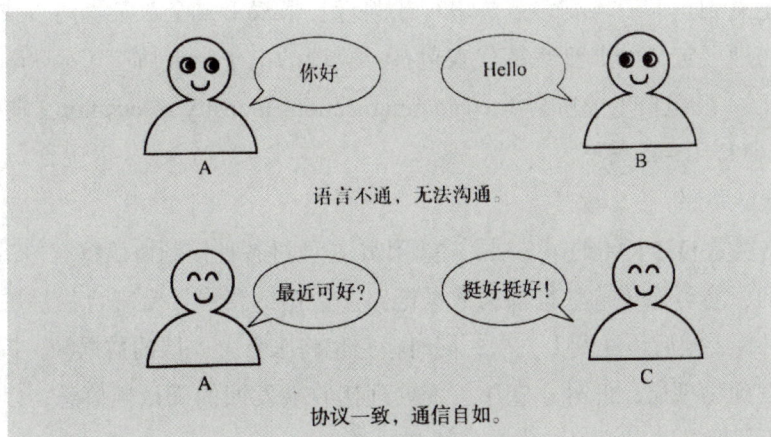

图 7-3　通信协议示意图

一般将网络协议划分为若干个层，协议总是指针对某一层的协议。准确地说，它是在同等层之间的实体通信时，有关通信规则和约定的集合。网络协议分层结构的主要优点是简化网络的设计、促进网络标准化和使网络易于实现与维护。

2. 网络协议的三要素

网络协议通常由以下三要素组成。

（1）语法：用来规定用户数据与控制信息的结构与格式。

（2）语义：解释控制信息每个部分的意义。

（3）时序：报文发送的时间和发送的速率。

拓展：
查找资料说明网络通信中报文和数据报的含义。

3. OSI 参考模型

在计算机网络协议中，最为著名的是由国际标准化组织提出的开放系统互联参考模型（open system interconnection reference model, OSI RM），在该模型中，将计算机网络体系结构划分为以下七层。

（1）物理层

物理层是 OSI RM 的第 1 层，该层主要为数据端设备提供传送数据的通路，数据通路可以是一个物理媒体，也可以由多个物理媒体连接而成。一次完整的数据传输，包括激活物理连接、传输数据、终止物理连接。所谓激活，就是不管有多少物理媒体参与，都要在通信的两个数据终端设备间连接起来，形成一条通路传输数据。物理层要形成适合数据传输需要的实体，为数据传输服务。一是要保证数据能在其上正确通过，二是要提供足够的带宽［带宽是指每秒钟内能通过的比特（bit）数］，以减少信道上的拥塞。传输数据的方式能满足点到点、一点到多点、串行或并行、半双工或全双工、同步或异步传输的需要。属于物理层定义的典型规范代表包括：美国的电子工业协会（electronic industries association, EIA）和电信工业协会（telecommunications industry association）制定的 RS-232和 RS-449、V.35、RJ-45 等。

（2）数据链路层

数据链路层是 OSI RM 的第 2 层，主要作用是通过各种控制协议将有差错的物理信道变为无差错的、能可靠传输数据帧的数据链路。数据链路层接受来自物理层的位流形式的数据，并封装成帧后传送到上一层；同时，它也将来自上一层的数据帧，拆装为位流形式的数据转发到物理层；此外，它还负责处理接收端发回的确认帧信息，以便提供可靠的数据传输。数据链路层协议的代表包括 SDLC（synchronous data link control，同步数据链路控制）、HDLC（high-level data link control，高级数据链路控制）、PPP（point to point protocol，点对点协议）、STP（spanning tree protocol，生成树协议）、帧中继等。主要设备有二层交换机、网桥等。

（3）网络层

网络层是 OSI RM 的第 3 层，它通过路由算法，为分组通过通信子网选择最适当的路径。数据链路层的数据在这一层被转换为分组，然后通过路径选择、分段组合等控制，将信息从一个网络设备传送到另一个网络设备。网络层协议的代表包括 IP（internet protocol，网际互连协议）、IPX（internetwork packet exchange，互联网分组交换协议）、OSPF（open shortest path first，开放的最短路径优先协议）等。主要设备有路由器。

（4）传输层

传输层是 OSI RM 的第 4 层，是两台计算机经过网络进行数据通信时，第一个端到端的层次，具有缓冲作用。当网络层服务质量不能满足要求时，它将服务质量加以提高，以满足高层的要求；当网络层服务质量较好时，它只用很少的工作。传输层还可进行复用，即在一个网络连接上创建多个逻辑连接。此外传输层还具备差错恢复、流量控制等功能以满足对传送质量、传送速度、传送费用的各种不同需要。传输层协议的代表包括 TCP（transmission control protocol，传输控制协议）、UDP（user datagram protocol，用户数据报协议）、SPX（sequenced packet exchange protocol，序列分组交换协议）等。

（5）会话层

会话层是 OSI RM 的第 5 层，是用户应用程序和网络之间的接口。会话层的任务就是组织和协调两个会话进程之间的通信，并对数据交换进行管理。

（6）表示层

表示层是 OSI RM 的第 6 层，这一层主要解决用户信息的语法表示问题。它将欲交换的数据从适合于某一用户的抽象语法，转换为适合于 OSI 系统内部使用的传送语法，即提供格式化的表示和转换数据服务。数据的压缩和解压缩，加密和解密等工作都由表示层负责。例如图像格式的显示，就是由位于表示层的协议来支持的。

（7）应用层

应用层是 OSI RM 的最高层，它是计算机用户，以及各种应用程序和网络之间的接口。按照 OSI RM 设计的通信模型，一台主机（源主机）要将信息发送到另一台主机（目标主机），则源主机信息依次通过应用层、表示层、会话层、传输层、网络层、数据链路层最后到物理层，再以比特流形式通过传输介质传输到目标主机的物理层，由物理层依次传输到目标主机的数据链路层、网络层、传输层、会话层、表示层、应用层，完成一次完整的通信过程。应用层协议的代表包括 Telnet（远程登录服务）、FTP（file transfer protocol，文件传输协议）、HTTP（hyperText transfer protocol，超文本传输协议）、SNMP（simple network management protocol，简单网络管理协议）等。

OSI RM 各层次及其说明见表 7-1。

表 7-1　OSI RM 各层次及其说明

OSI RM 层次	通信数据格式	层的功能与连接方式	典型应用设备
应用层（application）	—	网络服务与使用者应用程序间的一个接口	—
表示层（presentation）	—	数据表示和转换、数据安全、数据压缩	—
会话层（session）	—	建立、管理和终止会话	—
传输层（transport）	数据组织成的数据段（segment）	用一个寻址机制来标识一个特定的应用程序（端口号）	—
网络层（network）	分割和重新组合的数据包（packet）	基于网络层地址（IP 地址）进行不同网络系统间的路径选择	路由器
数据链路层（data link）	将比特信息封装成的数据帧（frame）	在物理层上建立、撤销、标识逻辑链接和链路复用以及差错校验等功能。通过使用接收系统的硬件地址或物理地址来寻址	网桥、交换机
物理层（physical）	传输的比特（bit）流	建立、维护和取消物理连接	网卡、中继器和集线器

7.1.4　计算机网络的拓扑结构

　　计算机网络的拓扑结构是指将网络系统中的计算机、交换机、路由器等实体设备抽象成与其大小、形状无关的点，将通信链路抽象成线的一种几何图形表示，这样简化了网络的表示，便于网络的分析与设计。

　　常见的网络拓扑结构包括总线型、环形、星形、复合型、树形、网状六种，如图 7-4 所示。

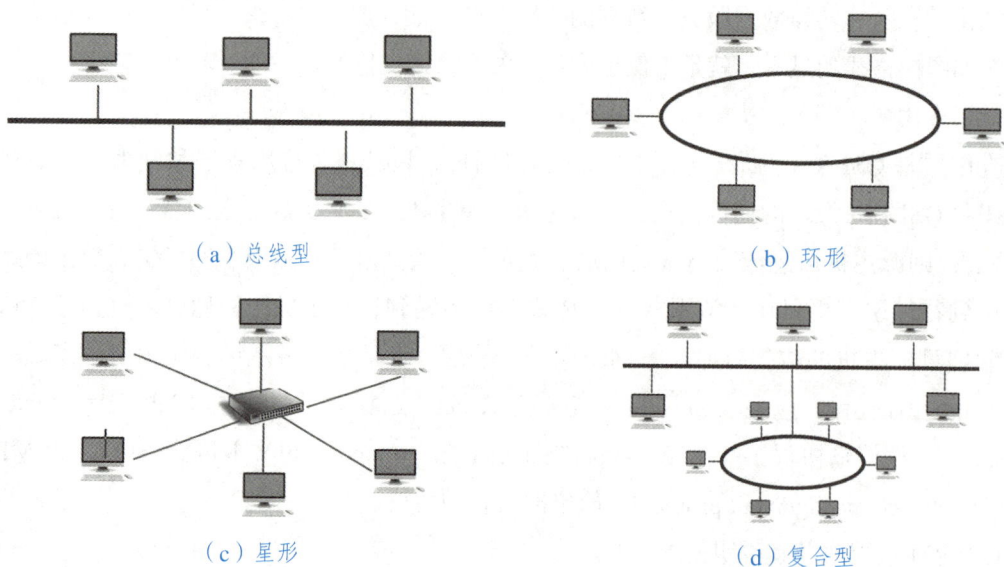

（a）总线型

（b）环形

（c）星形

（d）复合型

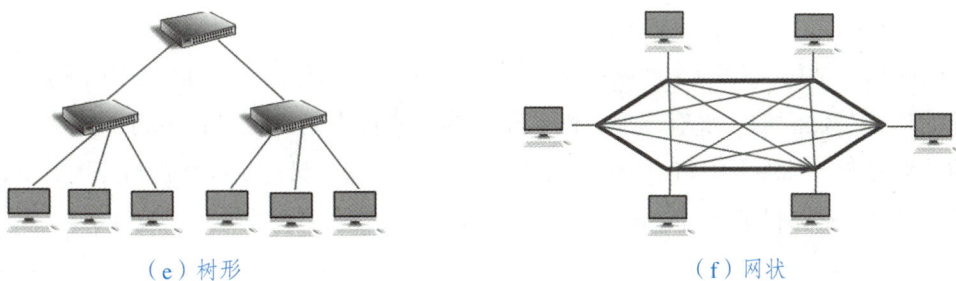

（e）树形　　　　　　　　　　　　　　（f）网状

图 7-4　常见的网络拓扑结构

1. 总线型

总线型拓扑结构是指采用单根传输线作为总线，所有节点都共用一条总线通信的网络拓扑结构，如图 7-4a 所示。总线型拓扑结构是最常用的网络结构，这种结构的网络当其中一个节点发送信息时，该信息将通过总线传到每一个节点上。节点在接收到信息时，先要分析该信息的目标地址与本节点地址是否相同，若相同则接收该信息；若不相同，则忽略该信息。总线型拓扑结构的优点是电缆长度短，布线容易，便于扩充。

教学视频

计算机网络的拓扑结构

2. 环形

环形拓扑结构是指通过点对点的通信线路将各节点连接成闭合环路，环中的数据沿一个方向逐站进行传递，如图 7-4b 所示。环形拓扑结构简单，传输延时确定，但是环中每个节点和节点与节点之间的通信线路都会成为网络可靠性的瓶颈。环中任何一个节点或通信线路出现故障，都可能造成网络瘫痪。

3. 星形

星形拓扑结构是指由一个中心节点和多个分节点组成的网络拓扑结构，如图 7-4c 所示。这种拓扑结构简单，连接方便，管理和维护都比较容易，扩展性强，网络延迟时间较小。其缺点是一旦中心节点发生故障，网络即无法进行通信，同时共享能力差，通信线路利用率不高。

4. 复合型

复合型拓扑结构由总线型、星形和环形等多种网络拓扑组合而成，如图 7-4d 所示即是由总线型网络和环形网络组成的复合型拓扑结构。

5. 树形

树形拓扑结构从总线型拓扑结构演变而来，形状像一棵倒置的树。在树形拓扑结构中，节点按层次进行连接，信息交换主要在上、下层节点之间进行，如图 7-4e 所示。树形拓扑可以看作是多个星形拓扑组合而构成的网络，它减少了中心节点的信息交换量，形成了一种分布式的信息交换方式。但树形拓扑的根节点也是全网可靠性的瓶颈，一旦根节点出现故障，对全网的信息交换会造成较大的影响。

6. 网状

网状拓扑结构又称为无规则型拓扑结构，如图 7-4f 所示。在网状拓扑结构中，节点之间的连接是任意的，没有规律。网状拓扑的主要优点是系统可靠性高。但是，网状拓扑的结构复杂，必须采用路由选择算法和流量控制方法。目前实际存在与使用的 Internet，就是一个最为典型的非常复杂的网状拓扑结构。

7.1.5　计算机网络系统的组成

计算机网络系统是由计算机网络硬件和计算机网络软件组成的。

1. 计算机网络硬件

计算机网络硬件由网络服务器、网络客户机、网络连接设备、传输介质等组成。

（1）网络服务器

网络服务器是网络中为其他计算机提供服务和共享资源的计算机。对于小型网络，可以只有一台服务器，这台服务器既负责网络的管理功能，也负责网络的通信功能。对于大型网络，可以有多台服务器，分别完成各种网络功能，例如网络数据库服务器、电子邮件服务器、Web 服务器和 FTP 服务器等。

（2）网络客户机

网络客户机是使用网络服务器所提供服务的计算机，通常在网络中就是一台个人计算机。它的主要作用是为网络用户提供一个平台，以便用户访问网络服务器，实现共享网络资源等功能。

（3）网络连接设备

① 网络适配卡：简称网卡，是将计算机连接到网络的硬件设备。网卡插在计算机或者服务器的扩展槽中，通过传输介质与网络连接。网卡是局域网中的通信设备，选择网卡时，要考虑网络的拓扑结构。

② 集线器：是局域网中的一种连接设备，通过集线器将网络中的计算机连接在一起。在传统的局域网中，计算机通过双绞线与集线器连接。对于共享型集线器来说，当一台计算机从一个端口将信息发送到集线器后，集线器就将信息广播到网络内其他端口，其他端口上的计算机根据信息包含的接收地址（目标地址）来决定是否接受这个信息。目前共享式集线器的使用量已经很少，取而代之的设备是交换机。

③ 交换机：交换机与集线器的不同之处是集线器工作在物理层，而交换机工作在数据链路层。交换器只会将信息传送到指定目的地的主机，而不是其他所有主机，因此交换机能相对减少数据碰撞及信息被窃听的机会。

④ 路由器：是实现局域网和广域网互联的主要设备，它将处于不同地理位置的局域网通过广域网互联起来。在广域网中信息从一个节点传输到另一个节点，有时需要经过许

多的网络，因此可以选择经过许多不同的路径。路由器将信息从一个网络传输到另外一个网络时会进行路径的选择，使信息的传输能经过一条最佳的路径。

⑤ 无线接入点：无线接入点一般称为 AP（access point），它是无线局域网和有线网之间通信的桥梁，是组建无线局域网（wireless local area network, WLAN）的核心设备。在无线网络中，AP 就相当于有线网络的集线器，它能够把各个无线客户端连接起来，无线客户端所使用的是无线网卡。无线客户端与 AP 的直线距离一般不超过 30 m，以避免因通信信号衰减过多而导致通信失败。

（4）传输介质

传输介质是网络中发送方与接受方之间的物理通道，它对网络数据通信质量有很大的影响。网络中使用的传输介质包括有线介质和无线介质。有线介质通常是双绞线、光纤、同轴电缆等。最常用的无线传输介质有微波、红外线、激光等。下面主要介绍目前常用的双绞线和光纤。

① 双绞线：是由 8 根不同颜色的绝缘铜线分成 4 对并相互绞合而成，采用这种方式不仅可以抵御一部分来自外界的电磁波干扰，也可以降低多对绞线之间的相互干扰，如图 7-5 所示。

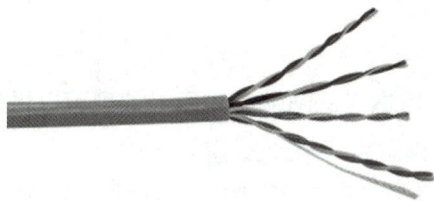

图 7-5　双绞线

a. 双绞线的分类

按是否有屏蔽层分类：可将双绞线可分为屏蔽双绞线（shielded twisted pair，STP）和非屏蔽双绞线（unshielded twisted pair，UTP）两种。

屏蔽双绞线在双绞线与外层绝缘封套之间有一个金属屏蔽层。屏蔽层可减少辐射、防止信息被窃听，也可阻止外部电磁干扰的进入，使屏蔽双绞线比同类的非屏蔽双绞线具有更稳定的传输速率，但其成本较高。非屏蔽双绞线没有金属屏蔽层外套，但由于其成本低、重量轻、易弯曲、易安装，得到了广泛应用。

按双绞线传输速率分类：可分为一类线、二类线、三类线、四类线、五类线、超五类线、六类线、超六类线、七类线等。目前常用的是五类线、超五类线和六类线。五类线（Cat5）的最高传输速率为 100 Mbps，是最常用的以太网电缆；超五类线（Cat5e）具有衰减小，串扰少和较小的时延误差等优点，目前主要用于千兆以太网（1 000 Mbps）；六类线（Cat6）的传输性能远远高于超五类标准，线中有十字骨架，适用于传输速率高于

教学视频

双绞线
介绍

1 Gbps 的网络。

b. 双绞线线序标准

制作双绞线需要在一条双绞线电缆两端连接水晶头。水晶头是一种能沿固定方向插入并自动防止脱落的塑料接头，因为它的外表晶莹透亮，故俗称"水晶头"，专业术语为 RJ-45 接插件。每条双绞线两头通过安装水晶头与网卡和集线器（或交换机）相连。

制作网线时，双绞线的导线要按一定的顺序连接到水晶头，常用的线序标准有 EIA/TIA 568A 和 EIA/TIA 568B。

EIA/TIA 568A：绿白、绿、橙白、蓝、蓝白、橙、棕白、棕。

EIA/TIA 568B：橙白、橙、绿白、蓝、蓝白、绿、棕白、棕。

双绞线连接方法分为正常连接和交叉连接，因此由其制作的网线也相应地分为直连网线和交叉网线。

两端都采用 568A 或 568B 制作的双绞线称为直连网线，用于不同级设备之间的连接，例如交换机连路由器，交换机连电脑。

一端采用 T568A，一端采用 T568B 制作的双绞线称为交叉线，用于相同设备之间的连接，比如电脑连接电脑，交换机连接交换机。

> **思考：** 💡
> 在制作网线时，只要保持水晶头两端的线序一致也可以进行通信，而不必按 568A 和 568B 标准制作，这样做会带来什么问题？

② 光纤：双绞线传输数据时使用的是电信号，而光纤传输数据时使用的是光信号。光纤支持的传输速率包括 10 Mbps、100 Mbps，1 Gbps、10 Gbps，甚至更高。根据光纤传输光信号模式的不同，光纤又可分为单模光纤和多模光纤。单模光纤只能传输一种模式的光，不存在模间色散，因此适用于长距离的高速传输。多模光纤允许不同模式的光在一根光纤内传输，主要用于局域网中短距离的信息传输。

2. 计算机网络软件

（1）网络操作系统

网络操作系统（network operating system, NOS）是网络的心脏和灵魂，是能够控制和管理网络资源的特殊的操作系统。它与一般的计算机操作系统不同的是：它在计算机操作系统下工作，使计算机操作系统增加了网络操作所需要的能力。网络操作系统主要是指运行在各种服务器上的操作系统，目前主要有 Unix，Linux、Windows Server 以及 NetWare 等，这些操作系统在网络应用方面都有各自的优势，而实际应用却千差万别，这种局面促使各种操作系统都极力提供跨平台的应用支持。一般情况下，NOS 是以使网络相关特性最佳为目的的，提供诸如共享数据文件、软件应用，以及共享硬盘、打印机、调制解调器、扫描仪和传真机等支持。一般 PC 机的操作系统，如 Mac OS X、OS/2 和 Windows 系列等，其目的是让用户与操作系统及在此操作系统上运行的各种应用之间的交互作用最佳。

（2）网络协议软件

在现实生活中，人们需要遵循许多的规则。但环境和文化的不同，规则（如：交通规则）会有一些差别。类似地，当两台或更多计算机需要通信时，它们也要遵守特定的行为规则，在书写与传送信息时，就像世界各地的人们在不同的地方讲不同的语言一样，计算机也需要讲"特定的网络语言"，即协议。一般网络操作系统自带有相关的通信协议软件，也可以根据需要安装网络协议软件。最常用的几种网络通信协议有 TCP/IP、SPX/IPX 和（NetBIOS enhanced user interface, NetBIOS 增强用户接口）等。

（3）网络应用软件

在网络应用软件中，有一部分是用于提高网络本身的性能，改善网络的管理能力，而更多的网络应用软件则是为了给用户提供各种网络应用，例如电子邮件、远程教学、远程医疗和视频点播等。

知识练习 7.1

一、选择题

1. 计算机网络建立的主要目的是实现计算机资源的共享，共享资源最主要的内容是指计算机的（　　）。

A. 软件与数据库　　　　　　　　B. 服务器、工作站与软件

C. 硬件、软件与数据　　　　　　D. 通信子网与资源子网

2. 计算机网络按照网络覆盖的地理范围可划分为四种，下列选项中不正确的一项是（　　）。

A. 局域网　　　　B. 因特网　　　　C. 城域网　　　　D. 广域网

3. 广域网一般采用网状拓扑构架，该构架的系统可靠性高，但其结构复杂。为了实现正确的传输必须采用（　　）。

Ⅰ. 光纤传输技术　Ⅱ. 路由选择算法　Ⅲ. 无线通信技术　Ⅳ. 流量控制方法

A. Ⅰ和Ⅱ　　　　B. Ⅰ和Ⅲ　　　　C. Ⅱ和Ⅳ　　　　D. Ⅲ和Ⅳ

4. 下列不属于网络连接设备的是（　　）。

A. 网卡　　　　B. 集线器　　　　C. 交换机　　　　D. 切换器

5. 双绞线制作过程中不需要用到的工具是（　　）。

A. 压线钳　　　　B. 剥线钳　　　　C. 测线器　　　　D. RJ-45 水晶头

6. 学生宿舍楼内的同一个计算机网络系统，属于（　　　　）。

A. PAN　　　　　　　B. LAN　　　　　　　C. MAN　　　　　　　D. WAN

7. 不受电磁干扰或噪声影响的传输介质是（　　　　）。

A. 双绞线　　　　　　B. 光纤　　　　　　　C. 同轴电缆　　　　　D. 微波

8. 将双绞线制作成直连网线，该双绞线连接的两个设备可为（　　　　）。

A. 网卡与网卡　　　　　　　　　　　　　　B. 网卡与交换机

C. 交换机与集线器的普通端口　　　　　　　D. 交换机与交换机的普通端口

二、填空题

1. 计算机网络按网络覆盖的地理范围可分为_____、_____、_____和_____四种。

2. 计算机网络中常用的三种有线传输媒体是同轴电缆、_____和_____。

3. 网络协议的三要素是_____、_____和_____。

三、简答题

1. 什么是计算机网络？它有哪些主要功能？

2. 什么是网络拓扑结构？常见的拓扑结构有哪些？

3. 什么是网络协议？网络协议有哪些要素？

4. 计算机网络系统由几部分组成？

技能练习 7.1

实训项目：双绞线制作方法。

1. 实训设备

（1）若干米超五类双绞线。

（2）若干个 RJ-45 水晶头。

（3）剥线 / 压线钳一把。

（4）普通网线测试仪一台。

2. 实训目标

（1）了解制作双绞线需要的工具。

（2）了解双绞线和水晶头的组成结构。

（3）掌握剥线 / 压线钳的使用方法。

（4）掌握双绞线的制作方法。

（5）学会网线测试仪的使用方法。

3. 实训步骤

（1）选线：根据需要准备一根长若干米的双绞线（至少 0.6 m，最多不超过 100 m）。

（2）剥皮：用压线钳的剪线口将双绞线两端剪齐，利用双绞线剥线 / 压线钳（或用专用剥线钳、剥线器及其他代用工具）将双绞线的外皮剥去 2～3 cm。

（3）排线：按照 EIA/TIA 568A 或 EIA/TIA 568B 标准排列芯线。

（4）剪线：在剪线过程中，需左手紧握已排好了的芯线，然后用剥线 / 压线钳剪齐芯线，芯线外留长度不宜过长，通常在 1.2～1.4 cm 之间。

（5）插线：把剪齐后的双绞线插入水晶头的后端。

（6）压线：利用剥线 / 压线钳挤压水晶头。

（7）做另一线头，重复步骤 2～6 做好网线的另一个线头。

（8）测线：将制作好的网线接入测试仪，开始测试后测试仪上 8 个指示灯为绿色依次闪过，证明网线制作成功。还要注意测试仪两端指示灯亮的顺序是否与接线标准对应。

7.2 局域网组网技术 »

🔍 知识与技能目标

1. 了解常用的以太网组网技术。
2. 掌握无线局域网组网技术。

✉ 知识与技能学习

以太网是当今局域网最常用的通信协议标准，什么是以太网？以太网的主要标准有哪些？无线局域网的组网模式分为几种？如何组建无线局域网？

7.2.1 以太网组网技术

以太网（Ethernet）是一种计算机局域网组网技术，其技术标准在 IEEE 制定的 802.3 标准中给出，它规定了物理层的连线、电子信号和介质访问层协议等内容。双绞线以太网由于其低成本、高可靠性和传输率较高而成为目前应用最为广泛的以太网技术。

以太网的标准拓扑结构为总线型，以太网中每一个节点有全球唯一的 48 位二进制数（即 6 字节）的 MAC 地址（media access control address，媒体存取控制地址），这个地址是由网卡制造商分配的，不同网卡的 MAC 地址不同，这样可以保证以太网上所有节点能互相识别。由于以太网应用十分广泛，许多制造商已经把以太网卡直接集成进了计算机主板。下面介绍几种常用的以太网技术标准。

1. 10M 以太网组网技术

10M 以太网组网技术由 10Base-T 标准定义，由于使用的传输介质为非屏蔽双绞线，所以又称双绞线以太网，其传输速率为 10 Mbps。10Base-T 将所有的网络操作都集中到集线器（Hub）中，节点（计算机）到 Hub 的最大距离为 100 m。每个节点都装有一块带 RJ-45 接口的网卡，将其通过一根 8 芯非屏蔽双绞线连接到 Hub，如图 7-6 所示。双绞线的灵活性以及 RJ-45 接插件的易用性，使得 10Base-T 成为 IEEE 802.3 标准中最易于安装和维护的局域网。

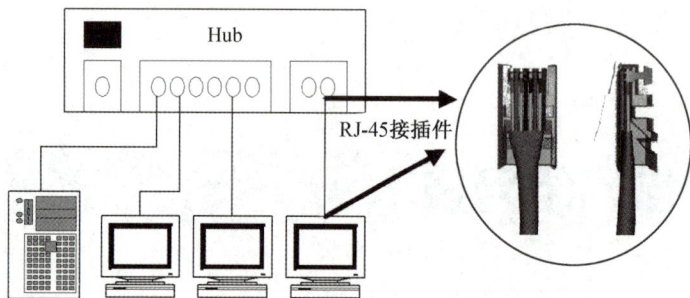

图 7-6　10Base-T 连接示意图

这种网络在工作时，Hub 将收到的所有数据帧向每个站点发送，但只有帧上标明的接收站点（由 MAC 地址标识）才接收相应的帧，从这个意义上来讲，这种网络连接从物理拓扑结构上看是一个以 Hub 为中心的星形网络，但从逻辑拓扑结构上看则为总线型。

2. 100M 以太网组网技术

IEEE 于 1995 年通过了 100 Mbps 快速以太网的 100Base-T 技术标准，并正式命名为 IEEE 802.3u 标准，作为对 IEEE802.3 标准的补充。在物理层快速以太网采用同 10Base-T 一样的星形网络结构，但它分为三个子类：100Base-TX、100Base-FX 和 100Base-T4，如图 7-7 所示。

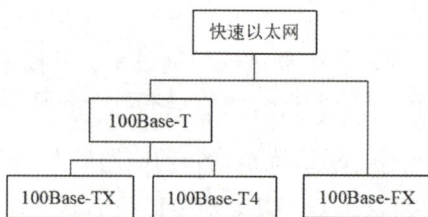

图 7-7　快速以太网的分类

与传统以太网相比，快速以太网的帧格式没有变化，介质访问控制方式也是一样的，不同的是传输速率提高了 10 倍、冲突域则减小了 10 倍。

（1）100Base-TX

100Base-TX 使用的传输介质是两对非屏蔽 5 类双绞线，一对电缆用作从节点到 Hub 的传输信道，另一对则用作从 Hub 到节点的传输信道，节点和 Hub 之间的距离最大为 100 m。

（2）100Base-FX

100Base-FX 使用的传输介质是两根光纤，一根用作从节点到 Hub 的传输信道，另一根则用作从 Hub 到节点的传输信道，节点和 Hub 之间的最大距离可达 2 000 m。

（3）100Base-T4

100Base-T4 机制的设计初衷就想避免重新布线的麻烦。它使用了 4 对 3 类非屏蔽双绞线作为传输介质，其中的 3 对线用以传输数据（每对线的数据传输率为 33.3 Mbps），1 对线进行冲突检验和控制信号的发送接收，其最大传送距离是 100 m。

3. 1 000M 以太网组网技术

千兆以太网又称吉比特以太网（Gigabit Ethernet），千兆以太网使用的传输介质主要是光纤（1 000Base-LX 和 1 000Base-SX），当然也可以使用双绞线（1 000Base-CX 和 1 000Base-T）。千兆以太网通常连接核心服务器和高速局域网交换机，以作为高速以太网的主干网，其组网示意图如图 7-8 所示。

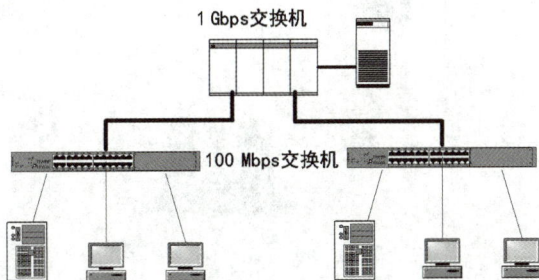

图 7-8　千兆以太网组网示意

4. 10G 以太网组网技术

2002 年 IEEE 802.3 委员会发布了 10 Gbps 的以太网标准 802.3ae。10 Gbps 以太网也简称为 10G 以太网。10G 以太网仍然使用 IEEE 802.3 以太网 MAC 协议，使用的传输介质是光纤。10G 以太网还有一个重要的改进，即它具有支持局域网和广域网的接口，且其有效距离可达 40 km。

7.2.2 ｜ 无线局域网组网技术

随着计算机网络技术应用的大众化，网络正在向高速度、便利化方向发展，企事业单位无线局域网的构建成为现阶段企业网络的补充和延伸，并在有些应用领域逐步取代了传统的有线局域网。无线局域网由于组网快捷、成本较低，易于管理和维护，其应用越来越广泛。

无线局域网的组网模式大致可以分为如下两种。

（1）ad-hoc 模式：即点对点无线网络。

（2）infrastructure 模式：即集中控制式网络。

1. ad-hoc 模式

ad-hoc 模式的网络又称为多跳网（multi-hop network）、无基础设施网（infrastructureless network）或自组织网（self-organizing network）。

ad-hoc 网络是一种点对点的对等式移动网络，整个网络没有固定的基础设施，每个节点都是移动的，并且都能以任意方式动态地保持与其他节点的联系。ad-hoc 网络由一组自主的无线移动主机（如平板电脑、智能手机等）组成，它是一种自创造、自组织和自管理的网络。ad-hoc 网络中所有节点分布式运行，具有路由器的功能：负责发现和维护到其他节点的路由，向邻居节点转发分组。

ad-hoc 网络的基本结构如图 7-9 所示。

图 7-9　ad-hoc 网络的基本结构

ad-hoc 无线局域网的网络架设过程十分简单，不过一般的无线网卡在室内环境下传输距离通常为 40 m 左右，当超过此有效传输距离，就不能实现彼此之间的通信，因此该种模式非常适合一些简单、临时性的无线互联需求。采用蓝牙技术的个人局域网即是一种在短距离内进行通信的典型 ad-hoc 网络。

2. infrastructure 模式

infrastructure 模式的无线局域网是一种类似传统有线局域网中星型拓扑结构的网络，所有无线通信设备通过 AP 或无线路由器连接，AP 或无线路由器再通过其上的以太网接口与有线网相连。目前大多数家用或小型办公网络设备是通过 infrastructure 模式接入 Internet 的。

ad-hoc 模式和 infrastructure 模式无线局域网的区别如下。

（1）infrastructure 模式需要固定的中心控制节点，如 AP 或无线路由器，而 ad-hoc 模式则不需要；

（2）infrastructure 模式的无线局域网自组织能力差，而 ad-hoc 模式可实现自我接入网络的能力；

（3）在实现多条路由的功能时，ad-hoc 模式只需要普通的路由节点即可实现，而 infrastructure 模式需要专用的路由器完成；

（4）infrastructure 模式的网络拓扑结构是静态设置的，如星形或环形等，而 ad-hoc 模式是动态实现的。

知识练习 7.2

一、选择题

1. MAC 地址通常存储在计算机的（　　　）。

A. 网卡上　　　　　　B. 内存中　　　　　　C. 高速缓冲区中　　　D. 硬盘上

2. MAC 地址通常用一个（　　）位的二进制数表示。

A. 16　　　　　　　　B. 32　　　　　　　　C. 48　　　　　　　　D. 64

3. 10Base-T 使用带有标准的 RJ-45 接插件的非屏蔽双绞线来连接网卡与集线器，则网卡与集线器之间的双绞线长度最大为（　　　）。

A. 15 m　　　　　　　B. 50 m　　　　　　　C. 100 m　　　　　　　D. 500 m

二、填空题

1. 由 Hub 连接而成的网络，从物理拓扑结构上看是一个＿＿＿＿＿＿网络，而从逻辑拓扑结构上看则是一个＿＿＿＿＿＿网络。

2. 网络互联时，中继器是工作在 OSI 参考模型的＿＿＿＿＿＿层。

3. 无线局域网的组网模式大致可以＿＿＿＿＿＿和＿＿＿＿＿＿两种模式。

三、简答题

1. 简述 100M 以太网组网技术。

2. 简述无线局域网的技术特点。

3. 简述无线局域网的 ad-hoc 组网模式和 infrastructure 组网模式之间的异同？

技能练习 7.2

实训项目： 个人计算机连接网络。

1. 实训设备

（1）PC 机一台。

（2）网卡一块。

（3）做好的网络双绞线一根。

2. 实训目标

（1）了解网卡在计算机中的安装方式。

（2）了解网卡的结构与功能。

（3）掌握查看网卡的 MAC 地址的操作。

3. 实训步骤

（1）打开计算机查看网卡在计算机中的连接方式，并将网卡正确安装在计算机中。

（2）了解网卡的结构与功能，并使用网络双绞线将计算机接入网络。

（3）使用 ipconfig/all 命令查看网卡的 MAC 地址。

7.3 局域网的构建与管理 »

知识与技能目标

1. 掌握局域网的构建方法。
2. 掌握局域网的管理方法。

知识与技能学习

在学习了计算机网络的基本知识后，进一步学习如何把多台计算机连接起来，构建与管理一个小型局域网，为用户工作与学习提供便利。

7.3.1 局域网的构建

局域网通常是分布在一个有限地理范围内的网络系统，其所涉及的地理范围一般只有几公里。局域网具有可靠性高、成本低、安装便捷和易于管理等优点。一个简单的局域网，主要由交换机、网线和终端等设备组成。如果局域网还需要提供更多的应用服务，就需要配置相关的服务器。

下面介绍在 Windows 操作系统下构建局域网的方法。

1. 所需设备

路由器 1 台，交换机 1 台，计算机多台，制作好的双绞线若干根。

2. 配置步骤

步骤一：使用双绞线将计算机网卡与交换机接口相连；

步骤二：使用双绞线将交换机接口与路由器 LAN 接口相连，将路由器 WAN 接口与广域网相连；

步骤三：右键单击计算机桌面右下角的"网络"图标，选择"打开'网络和 Internet'设置"，如图 7-10 所示；

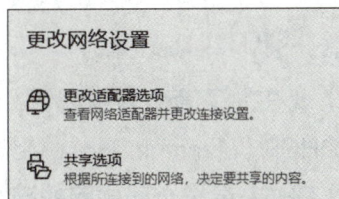

步骤四：在弹出的"状态"页面中选择"更改适配器选项"，如图 7-11 所示；

图 7-10　选择"打开'网络和 Internet'设置"　　图 7-11　选择"更改适配器选项"

步骤五：在弹出的"网络连接"窗口中，右键单击需要配置的网络适配器，选择"属性"，如图 7-12 所示；

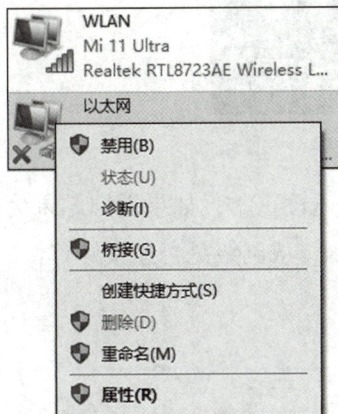

图 7-12　选择"属性"　　　　　　图 7-13　以太网属性窗口

教学视频

局域网的
构建

> 285

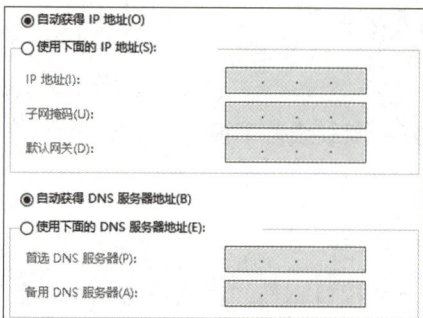

图 7-14 "Internet 协议版本 4（TCP/IPv4）
属性"对话框

步骤六：在"属性"对话框中双击"Internet 协议版本 4（TCP/IPv4）"，如图 7-13 所示；

步骤七：在打开的"Internet 协议版本 4（TCP/IPv4）属性"对话框中填写 IP 地址、子网掩码等参数，局域网内的 IP 地址要求和网关在同一网段，如图 7-14 所示；

提示： 💬

IP 地址和子网掩码等参数经常由专业网络管理人员分配。

拓展： 🛠

（1）现在为了简化网络配置，常使用主机自动获得 IP 地址，这时则需要网关配置 DHCP（Dynamic Host Configuration Protocol，动态主机配置协议）服务；（2）DHCP 是一个局域网的网络协议，指的是由服务器控制一段 IP 地址范围，客户机登录服务器时就可以自动获得服务器分配的 IP 地址和子网掩码。

步骤八：验证局域网设备间的连通性。使用 Windows+R 组合键打开操作系统的"运行"对话框，在"打开"文本框中输入 cmd 并单击"确定"，打开命令提示符窗口，使用 ping 命令验证设备之间的连通性，运行结果如图 7-15 所示；

图 7-15　ping 命令运行结果

如果结果如图 7-15 所示，则表示两台设备之间连通性正常；如果返回结果为目的主机不可达或请求超时，则需要检查 IP 地址配置是否正确，或网线是否连接好等。

重复以上步骤可以将多台计算机接入网络中。

拓展： 🛠

说明 ping 命令运行结果中包含了哪些信息。

7.3.2 局域网的管理

局域网管理就是通过某种方式对网络进行管理与维护，以保证网络能正常高效地运行，其目的就是使网络中的资源被更加有效地利用，当网络出现故障时能及时报告和处理。

1. 网络管理的内容

网络管理包含故障管理、计费管理、配置管理、性能管理以及安全管理等内容。

（1）故障管理（fault management）

故障管理又称为失效管理，用于检测和定位网络中出现的异常问题或者故障。其主要的工作有如下 4 项。

① 故障检测：通过监控过程和（或）故障报告对发生的故障进行检测；

② 原因分析：通过分析事件报告或者执行诊断程序，找到故障产生的原因；

③ 故障排除：通过网络配置管理工具或者直接的人工干预，恢复故障对象的工作能力；

④ 记录日志：将故障告警、诊断和处理的结果记录在日志系统中。

（2）计费管理（accounting management）

计费管理可以跟踪用户使用网络的情况，并计算对其收取的费用。这样不但可以获得维持网络运行和维护的费用，而且可以使管理者更好地了解用户使用资源的情况，从而优化为用户提供的网络服务。

（3）配置管理（configuration management）

配置管理用于监控网络组件的配置信息，生成网络硬件（或软件）的运行参数和配置文件，供网络管理人员查询或修改，以保证网络以最优化的状态运行。配置管理包括 3 方面的内容：获取当前网络的配置信息；存储配置数据、维护设备清单并产生数据报告；提供远程修改设备配置参数的手段。

（4）性能管理（performance management）

性能管理可以评估受管对象，如网络硬件和软件的行为和通信的有效性，并通过统计数据分析网络性能的变化趋势，最终将网络性能控制在一个可以接受的水平。性能管理的具体功能有：收集和分析统计数据、根据测量和分析的结果进行调整、控制网络的性能、提供网络性能的分析报告。

（5）安全管理（security management）

安全管理负责网络安全策略的制定和控制，确保只有合法的用户才能访问受限的资源。主要包括以下内容：用户的管理，即账号以及权限的设定；通信信道的加密策略，如使用 VPN（virtual private network，虚拟专网）等；安全日志的管理，如记录安全事件、报告策略和存储策略等；审计和追踪策略的制定并实施监控；密钥的管理，包括密钥的分发和使用等操作；容灾策略的制定和实施。

2. 常用局域网管理命令

局域网在使用的时候，可以用一些命令来对网络进行测试和管理。

（1）网络连通测试命令——ping

ping 命令是个使用频率极高的实用程序，用于确定本地主机是否能与另一台主机交换（发送与接收）数据报。根据返回的信息就可以推断 TCP/IP 参数是否设置正确以及运行是否正常。需要注意的是：成功地与另一台主机进行一次或两次数据报交换并不表示 TCP/IP 配置就是正确的，必须执行大量的本地主机与远程主机的数据报交换，才能确信 TCP/IP 配置的正确性。简单地说，ping 就是一个测试程序，假如 ping 运行正确，大体上就可以排除网络层、网卡、modem 的输入输出线路、电缆和路由器等存在的故障，从而减小了问题的范围。

由于可以自定义所发数据报的大小及无休止的高速发送，ping 也被某些别有用心的人作为 DDoS（distributed denial of service，分布式拒绝服务攻击）的工具，例如许多大型的网站就是被黑客利用数百台可以高速接入互联网的电脑连续发送大量 ping 数据报而瘫痪的。

按照缺省设置，Windows 上运行的 ping 命令每次发送 4 个 ICMP（internet control message protocol，网间控制报文协议）回送请求，每个 32 字节数据，假如一切正常，应能得到 4 个回送应答。ping 能够以毫秒为单位显示发送回送请求到返回回送应答之间的时间量。假如应答时间短，表示数据报不必通过太多的路由器或网络连接速度比较快。

ping 还能显示 TTL（time to live，存在时间）值，可以通过 TTL 值推算一下数据包已经通过了多少个路由器网段，其计算方法为：

源地点 TTL 起始值（就是比返回 TTL 略大的一个 2 的乘方数）– 返回时 TTL 值

例如，返回 TTL 值为 119，那么可以推算数据报离开源地址的 TTL 起始值为 128，而源地址到目标地址要通过 9 个路由器网段（128–119）；假如返回 TTL 值为 246，TTL 起始值就是 256，源地点到目标地点要通过 10 个路由器网段。

常用 ping 命令格式如下：

```
ping［-参数］IP地址
```

命令后的参数是可选项，IP 地址可以是本机 IP 地址，其他计算机的 IP 地址或路由器的 IP 地址等。命令运行结果如图 7-15 所示。

拓展：🔧

①分析 ping 命令后如果使用本机地址或路由器地址，其测试结果分别能说明什么问题。②方括号［ ］中的内容表示可选项。

（2）网络配置信息查看命令——ipconfig

ipconfig 命令可用于显示当前主机的 TCP/IP 配置信息，一般用来检验人工配置的

TCP/IP 设置是否正确。如果计算机和所在的局域网启用了 DHCP 服务，这个命令所显示的信息也许更加实用，这时 ipconfig 可以让用户了解计算机是否成功的租用到一个 IP 地址，假如租用到则可以了解它目前分配到的是什么地址等。了解计算机当前的 IP 地址、子网掩码和缺省网关对于网络测试和故障分析非常重要。

在使用 ipconfig 命令时如果不带任何参数，那么它显示主机 IP 地址、子网掩码和默认网关值。

当使用 ipconfig 后跟 all 选项时，则能显示更多的网络配置信息，并且显示内置于本地网卡中的物理地址（MAC）。假如 IP 地址是从 DHCP 服务器租用的，ipconfig 将显示 DHCP 服务器的 IP 地址和租用地址预计失效的日期。常用 ipconfig/all 命令格式如下：

```
ipconfig/all
```

或

```
ipconfig-all
```

其命令运行结果图如 7-16 所示。

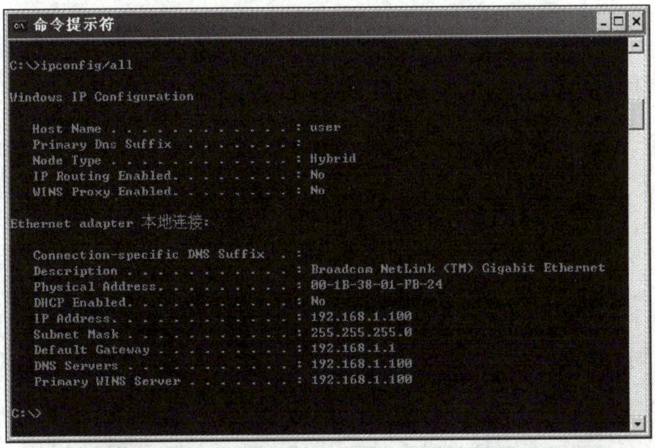

图 7-16　ipconfig/all 命令运行结果

（3）路由追踪命令——tracert

tracert 命令用于显示将数据包从计算机传递到目标位置的一组 IP 路由器，以及通过每个跃点所需的时间。假如数据包不能传递到目标位置，tracert 命令将显示成功转发数据包的最后一个路由器。

当数据报从源计算机经过多个网关传送到目的地时，tracert 命令可以用来跟踪数据报使用的路由（路径）。该实用程序跟踪的路径是源计算机到目的地的某一条路径，不能保证或认为数据报总遵循这条路径。tracert 是一个运行得比较慢的命令（假如指定的目标地址比较远），每个路由器转发大约需要给它 15 s。tracert 的使用很简单，只需要在 tracert 后面跟一个 IP 地址或域名即可。常用 tracert 命令格式如下：

```
tracert IP address[-d]
```

图 7-17　tracert 命令运行结果

该命令返回到达 IP 地址所经过的路由器列表。通过使用选项 -d，将更快地显示路由器路径，因为 tracert 不会尝试解析路径中路由器的名称。该命令运行结果图如 7-17 所示。

（4）地址解析协议命令——arp

ARP（address resolution protocol，地址解析协议）是一个重要的 TCP/IP 协议，用于映射对应 IP 地址的网卡物理地址。使用 arp 命令能够查看本地计算机或另一台计算机的 arp 高速缓存中的当前内容。默认情况下 arp 高速缓存中的项目是动态的，每当发送一个指定地点的数据报且高速缓存中不存在当前项目时，arp 便会自动添加该项目。一旦高速缓存的项目被输入，它们就已经开始走向失效状态。例如，在 Windows NT/2000 网络中，假如输入项目后不进一步使用，物理地址与 IP 地址对就会在 2 ～ 10 min 内失效。

需要通过 arp 命令查看高速缓存中的内容时，请最好先使用 ping 命令来测试此台计算机是否连通。arp 命令格式如下：

```
arp -a
```

参数 -a 代表 all 即全部的意思，arp -a 命令运行结果如图 7-18 所示。

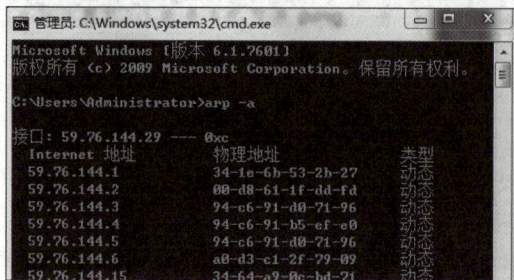

图 7-18　arp -a 命令运行结果

（5）控制台命令——netstat

netstat 用于显示与 IP、TCP、UDP 和 ICMP 协议相关的统计数据，一般用于检验本机各端口的网络连接情况。在网络通信中，计算机有时候接收到的数据报会导致出错、数据删除或故障，其实 TCP/IP 是容许存在这些类型的错误，并能够自动重发相关数据报，但假如累计的出错情况其数目占到所接收的 IP 数据报相当大的百分比，或者正迅速增加，就应该使用 netstat 检查为什么会出现这些情况。常用 netstat 命令格式如下：

```
netstat[-a][-b][-e][-n][-o][-p proto][-r][-s]
```

选项 -a 用于显示所有连接和侦听端口，netstat -a 命令运行结果如图 7-19 所示。

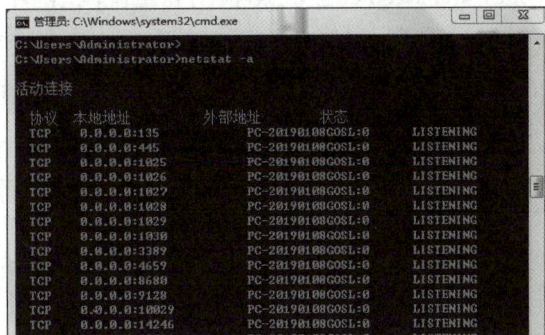

图 7-19　netstat -a 命令运行结果

选项 -e 用于显示关于以太网的统计数据，可以用来统计一些基本的网络流量信息，如传送数据报的总字节数、错误数、删除数、发送和接收量等；选项 -b 用于显示在创建网络连接和侦听端口时所涉及的可执行程序；选项 -s 能够按照各个协议分别显示其统计数据。

拓展：
在 Windows 环境下，系统提供了很多网络信息查看与管理命令，读者可以上网查找资料并总结其功能。

知识练习 7.3

一、选择题

1. 在组建局域网时，一般交换机的接口需要与路由器的（　　）接口相连。

A. LAN　　　　　B. WAN　　　　　C. PAN　　　　　D. MAN

2. 在组建的局域网要使用 Internet 时，一般将路由器的（　　）接口与广域网相连。

A. LAN　　　　　B. WAN　　　　　C. PAN　　　　　D. MAN

3. 网络管理包含故障管理、计费管理、配置管理、性能管理以及（　　）管理等内容。

A. 交换机　　　　B. 路由器　　　　C. 计算机　　　　D. 安全

4. ping 就是一个测试程序，假如 ping 运行正确，大体上就可以排除网络层存在的故障，Windows 上运行的 ping 命令执行时，默认情况下每次发送（　　）个回送请求。

A. 2　　　　　　　B. 4　　　　　　　C. 8　　　　　　　D. 16

5. 要查看一个网络中传输的数据从源计算机到达目标主机经过的网络路由，可以使用（　　）网络命令。

A. ping　　　　　　B. ipconfig　　　　　　C. tracert　　　　　　D. netstat

二、填空题

1. 网络故障管理（fault management）是指检测和定位网络中出现的异常或故障，其主要的工作有_____、_____、_____和_____ 4 项。

2. 为了简化网络配置，可以将主机设置为自动获得_____地址，这时则需要网关配置_____服务。

3. arp 命令可以显示对应_____地址与_____地址之间的映射关系。

三、简答题

1. 网络管理包含哪些内容？

2. ping 命令的作用是什么？

3. ipconfig 命令有哪些用途？

技能练习 7.3

实训项目： 对等网 ① 的组建与常用网络命令的使用。

1. 实训设备

（1）若干米超五类双绞线。

（2）若干个 RJ-45 水晶头。

（3）2 台计算机、1 台交换机。

（4）普通网线测试仪一台。

2. 实训目标

（1）掌握局域网的组建过程。

（2）熟悉网络互联设备的使用。

（3）掌握 TCP/IP 协议的配置。

（4）掌握 ping 命令的使用方法。

（5）掌握 ipconfig 命令的使用方法。

_____

① 也称为工作组，是一种简单的局域网，由多台地位平等的计算机连接而成。在对等网络中，每台计算机可以共享其他计算机上的软、硬件资源。

（6）了解 arp、tracert 和 netstat 等命令的功能。

3. 实训步骤

（1）设置 2 台计算机的 IP 地址参数。

（2）标识 2 台计算机的计算机名。

（3）制作双绞线并测试是否制作成功。

（4）将 2 台计算进行连接。

（5）在一台计算机上使用 ping 命令来 ping 另一台计算机的 IP 地址，测试是否 ping 通。

（6）在其中一台计算机上使用 ipconfig 命令查看 IP 地址及子网掩码。

（7）结合本节教学内容进行针对练习，掌握 arp、tracert 和 netstat 等命令的使用方法。

第 8 章　Internet 应用技术与信息安全基础

人们日常的学习、工作离不开Internet，Internet为人们提供了大量的信息资源和各种应用工具。本章主要介绍Internet的一些基本概念，Internet使用的TCP/IP协议基本知识，Internet的接入、信息检索、网页浏览和电子邮件的使用方法。另外，获取的信息必须是安全的、可靠的和可用的，因此本章最后介绍有关信息安全的基本知识。

本章学习要点

1. Internet 的产生与应用。
2. TCP/IP 协议的结构与工作原理。
3. Internet 使用常用的超文本、HTTP 和 Web 服务等基本概念。
4. 浏览器操作和电子邮件使用方法。
5. 科技文献的检索方法。
6. 信息安全的概念，影响信息安全的主要因素，信息安全的防护技术。

8.1　Internet 基础知识　»

1. 了解 Internet 产生的背景与过程。
2. 理解 TCP/IP 协议的四层结构与工作原理。

📧 **知识与技能学习**

现在人们的生活、工作很难离开 Internet，那么 Internet 是如何产生的，它又是使用什么样的"语言"（即协议）使网络中的用户可以快速相互交流信息的呢？

8.1.1　Internet 产生与发展

世界上第一台计算机的产生与战争有关，而 Internet 的产生也与军事有关。20 世纪 50 年代，由美国领导的西方阵营和以前苏联领导的东方阵营，为了争霸世界，进行了长达数十年不见硝烟的"冷战"，"冷战"的背后是双方军事高科技的竞争。竞争的初期，由于前苏联在 1957 年的 10 月和 11 月，先后成功发射了两颗命名为 Sputnik 的人造地球卫星，使美国感觉到了自己在太空技术上的落后，由此联想到军队当时使用的"中央控制式网络"指挥和通信系统，一旦这唯一的网络控制中心受到核武器的攻击，将使全美军事指挥系统陷入瘫痪，后果不堪设想。为了应对这类可能的状况，1958 年由当时的美国总统艾森豪威尔正式向美国国会提出组建"国防部高级研究计划署"，英文缩写为 DARPA（defense advanced research project Agency），也常被人们简称为 ARPA，成立"ARPA"的目的非常明确，就是要"保持美国在技术上的领先地位，防止潜在的对手不可预见的技术进步"。

由于美国对 ARPA 的巨额资金投入和 ARPA 其本身有效的管理体制，ARPA 取得了巨大的成功，使美国从六十年代至今一直保持着在全球军事技术的领先地位。在 ARPA 的所有项目中，对当今世界影响最大、与普通人关系最密切、改变了人们日常交往和通信方式的是 1968 年 6 月提出的"资源共享的计算机网络（resource sharing computer networks）"

研究计划。该计划的最初目标是让 ARPA 的所有电脑都能互联起来，以此共享研究成果，由于当时该研究项目是在 ARPA 的组织下进行的，就把这个网络叫做 ARPANET，在国内有些资料音译为"阿帕网"，这个网就是现在 Internet 最早的雏形。

在 1969 年，ARPANET 上连接了 4 个实验性的节点，它们是和 ARPA 有大量科研合同的加州大学洛杉矶分校、斯坦福研究院、加州大学圣大比分校和犹他大学。由于 ARPANET 在通信方面取得了很大的成功，此后，连接在 ARPANET 上的节点不断增加，但连入的节点都是和 ARPA 有研究合同的机构。直到 1986 年美国国家科学基金会（national science foundation, NSF）建立了用来连接它的 6 个超级计算机中心的快速主干网 NSFNET 后，把由 NSF 资助的一些地区性网络与其主干网 NSFNET 相连，才使数以千计的大学、研究院、图书馆等普通用户可以相互连接并且进行通信。NSFNET 的形成和发展，取代了 ARPANET，奠定了 Internet 的基础。后来，很多国家相继建立了本国的主干网并接入 Internet，形成了真正意义上的"全球互联网"。1992 年 NSF 宣布不再给 NSFNET 运行、维护提供经费支持，由 MIC、Sprint 等公司运行维护，这样商业用户和普通家庭得以接入 Internet，标志着 Internet 大发展时期的到来。

目前 Internet 已经成了人类文明进步的标志，Internet 无处不在、无时不有，深刻地影响着人们的生活与工作。

8.1.2 TCP/IP 协议的产生

ARPANET 由专门负责数据传输的通信子网和由用户主机组成的资源子网组成，其中，通信子网由通信介质和用来进行通信处理的节点信息处理机（interface message processor, IMP）组成。ARPANET 组成结构如图 8-1 所示。

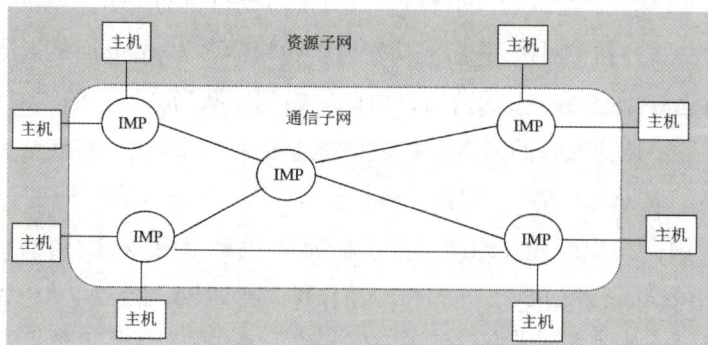

图 8-1　ARPANET 组成结构

ARPANET 在工作过程中，要解决的主要问题是用来连接主机（host）的节点信息处理机 IMP 在相互通信过程中，什么时候应该接收信号，什么时候应该结束通信，以及如何识别通信的源端传输的各种符号的含义等问题。正如日常生活中两个人要谈话一样（相当于计算机中的通信），谈话双方所使用的语言是汉语还是英语，谈话的内容和节奏等都要以双方共同认可的方式进行，否则就没有办法进行交流（通信）。通信双方应该共同遵守的这种约定就叫"协议"（protocol）。最期的 ARPANET 使用的是网络控制协议（network control protocol, NCP），NCP 是一台主机直接对另一台主机的通信协议，但它不能使不同类型的电脑和不同类型的操作系统连接起来。另外 NCP 还有一个很大的缺陷，就是没有纠错功能，只要在数据传输中出现了差错，协议就规定网络停止传输数据，这次通信就失败了，这样通信的可靠性就很难保证。

随着联入 ARPANET 的电脑日益增多，不同类型的电脑连结起来的问题变得越来越迫切，如何让类型或操作系统不同的电脑，按照共同的工作方式和共同的标准连接起来成了 ARPANET 要解决的关键性问题，这就需要设计一种新的协议。1974 年 12 月 TCP/IP（transmission control protocol/internet protocol，传输控制协议 / 网际协议）协议被提出。TCP 协议用来检测网络传输中的差错，当检测到传输中有差错时，它就能发出重发信号，源端收到该信号后就重新传输发生差错的数据包，通过这种差错重传机制保证数据能够正确传输到目的地；IP 协议专门负责对不同网络进行互联，为了实现不同类型的局域网可以互联，它在各种局域网地址标准之上，为互联网络中的所有主机设定了统一的身份标识，即互联网地址（IP 地址），以保证不同网络中的主机（当然也可以是同一个网络中的主机）只要接入互联网，它们之间就可以相互识别，以进行通信。

直到 1983 年的 1 月 1 日，ARPANET 才完全停止了 NCP 协议的使用，从此互联网上的主机都使用 TCP/IP 协议，TCP/IP 协议成了 Internet 中的"世界语"。

8.1.3　TCP/IP 协议概述

1. TCP/IP 协议的四个层次

TCP/IP 协议的体系结构分为四层，这四层由高到低分别是：应用层、传输层、网络层和链路层。各层层次明确，功能分明，相互协同工作，因此也称为协议栈，见表 8-1，其中每一层完成不同的通信功能。

表 8-1　TCP/IP 协议的体系结构

协议栈	常用协议
应用层	Telnet、FTP、HTTP、DNS、SNMP 和 SMTP 等
传输层（TCP 层）	TCP 和 UDP
网络层（IP 层）	IP、ICMP 和 IGMP
链路层	以太网、令牌环网、FDDI、IEEE 802.3、RS-232 等

具体各层的功能和各层所包含的协议说明如下。

2. TCP/IP 协议各层的功能

（1）链路层（link layer）

链路层在 TCP/IP 协议栈的最低层，也称为数据链路层或网络接口层，通常包括操作系统中的设备驱动程序和计算机中对应的网络接口卡。链路层的功能是把接收到的网络层数据报（也称 IP 数据报）通过该层的物理接口发送到传输介质上，或从物理网络上接收数据帧，抽出 IP 数据，交给网络层（IP 层）。

需要说明的是，TCP/IP 协议栈并没有具体定义链路层，只要是在其上能进行 IP 数据传输的物理网络（如以太网、令牌环网、FDDI、IEEE 802.3 及 RS-232 串行线路等），都可以当成 TCP/IP 协议栈的链路层。这样做的好处是 TCP/IP 协议可以使不同类型的物理网络互联，也可以说，TCP/IP 协议支持多种不同的链路层协议，从而实现了不同物理网络的互联互通。

> **提示：** 💬
> TCP/IP 协议栈数据链路层最大的特点是什么？为什么不同的物理网络都可以接入 Internet？

（2）网络层（network layer）

网络层也称作互联网层，因该层的主要协议是 IP 协议，也可简称为 IP 层。它是 TCP/IP 协议栈中最重要的一层，主要功能是可以把源主机上的信息发送到互联网中的任何一台目标主机上。可以想象由于在源主机和目标主机之间，可能有多条通路相连，网络层就要在这些通路中做出选择，即进行路由选择。在 TCP/IP 协议族中，网络层协议包括 IP 协议，ICMP 协议，以及 IGMP 协议（Internet Group Management Protocol, Internet 组管理协议）等。

> **拓展：** 🔧
> 为什么路由器工作在网络层？

（3）传输层（transport layer）

通常所说的两台主机之间的通信，其实是两台主机上对应应用程序之间的通信，传输层提供的就是应用程序之间的通信，也叫端到端（end to end）的通信。在不同的情况下，应用程序之间对通信质量的要求是不一样的，因此，在 TCP/IP 协议族中传输层包含两个不同的传输协议：一个是 TCP（传输控制协议）；另一个是 UDP（用户数据报协议）。TCP 为两台主机提供高可靠性的数据通信，当有数据要发送时，它对应用程序送来的数据可以进行分片，以适合网络层进行传输；当接收到网络层传来的信息时，对收到的信息要进行确认；此外，还要对丢失的信息设置超时重发等。由于 TCP 提供了高可靠性的端到端通信，因此应用层可以忽略所有这些细节，以简化应用程序的设计。而 UDP 则为应用层提供一种非常简单的服务，它只是把数据从一台主机发送到另一台主机，但并不保证该数据能正确到达目标端，通信的可靠性必须由应用程序来保障。用户在自己开发应用程序时，可以根据实际情况，使用系统提供的有关接口函数方便的选用 TCP 或 UDP 进行数据传输。

提示：
有了网络层就可以在两台主机之间通信，为什么还要传输层？

（4）应用层（application layer）

应用层向使用网络的用户提供特定的、常用的应用程序。如有远程登录服务（Telnet）、文件传输协议（FTP）、超文本传输协议（HTTP）、域名系统（DNS）和简单邮件传输协议（SMTP）等。要注意有些应用层协议是基于 TCP 协议的（如 FTP 和 HTTP 等），有些应用层协议是基于 UDP 协议的（如 SNMP 等）。尽管应用层提供了较多的应用程序，但这些程序只能满足普通用户在一般情况下使用网络的需求，如果用户要在网络上进行一些特殊的应用，如一个公司内部使用的邮件系统等，应用层并没有提供这样的程序，这就要由网络用户根据自己的实际需要，开发所需的应用程序。

提示：
在使用 Internet 时，总结应用层中所使用过的协议？

8.1.4　TCP/IP 协议中的操作系统边界和地址边界

TCP/IP 协议分为四层结构，这四层结构中有两个重要的边界：一个是将操作系统与应用程序分开的边界；另一个是将高层互联网地址与低层物理网卡地址分开的边界，如图 8-2 所示。

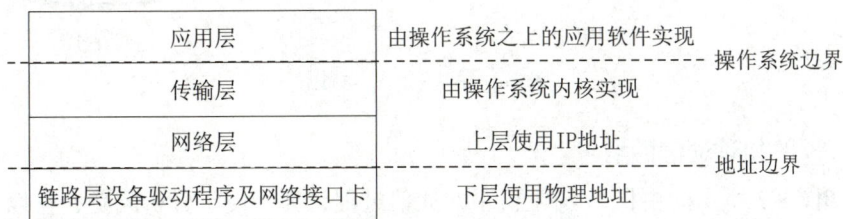

应用层	由操作系统之上的应用软件实现	操作系统边界
传输层	由操作系统内核实现	
网络层	上层使用IP地址	地址边界
链路层设备驱动程序及网络接口卡	下层使用物理地址	

图 8-2　TCP/IP 协议四层结构中的两个边界

1. 操作系统边界

操作系统边界的上面是应用层，应用层处理的是用户应用程序的问题，提供面向用户的服务。这部分的程序一般不包含在操作系统内核中，由一些独立的应用程序组成。操作系统边界的下面各层是包含在操作系统内核中由操作系统来实现的，它们共同处理数据传输过程中的通信问题。

2. 地址边界

地址边界的上层为网络层，网络层用于对不同的网络进行互联，连接在一起的所有网络为了能互相寻址，要使用统一的互联网地址（IP 地址），而地址边界的下层为各个物理网络，不同的物理网络使用的物理地址各不相同，因此，在地址边界的下面只能是各个互联起来的网络使用自己能识别的物理地址。

> **拓展：** 🔧
>
> 在 Internet 中使用的 TCP/IP 协议，为什么有两种地址，即物理地址和 IP 地址？

8.1.5 TCP/IP 协议的工作原理

Internet 是全球最大的、开放的、由众多网络互联而成的计算机互联网，TCP/IP 协议是该互联网中所使用的"语言"，前面分析过 TCP/IP 协议的最大的优点在于可以进行不同网络的互联。下面以一个具体的小型互联网为例，说明 TCP/IP 协议的工作原理。如图 8-3 所示是由一个以太网（一种总线型网络结构）和一个令牌环网通过路由器互联的网络，左边的以太网有三台编号分别为 A、B 和 C 的主机，右边的令牌环网有两台编号为 1 和 2 的主机，假设以太网中的主机 A 要与令牌环网中的主机 1 使用文件传输协议 FTP 完成一次文件传输过程，主机 A 中的 FTP 客户程序就要向主机 1 中的 FTP 服务器程序提出请求，由此开始在 TCP/IP 协议控制下的主机 A 与主机 1 之间的通信过程。

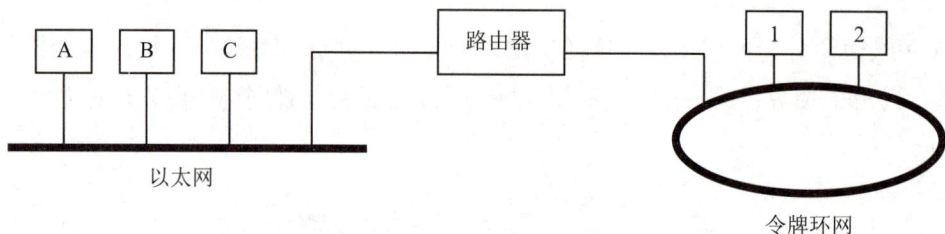

图 8-3　网络互联示意图

1. TCP/IP 协议通信模型

对于如图 8-3 所示的主机 A 与主机 1 的通信过程，为了便于分析问题，可以暂时不考虑网络中与本次通信过程无关的内容，并把以太网用一条直线来表示，令牌环网用一个椭圆表示，主机 A 和主机 1 都使用 TCP/IP 协议，由前面所述的四层协议栈组成。但要注意：主机 A 的物理网络是以太网，其链路层使用的是以太网网卡和以太网驱动程序；而主机 1 由于在令牌环网中，所以其链路层使用令牌环网网卡和令牌环网驱动程序。路由器是一个具有多个接口的网络互联设备，它的功能是把分组从一个网络转发到另一个网络。在 TCP/IP 协议中，网络互联是通过网络层（IP 层）来实现的（不同的网络可以通过不同的 IP 地址来识别），所以路由器通常只处理与互联网数据传输有关的低两层协议。该例中的路由器有一个与以太网相连的接口和一个与令牌环网相连的接口，与以太网相连的接口要能处理在以太网中传输的数据，与令牌环网相连的接口要能处理在令牌环网中传输的数据，这两种类型的数据通过路由器的网络层（IP层）相互转发。综上所述，可以把主机A和主机1通过路由器进行通信的过程抽象成如图8-4所示的TCP/IP协议通信模型，这个模型尽管是由主机A和主机1通信分析而来的，但该模型是一个一般的模型，也适合于网络中其他主机之间的通信描述。

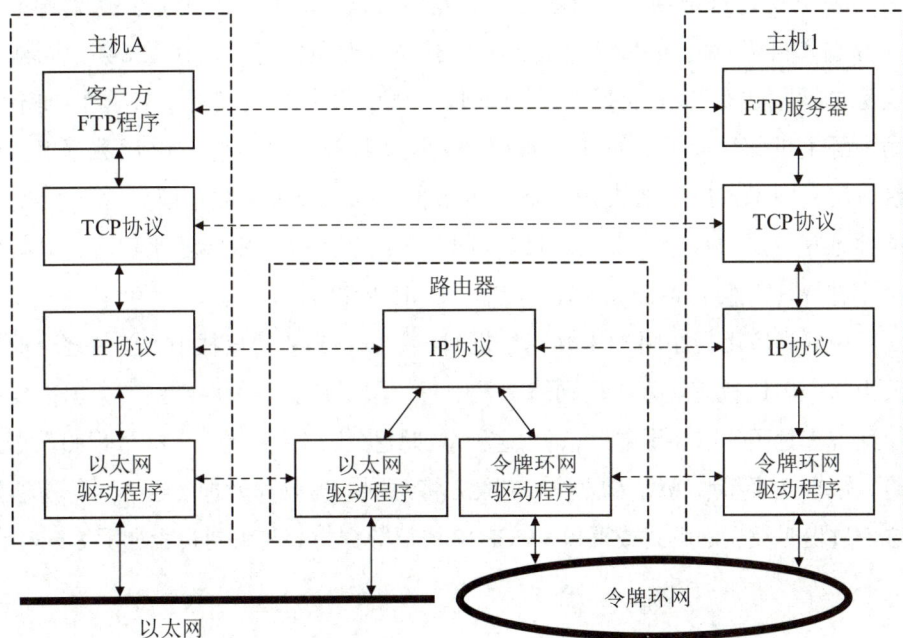

图 8-4　TCP/IP 协议通信模型

教学视频

TCP/IP 协议的工作原理

2. 数据的封装与传递过程

在本节所举的例子中，当主机A的FTP客户程序向主机1的FTP服务器程序提出服务请求时，可以把由用户输入的FTP命令和参数看成是要由主机A传送到主机1的"数据包"，该数据包由如图8-5所示的两部分组成。

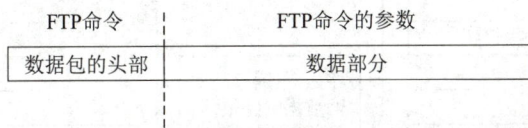

图 8-5　数据包的组成

数据包的头部是FTP命令，数据部分是FTP命令的参数。该数据包通过网络由主机A传送到主机1后，由主机1的应用层解释并执行该命令，主机1又把该命令执行后的结果通过网络传回到主机 A 的应用层（结果可能是把某一文件下载到主机 A），因此，在如图 8-4 所示的模型中有一条由主机 A 的客户 FTP 程序到主机 1 的 FTP 服务器程序的双向线来指示它们的通信过程，该线画成了虚线，原因是它们之间的通信是一个对等层之间进行的"虚通信"，顾名思义，它们之间不能直接进行通信，实际的通信过程是应用层把如图 8-5 所示的数据包传输到 TCP 层，因此应用层与 TCP 层之间画的是双向实线。TCP 层为了进行可靠性控制和识别数据从源主机的哪个程序（进程）来，要送到目标主机的哪个程序（进程）去，应加上一些 TCP 层的控制信息（常称为 TCP 报文头），这些控制信息由目标端的 TCP 层进行识别，以查看是否有差错，以及应把该 TCP 报文送到哪个目标程序，这样源端和目标端的 TCP 对等层之间也有一个虚通信过程，在图 8-4 中同样用虚线表示。实际的通信也是 TCP 层把加了 TCP 报文头的报文送到 IP 层，IP 层再加上用于识别互联网中源主机和目标主机的 IP 地址以及上层协议类型等，组成 IP 层数据报头后传送到网络接口层，网络接口层把从 IP 层收到的数据报加上以太网数据帧头后（主要为 48 位的以太网地址和上层协议类型），通过以太网网卡向物理介质中传输比特流，只有数据传到这里时才进行真正意义上的物理信号传输，一般叫"实通信"。

上面所说的当应用程序用 TCP 传送数据时，数据被送入协议栈中，然后逐个通过每一层直到被当作一串比特流送入物理网络。其中每一层对从它的上层收到的数据都要增加一些首部信息（有时还要增加尾部信息），这种增加数据头部（和尾部）的过程叫数据封装或数据打包。数据送到接收方对等层后，接收方将识别、提取和处理发送方对等层所加的数据头，这个过程叫数据的解封或拆包。TCP/IP 协议数据封装与解封过程如图 8-6 表示。

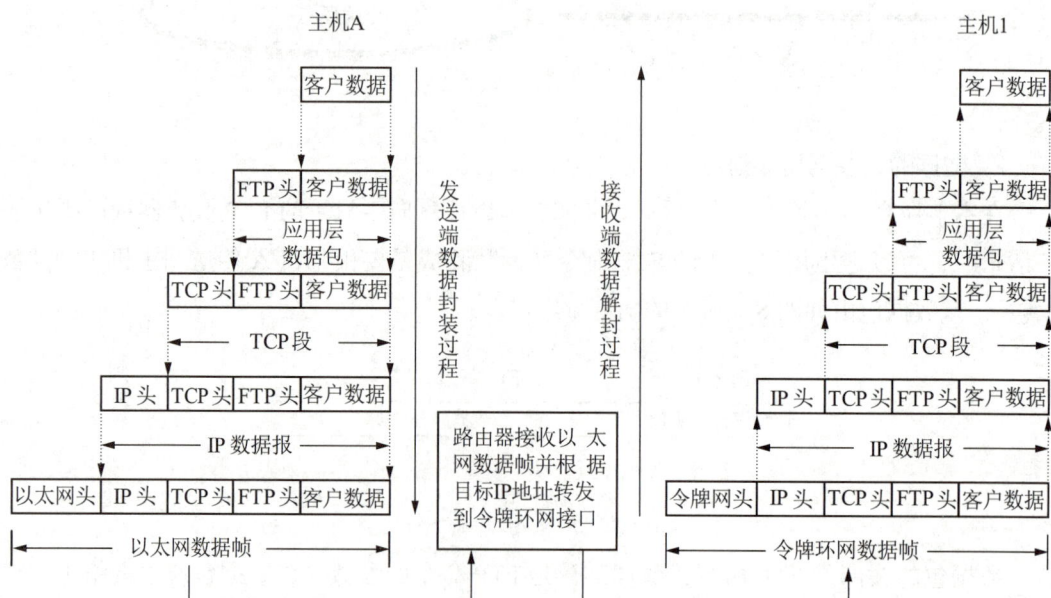

图 8-6 TCP/IP 协议数据封装与解封过程

拓展：🔧

能用日常生活中"收发快递"的整个过程，来解释 TCP/IP 协议对数据的封装与解封吗？

知识练习 8.1

一、选择题

1. 现在使用的 Internet 网络起源于美国的（　　）网络。

A. CSDN 　　　　　B. ARPANET 　　　　C. TCP/IP 　　　　D. HTTP

2. Internet 中常用的网络协议是（　　）。

A. NCP 　　　　　B. IMP 　　　　　C. TCP/IP 　　　　D. HTTP

3. 一般将 TCP/IP 协议的体系结构分为（　　）个次层。

A. 二 　　　　　　B. 三 　　　　　　C. 四 　　　　　　D. 五

4. 下面不属于 TCP/IP 协议体系结构内容的是（　　）。

A. 物理层 　　　　B. 传输层 　　　　C. 链路层 　　　　D. 网络层

5. 下面不属于 TCP/IP 协议体系结构应用层协议内容的是（　　）。

A. FTP 　　　　　B. HTTP 　　　　　C. UDP 　　　　　D. DNS

6. 在 Internet 网络使用的 IP 地址是由（　　）进行解析的。

A. 应用层 　　　　B. 传输层 　　　　C. 链路层 　　　　D. 网络层

7. 路由器通常工作在（　　）层。

A. 应用层 　　　　B. 传输层 　　　　C. 链路层 　　　　D. 网络层

二、简答题

1. 简述 Internet 网络的产生。

2. 简述 TCP/IP 协议的层次结构以及 TCP 协议和 IP 协议各自的功能？

3. 说明 Internet 可以将不同的物理网络连接起来的原理。

4. 简述网络中物理地址与 IP 地址的区别。

技能练习 8.1

实训项目：学习如何查看物理地址与 IP 地址。

1. 实训目标

（1）了解物理地址与 IP 地址的区别。

（2）学会查看所使用计算机的物理地址与 IP 地址。

2. 实训内容

（1）在 Windows 下进入命令行操作界面（使用 cmd 命令等方式）。

（2）使用 ipconfig 命令查看主机 IP 地址。

（3）使用带参数的 ipconfig/all 命令查看主机物理地址。

8.2　Internet 应用技术

知识与技能目标

1. 了解 Internet 的接入技术。
2. 掌握 IP 地址的概念，了解 IP 地址分类。
3. 熟悉 Internet 使用中常用的一些概念。
4. 掌握浏览器、电子邮件常用操作功能。
5. 学会检索科技文献。

知识与技能学习

Internet 可以给人们的生活与工作提供极大的便利，那么 Internet 的应用主要包含哪些方面呢？

8.2.1　接入 Internet

1. 选择网络运营商

不管是单位用户还是个人用户，要使用 Internet 首先就要接入 Internet，目前国内用户一般是通过网络运营商（Internet Service Provider, ISP）接入的，目前国内 ISP 主要有中国电信、中国移动、中国教育科研网等。

ISP 首先要布好光纤通信线路，光纤通信线路在 ISP 端与运管商路由器等接入设备相连，另一端与用户网关相连，ISP 最主要的工作是给用户分配网络带宽。带宽指在单位时间（一般指的是 1 s）内能传输的数据量。网络和高速公路类似，带宽越大，其通行能力越强。带宽作为衡量网络特征的一个重要指标，也是互联网用户和单位选择互联网接入服务商的主要因素之一。

教学视频

IP 地址
介绍

2. 分配 IP 地址

互联网中每台主机用一个唯一的 IP 地址标识，主机之间要进行通信必须知道对方的 IP 地址。互联网是由很多网络连接而成的，互联网中的数据有些是在本网内主机之间传输的，有些是要传送到互联网中其他网络内的主机的数据。一个 IP 地址不但要标识在本网内的主机号，还要标识在互联网中的网络号，也就是说，一个 IP 地址由网络号和主机号两部分组成，如图 8-7 所示。

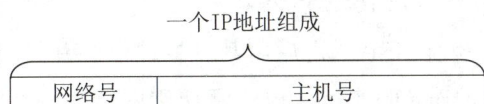

图 8-7　IP 地址结构

网络号标识互联网中的一个特定网络，主机号标识该网络中的一台特定主机。这样给定一个 IP 地址，就可以很方便的知道它是哪个网络中的哪一台主机。

在 Internet 使用的 IPv4（互联网通信协议第四版）中，IP 地址用一个 32 位二进制数（即 4 个字节）表示。通常把 IP 地址按字节分成 4 个部分，并把每一部分写成等值的十进制数，数之间用 "." 分隔，这就是人们最常用的 "点分十进制" 表示法，这样理论上来说，最小的 IP 地址值为 0.0.0.0，最大的地址值为 255.255.255.255，然而由于有相当一部分 IP 地址有特殊用途，实际主机可用的 IP 地址要比这个范围小很多。

IP 地址分为 A、B、C、D 和 E 共五大类，这五类用 IP 地址的高位来区分，见表 8-2。

表 8-2　IP 地址类型

网络类别	高位网络类标识	第一字节数值范围	网络地址长度	主机地址长度	最大网络数	最大主机数	选用范围
A 类	0	1 ~ 126	1 字节	3 字节	126	16 777 214	大型网络
B 类	10	128 ~ 191	2 字节	2 字节	16 382	65 534	中型网络
C 类	110	192 ~ 223	3 字节	1 字节	2 097 150	254	小型网络
D 类	1110	224 ~ 239	—	—	—	—	多点播送
E 类	11110	240 ~ 247	—	—	—	—	保留地址

要说明的是用户一般只能使用到 A、B 和 C 类地址，且每类地址表示的网络数和主机数要比实际的地址容量小，如 C 类网络中的最大主机数，应为 256，实际为 254，这是因为每类地址中都有一些特殊用途的地址，这些地址不能分配给主机。

主机接入 Internet，为了避免 IP 地址的冲突问题，要向管理 IP 地址的专门机构 InterNIC（Internet Network Information Center，互联网络信息中心）进行申请，该机构负责网络地址的分配和管理。网络中的主机地址一般由网络管理员分配和管理，在国内可以向中国互联网信息中心（China Internet Network Information Center, CNNIC）等机构进行申请。

如果用户网络不与互联网相连，从原理上来说，可以由用户自行分配 IP 地址，但最好还是使用互联网地址分配管理机构保留的私有 IP 地址，这些地址范围如下。

A 类地址：10.0.0.1 ～ 10.255.255.254

B 类地址：172.13.0.1 ～ 172.32.255.254

C 类地址：192.168.0.1 ～ 192.168.255.254

普通用户的 IP 地址一般在 ISP 选定后由其直接提供，并且自动为用户配置好有关网络设置。单位内部接入 Internet 的主机，也经常使用网络管理系统进行 IP 地址的自动分配。用户在 Windows 10 操作系统下一般设置 IP 地址的步骤：单击"开始→ Windows 系统→控制面板→网络和 Internet →网络和共享中心→更改适配器设置"，打开"网络连接"界面，右击本地连接图标，在弹出的快捷菜单中选择"属性"命令，弹出"本地连接属性"对话框，如图 8-8a 所示，在"此连接使用下列项目"下拉列表框中选择"Internet 协议版本 4（TCP/IPv4）"，单击"属性"按钮，打开如图 8-8b 所示"Internet 协议版本 4（TCP/IPv4）属性"对话框，在其中可进行 IP 地址及相关设置。

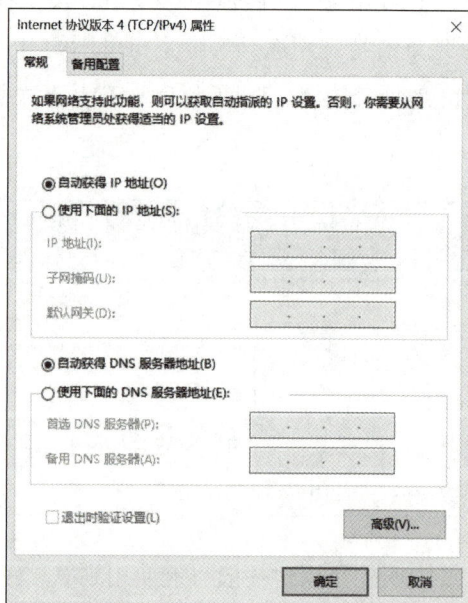

（a）"本地连接属性"对话框　　　（b）"Internet 协议版本 4（TCP/IPv4）属性"对话框

图 8-8　设置 IP 地址

拓展：
查找资料解释为什么在学校或家庭上网时经常看到分配的是 C 类地址？

8.2.2 Internet 有关的基本概念

1. 超文本

超文本（hypertext）是一种人机界面友好的计算机文本显示技术。使用超文本技术可以对文本中的有关词汇或句子建立链接，使其指向其他段落、文本或弹出注解。这样，一个使用了超文本技术的文档就形成了一个非线性结构的文档。

用户在读取超文本文件时，建立了链接的句子、词语、甚至图片将以不同的方式显示出来，如带有下划线、或加亮显示、或粗体显示、或以特别的颜色显示，来表明这些文字对应一个超链接。当鼠标移至这些文字时，鼠标会变成手形，单击超链接文字，就可以跳转到相关的文件位置。Web 服务器上的超文本是用超文本标记语言 HTML 开发编写的。

2. 超文本标记语言

HTML（hyper text markup language）是超文本标记语言的缩写，是一种专门用于描述在浏览器上显示各种信息格式的语言。与一般的标记语言一样，它也由两部分组成，一部分是文档数据（即要在浏览器上显示的内容）；另一部分是规定这些内容在浏览器中以何种格式呈现给用户的标记（即标签）。HTML 技术可以使网页中包含文本、图像、表格、超链接和动画文件等，因此可以为用户呈现丰富多彩的网络页面信息。HTML 文件以扩展名 .html 或 .htm 的形式保存在相关单位、公司或服务商的 Web 服务器中。

3. 超文本传输协议

超文本传输协议（hypertext transfer protocol, HTTP）是一种简单的请求–响应协议，通常运行在 TCP 协议之上。它指定了客户端（常用的是浏览器）在向某 Web 服务器请求下载网页文件时，首先根据 Web 服务器的 IP 地址，在客户机与服务器之间建立连接，客户发送请求服务后，服务器进行应答，即根据用户的请求内容将相应的网页页面传输给用户，在用户端通过浏览器显示给用户。

4. 统一资源定位器

用户要访问 Web 中的某一个网页，一定要告诉浏览器三个基本信息：第一是该网页怎样下载到本地主机；第二是该网页在 Web 中的什么地方；第三是该网页的名称是什么。第一个信息其实就是下载网页所使用的协议（常用 http 协议），第二信息就是要给出请求下载的网页文件所在主机的地址（或域名），第三个问题就是要给出网页文件名称。为此人们定义了统一资源定位器（uniform resource locator, URL），它可以很方便地描述以上三种信息，它的格式如下。

URL= 协议名称 + 主机名（或 IP 地址）+ 目录与文件名

例如：

http://www.yoyo.cn/index.html

ftp://ftp.cs.edu.cn/pub/cpp/exam.txt

http://100.12.23.34/mail/free/scan

拓展：✖

分析 URL 由三部分组成的原因。

5. Web 服务器

Web 服务器一般指网站服务器，是指因特网中提供各种服务的计算机及其上安装的服务程序，统称为 Web 服务器。它可以处理浏览器等 Web 客户端的请求并返回相应响应，如放置网站文件，让客户浏览；或者放置数据文件，供用户共享和下载。

拓展：✖

为什么使用 Internet 时看不到 Web 服务器呢?

6. 万维网（WWW）

WWW 是 world wide web（环球信息网）的缩写，也可以简称为 Web，中文名字为"万维网"，可以理解为 Internet 中提供各种内容的信息网络。通过万维网，人们只要使用简单的方法，就可以很迅速、方便地获取丰富的信息资源。用户在通过 Web 浏览器访问信息资源的过程中，无需再关心一些技术性的细节，而且界面非常友好，因此 Web 已经成了 Internet 最大的应用领域。万维网其实是一个由千千万万个网页组成的信息网。WWW 是 Internet 上把所有信息组织起来的一种方式，它是一个超文本文档的集合。

7. 域名

域名（domain name）是由一串用点分隔的名字组成的 Internet 上某一台计算机的名称。IP 地址能够唯一地标记网络上的某台计算机，但 IP 地址是一长串数字，不直观，不便于记忆，于是人们又发明了另一套字符型的地址方案，即所谓的域名。IP 地址和域名是一一对应的，域名及对应的 IP 地址等信息存放在一个叫域名服务器（domain name server, DNS）的主机内，使用者只需了解易记的域名地址，其对应转换工作就留给了域名服务器。域名服务器就是提供 IP 地址和域名之间的转换服务的服务器。

典型的域名结构为：服务名 . 主机名 . 机构名 . 国家名。

如某大学的域名为 xxxxx.edu.cn，提供 Web 服务的域名为 www.xxxxx.edu.cn。

域名最右边的部分叫做顶级域名。顶级域名又分为两类：一种是国家和地区顶级域名，例如中国是 .cn，美国是 .us 等；另一种是通用顶级域名，例如表示工商企业的 .com，表示非盈利性组织的 .org，表示网络商的 .net 等。

> **拓展：** 🔧
>
> 域名服务器给 Internet 的使用带来了什么便利？

8.2.3 浏览器的使用

1. 浏览器窗口

目前国内使用的浏览器有很多，常用的有 Microsoft Edge 浏览器、360 浏览器等。尽管浏览器的版本不同、提供的厂商不同，但启动浏览器后其窗口基本由以下几个部分的组成。

（1）标题栏：显示正在浏览的页面的名字。标题栏的最右端为 Windows 中最常用的"最小化""最大 / 还原"和"关闭"按钮。

（2）菜单栏：单击菜单名可打开相应的下拉菜单。浏览器的各种功能都可以通过单击菜单中的命令来实现。

（3）按钮栏：在按钮栏中安排有"后退""前进"、"刷新""主页"等按钮。单击某个按钮就可以方便地实现相应的功能。

（4）地址栏：用来输入用户要访问的网页地址。

（5）浏览窗口：显示所访问的网页的内容。

2. 浏览网页

将插入点移入地址栏中，并输入要浏览的网页的地址后按回车键，就可以浏览该网页。第一次输入某个地址时，浏览器一般会记忆这个地址，待再次输入时只需要键入开始的几个字符，浏览器就把匹配的地址罗列出来，选中需要访问的地址即可打开相应的网页进行浏览。单击地址栏右端的下拉按钮，可列出曾经浏览过的网页地址。用鼠标单击选中所需的一个，相当于在地址栏输入该地址并按回车键。

网页上的某些文字、图形等可以作为超链接对象，当鼠标指向超链接时，鼠标指针会变成手指形，用户单击这些文字和图形时，可跳转至另一个网页。这样通过超链接来浏览下去，就可以漫游整个网站资源。利用"后退"和"前进"按钮可以浏览最近访问过的网页。

3. 保存当前浏览的网页

打开的网页，可以保存到本地计算机，使用菜单命令"文件→另存为"或页面上单击鼠标右键，在弹出的快捷菜单中选择"网页另存为"，在显示的"保存网页"对话框中选择要保存文件的路径，在"文件名"文本框中输入文件名，在"保存类型"下拉列表中，根据需要选择一种类型，单击"保存"按钮即可。

4. 保存网页上的图片

一般在网页中包含一些精美的 JPG、GIF 等格式的图片，右击欲保存的图片，从快捷菜单中选择"图片另存为"命令，在"另存为"对话框中选择需要保存在本机的路径和存储的图片格式，并输入文件名称，单击"保存"按钮即可。

5. 收藏夹的使用

对于需要经常浏览的网站，可以保存其地址，这样以后就能轻松打开，而不必费心记住域名。不同的浏览器操作方法大致类似，在菜单中选择"添加到收藏夹"命令，出现"添加到收藏夹"对话框按提示操作即可。连接 Internet 以后，单击"收藏"按钮打开收藏夹，就可以在收藏夹中找到需要访问的站点名字。

8.2.4 电子邮件的使用

教学视频

[QR code]

电子邮件
的使用

电子邮件（electronic mail）简称 E-mail，是通过计算机网络传递信息的一种技术。与传统邮件相比，电子邮件具有速度快、成本低等特点，而且收件人可以在任何接入网络的地方接收到邮件。电子邮件使用的方便性、高效性，使其在网络中得到广泛应用。

电子邮件服务一般是由网络运营商、网络内容提供商或者是某些单位自行建立的邮件系统提供的，用户必须拥有自己的电子邮箱才能进行电子邮件的收发，电子邮箱地址的结构如下。

用户名 @ 电子邮件服务器域名

其中 @ 是电子邮件地址的标识符号，@ 之前是电子邮件用户的名称，@ 之后是提供电子邮件服务的服务器域名。如 zhangsan@lzpcc.edu.cn。有些电子邮箱是收费服务的，也有很多是免费服务的。很多网络内容服务商提供免费邮件服务，例如"网易免费邮"等。

一份电子邮件一般包含如下内容：收件人邮箱、主题、内容、附件等。

另外在收件箱页面，用户可进行阅读邮件、删除邮件、标记邮件等操作。

8.2.5　信息检索

在 Internet 中有各类资源，如 Web 资源、FTP 资源、图片、视频等，信息量巨大，要在这大量的信息中获取所需的信息成为了迫切需要解决的问题，为此诞生了搜索引擎。

1. 搜索引擎

搜索引擎是万维网环境中的信息检索系统，指根据一定的检索策略、使用特定的计算机程序从互联网上搜集信息，在对信息进行组织和处理后，为用户提供检索服务，将与用户检索相关的信息展示给用户的系统。国内提供搜索引擎服务的厂商较多，较为常用的有百度（www.baidu.com）、360 搜索（www.so.com）等。搜索引擎的服务方式主要包括目录服务和关键字检索两种，其中目录服务方式以超链接的形式展示出各类资源的链接，用户通过点击相应的超链接进而找到所需信息，但是这种方式在检索特定关键字的相关信息时不够快捷，为此搜索引擎提供了关键字检索的方式。

为了在成千上万的页面中快速地找到所需要的网页，就要掌握一些搜索引擎使用的基本知识。各个搜索引擎都提供一些方法以进行精确检索，不同的搜索引擎，提供的查找技巧和实现的方法各有不同，下面以百度为例说明信息检索常用的检索方法。

> **拓展：** 🛠
>
> 使用搜索引擎时如何辨别哪些内容是广告？

2. 常用的检索方法

（1）简单信息查找

简单信息查找是最常用的检索方法，当输入一个关键词时，搜索引擎会把包括关键词和与关键词意义相近的网址全部找到，并分页显示出来。例如，检索"科技手段"一词时，将会查找出包含"科技手段""科技""手段"等内容的网址。

简单信息查找往往会找到大量不需要的信息，如果检索的是一个词组或多个汉字，最好的办法就是将它们用双引号（英文输入状态下的双引号）括起来，这样得到的结果更少、更精确。例如在搜索引擎的文本框中输入""电脑技术""，就等于告诉搜索引擎只反馈回网页中有"电脑技术"这个关键字的网址，这会比直接输入"电脑技术"得到更少、更精确的结果。

（2）检索指定文件类型

如果要检索指定类型的文档，就要在查找内容的后面加"filetype: 文件类型扩展名"，用这样的方式来进行检索。其格式为：

查询关键词 `filetype:` 文档类型

例如要限定查找 Office 中的 Word 文档"资产负债表"，则搜索栏中应该输入：

资产负债表 `filetype:doc`

（3）检索特定时间内文件

通过搜索引擎页面，可以选择搜索"一年内""一个月内"或指定日期的内容。

（4）地图搜索服务

通过搜索引擎页面，可以选择地图搜索，这样可以准确定位到地图中的某个（或某些）位置。

（5）图片搜索服务

通过搜索引擎页面，可以选择图片搜索，这样可以检索指定关键词的各种图片信息。

3. 科技文献检索

在工作与科研中，有时需要了解某领域的发展与研究情况，这就需要查阅大量的科技论文、科技期刊等各种文献。目前国内外有专门提供科技文献数据库服务的平台，如比较常用的中文数据库有维普、万方、CNKI 等，比较常用的外文数据库有 SpecialSci 等。不同的数据库有各自的特点，用户在检索时可以选择一个适合自己的数据库。下面以国内较为常用的 CNKI（中国知网）为例进行说明。

（1）进入 CNKI：在浏览器地址栏中输入 https://www.cnki.net/，打开如图 8-9 所示的主页。

图 8-9　CNKI 主页

（2）基本检索：在 CNKI 主页中选择检索主题，可以选择的主题包括"关键词""篇名""作者"等，主题选定后可以在右侧文本框中录入要检索的文章名称或其他关键词等进行搜索。也可以选择要检索的文献类型，如"学术期刊""学位论文"等，在导航栏"行业知识服务与知识管理平台""研究学习平台"和"专题知识库"中可以选择某种类型的专题查找文献或进行专题学习。

（3）高级检索：基本检索的检索结果太多时，可以进行高级检索。单击主页中的"高级检索"，打开如图 8-10 所示的高级检索窗口。

图 8-10　高级检索窗口

例如，在图 8-10 所示的窗口"主题"文本框中输入"大数据技术"，在"作者"文本框中输入"任泰明"，单击"检索"按钮，则可以检索出作者为任泰明的所有与大数据技术有关的文章。如果将"作者"前的"AND"更改为"NOT"，则可以检索出作者不是任泰明的所有与大数据技术有关的文章，如果将"作者"前的"AND"更改为"OR"，则可以检索出所有作者为任泰明或者与大数据技术有关的文章。此外，还可选择文章发表的时间范围等检索条件。

知识练习 8.2

一、选择题

1. 家庭使用的 Internet 网络，一般是通过（　　）方式接入的。

A. ISP　　　　　　　　B. ARPANET　　　　　　C. TCP/IP　　　　　　　D. HTTP

2. 一个 IP 地址由网络号和（　　）号两部分组成。

A. 网络标识　　　　　B. 网络名称　　　　　　C. 协议　　　　　　　D. 主机

3. 在 Internet 中使用的 IPv4 协议，IP 地址用一个（　　　）位二进制数表示。

A. 16　　　　　　　　B. 32　　　　　　　　C. 36　　　　　　　　D. 48

4. IP 地址分为 A、B、C、D 和 E 共五大类，小型计算机网络一般使用（　　　）地址。

A. A 类　　　　　　　B. B 类　　　　　　　C. C 类　　　　　　　D. D 类

5. 在 Internet 中传输网页一般使用（　　　）协议。

A. HTTP　　　　　　　B. HTML　　　　　　　C. FTP　　　　　　　D. URL

6. URL（Uniform Resource Locator）一般由协议名称、主机名（或 IP 地址）和
（　　　）三部分组成。

A. 文件夹名　　　　　B. 文件名　　　　　　C. 目录名　　　　　　D. 目录与文件名

7. 电子邮件服务一般是由网络运营商、网络内容提供商或者是某些单位自行建立的
邮件系统提供，用户必须拥有自己的电子邮箱才能进行电子邮件的收发，电子邮箱地址的
结构一般由用户名、@ 和（　　　）三部分组成。

A. 电子邮件服务器域名　　　　　　　　　　B. 主机名

C. 网络名　　　　　　　　　　　　　　　　D. 邮件名

二、简答题

1. 说明 IP 地址的概念和 IP 地址的组成。

2. 什么是域名和域名服务器？

3. 常用的浏览器有哪些功能？

4. 说明电子邮件地址的结构。

技能练习 8.2

实训项目 1： 设置主机 IP 地址。

1. 实训目标

（1）认识 IP 地址结构。

（2）学会 IP 地址设置。

2. 实训内容

（1）向老师了解自己所使用的 PC 主机分配的 IP 地址。

（2）在操作系统下设置分配的 IP 地址。

实训项目 2： 浏览器中收藏夹的使用与整理。

1. 实训目标

（1）学会通过浏览器收藏常用网址。

（2）掌握收藏夹的创建与整理操作。

2. 实训内容

（1）通过浏览器访问网站 http://www.lzpcc.edu.cn/，并将该网址加入收藏夹中。

（2）在收藏夹中创建一个名为"计算机应用技术学习"的文件夹，并将收藏的与计算机有关的网址添加到该文件夹中。

（3）对收藏夹的地址进行删除、移动等操作。

实训项目3：练习电子邮件的使用。

在"网易免费邮"下注册一个免费邮箱，与同学们之间练习电子邮件的收发操作。

1. 实训目标

（1）学会免费邮箱的注册。

（2）掌握邮件的发送、接收、删除等操作。

2. 实训内容

（1）在"网易免费邮"下注册一个免费邮箱，记住邮箱用户名与密码。

（2）编写一个关于今天学习内容的 WPS 文档，把该文档作为附件用电子邮件传输给一位同学。

（3）查看接收到的邮件，设置邮箱的自动回复功能。

（4）删除收到的邮件后退出该邮箱。

实训项目4：在 CNKI 中检索科研论文。

1. 实训目标

（1）熟悉 CNKI 的简单检索功能。

（2）熟悉 CNKI 的条件检索功能。

2. 实训内容

（1）检索所在学校老师发表的"计算机课程教学改革"类论文。

（2）检索认识的某老师近三年内发表的学术论文。

8.3　信息安全基础知识　　»

知识与技能目标

1. 理解信息安全的由来。

2. 掌握信息安全的含义与属性。

3. 了解经常发生的信息安全事件类型。

4. 掌握有害程序事件的分类。

5. 理解影响信息安全的三大因素。

6. 了解常用的信息安全技术。

📧 知识与技能学习

日常工作与生活中要使用大量的信息，使用信息遇到的最主要的问题是信息安全，那么什么是信息安全？常见的信息安全事件有哪些？如何才能保护自己的信息安全呢？

8.3.1 信息安全问题的提出

Internet 迅速普及带来了信息技术的广泛应用，给人类社会带来极大便利的同时，也遇到非常重大的挑战，即信息安全问题。信息安全已经成为信息化发展中要必须面对的经常性问题。我国信息化建设向纵深发展的过程中，信息安全问题日益突出，各类信息安全事件频发，危害着国家安全、社会稳定。信息安全是国家信息化发展的基础，是全面推进我国国民经济和社会信息化进程的重要保障。

下面列举近年来发生的几个重大典型信息安全事件，以此说明信息安全的重要性与紧迫性。

1. 美国燃油运输管道事件

2021 年 5 月 7 日美国最大燃油运输管道运营商科洛尼尔管道运输公司遭黑客攻击，而被迫关闭了旗下 4 条主干成品油管道。受此事件影响，2021 年 5 月 9 日美国交通部下属的联邦机动车运输安全管理局宣布，由于科洛尼尔管道运输公司管道关闭，影响到汽油、柴油、航空煤油和其他成品油的供应，在受影响地区实施区域紧急状态，涉及美国东部和南部沿岸 17 个州和华盛顿特区。该事件是美国有史以来最具破坏性的基础设施信息安全事件之一，有关分析认为，该事件突显了美国关键信息系统中安全漏洞问题。

2. 谷歌浏览器间谍软件事件

2020 年 6 月 18 日，网络安全威胁检测商 Awake Security 的研究人员表示，他们在谷歌浏览器的扩展程序商店中发现了一个间谍软件，并且已经被下载了 3 200 多万次。如果有普通用户在家用电脑上使用扩展程序中带有恶意软件的浏览器，它会暗自传输用户信息，造成个人信息泄露。

3. 大量用户信息泄漏典型事件

2020 年 1 月中国裁判文书网公布了某份刑事裁定书，2013 年至 2016 年 9 月，国内大量用户的手机号码信息（区分不同行业、地区）被被告人陈某某以人民币 0.01 元 / 条至

0.2 元 / 条不等的价格在网络上出售，获利金额累计达人民币 2 000 余万元，涉及公民个人信息 2 亿余条。

在今天的信息社会，类似于以上的信息安全问题时有发生。信息安全面临的威胁来自很多方面，可以分为人为威胁和自然威胁。信息安全问题的比例及造成安全事件的原因见表 8-3，从该表中可以看出人为的攻击虽然可能造成重大后果，但更多的安全事件是由于人们缺乏信息安全意识或安全管理不善造成的。

表 8-3　信息安全问题的比例及造成安全事件的原因

安全问题	比　例	安全事件的原因
安全意识与知识不足	60%	误操作或系统配置不当，如用户缺乏安全意识、经验不足、系统维护不到位等
管理不当	20%	内部人员所为，如雇员、系统管理员利用便利手段获得权限，并进行非法操作
自然灾害	15%	如电路故障或水灾、雷击、火灾等
外部攻击	5%	如黑客、竞争对手、有组织的智能犯罪等

8.3.2　信息安全的概念

国际标准化组织（ISO）对于信息安全的定义为：为数据处理系统建立和采用的技术、管理上的安全保护，为的是保护计算机硬件、软件、数据不因偶然和恶意的原因而遭到破坏、更改和泄露。

一般认为信息安全是指保障计算机及其相关配套设备的安全、运行环境的安全，保障信息的安全，使计算机能发挥正常的功能，维护计算机信息系统的安全运行，为信息和信息系统提供保密性、完整性、可用性、可控性和不可否认性。该定义强调信息不受威胁或危害，包括信息系统的安全、信息数据的安全和信息内容的安全。

信息安全问题是随着互联网技术兴起而出现的一种非传统安全问题，其涉及知识与领域范围广泛，包括计算机科学、计算机通信、计算机存储、密码技术等诸多领域。

信息安全的主要目标是保障网络和信息系统的保密性、完整性和可用性。这三点也是信息的三大安全属性。

1. 保密性

保密性是指信息只能被那些有权使用的人获取。也就是说，只有那些有权访问资源的用户才能进行资源访问。这里的"有权访问"不仅指可以读，还包括能浏览、打印或者简单地了解一些特殊资源是否存在。也就是说保密性对信息要设置一个权限层次，有些信息可以被用户获得，有些信息只能被一部分人获得。

保密性也包括保护个人隐私和信息所有权，有时也被称为私密性或机密性。由于个人信息被无意或有意的泄密而给当事人造成的伤害事件，已经成了当前社会的热点问题。

常用的保密技术如下。

（1）防侦收：使对手侦收不到有用的信息。

（2）防辐射：防止有用信息以各种途径辐射出去。

（3）信息加密：使用密码技术对信息进行加密处理，即使对手得到加密后的信息也会因为没有密钥而无法读懂信息。

（4）物理保密：利用各种物理方法，如限制、隔离、隐蔽、控制等措施，保护信息不被泄漏。

（5）信息隐形：将信息嵌入其他载体中，隐藏信息的存在等。

2. 完整性

完整性是指信息轻易不能被更改，除非有授权可以更改的特性。也就是说即信息在存储或传输过程中保持不被偶然或蓄意地破坏（删除、修改、伪造、乱序、重放、插入等）和丢失的特性。完整性要求防止不适当的信息被修改或破坏，并且一旦出现信息的修改行为，做出这种行为的用户是不能否认的。

完整性与保密性不同，保密性要求信息不被泄漏给未授权的人，而完整性则要求信息不致受到各种原因的破坏。影响信息完整性的主要因素有：设备故障、误码、人为攻击、计算机病毒等。

保护信息完整性的主要方法如下。

（1）安全协议：通过各种安全协议来检测出被复制的字段、被删除的字段、失效的字段和被修改的字段。

（2）检错和纠错：通过设计信息的编码方案，使其具有完成检错和纠错的功能。

（3）密码校验：对信息进行数学运算后形成信息摘要，一旦信息发生改变，信息的摘要也随之改变。

（4）信息公证：请求管理机构或中介机构证明信息的真实性。

3. 可用性

可用性是信息可被授权实体访问并按需求使用的特性。换句话讲，如果某些人或系统有访问某个资源的合法权限，那么访问就不能被拒绝。可用性要求网络和信息系统正确地为合法用户提供服务。

信息的可用性与硬件可用性、软件可用性、人员可用性、环境可用性等方面有关。硬件可用性最为直观和常见，是指硬件系统正确运行的概率；软件可用性是指在规格的时间内，程序成功运行的概率；人员可用性是指人员成功地完成工作或任务的概率，人员可用性在整个系统可用性中扮演着重要角色，因为系统失效的大部分原因是人为差错造成的；

环境可用性是指在规定的环境内，保证信息处理设备成功运行的概率，这里的环境主要是指自然环境和电磁环境等。

除此之外，信息的其他安全属性还有可控性和不可否认性。可控性是指能够控制使用信息资源的人或实体的使用方式；不可否认性也称抗抵赖性指一个已出现的操作不能被否认的性质。

随着信息安全的重要性越来越被人们认识到，发达国家普遍视信息安全为国家安全的基石，将其上升到国家安全的高度去认识和对待，在这样的一个战略高度上，信息安全有了更广阔的外延，影响信息安全的不利因素可能来源于计算机、网络或系统的技术原因，也可能来源于信息内容本身。

8.3.3　信息安全事件的分类

对于发生的各种类型信息安全事件，依据《中华人民共和国网络安全法》和《GB/Z 20986—2007 信息安全技术信息安全事件分类分级指南》等法律法规文件和相关国家标准，根据信息安全事件发生的原因、表现形式等，将其分为网络攻击事件、有害程序事件、信息泄露事件和信息内容安全事件四大类。

1. 网络攻击事件

网络攻击事件是指通过网络或其他技术手段，利用信息系统的配置缺陷、协议缺陷、程序缺陷或使用暴力对信息系统实施攻击，并造成信息系统异常或对信息系统当前运行造成潜在危害的信息安全事件，包括拒绝服务攻击事件、后门攻击事件、漏洞攻击事件、网络扫描窃听事件、网络钓鱼事件、干扰事件等。如前面介绍的 2021 年发生的美国燃油运输管道事件就属于这类事件。

2. 有害程序事件

有害程序事件是指蓄意制造、传播有害程序，或是因受到有害程序的影响而导致的信息安全事件。有害程序是指插入到信息系统中的一段程序，它危害系统中数据、应用程序或操作系统的保密性、完整性或可用性进而影响信息系统的正常运行。有害程序事件包括计算机病毒事件、蠕虫事件、特洛伊木马事件、僵尸网络事件、混合攻击程序事件、网页内嵌恶意代码事件等。

（1）计算机病毒事件。计算机病毒是指编制并在计算机程序中插入的一组计算机指令或者程序代码，它可以破坏计算机功能或者毁坏数据，影响计算机正常使用，并能自我复制。计算机病毒事件是指蓄意制造、传播计算机病毒，或是因受到计算机病毒影响而导致的信息安全事件。

（2）蠕虫事件。蠕虫是指除计算机病毒以外，利用信息系统缺陷，通过网络自动复制并传播的有害程序，因此可以认为蠕虫是一种传播速度快、危害更大的计算机病毒。蠕虫事件是指蓄意制造、传播蠕虫，或是因受到蠕虫影响而导致的信息安全事件。例如于2010年6月首次被检测出来世界上首个针对工业控制系统的"超级破坏性武器"——震网病毒（又名 Stuxnet 病毒），它感染了全球大量的工业控制系统，因此造成了严重的经济损失。震网病毒可以破坏世界各国的化工、发电和电力传输企业所使用的核心生产控制电脑软件，并且代替其对工厂其他电脑"发号施令"。

（3）特洛伊木马事件。特洛伊木马程序是指伪装在信息系统中的一种有害程序，具有控制该信息系统或进行信息窃取等对该信息系统有害的功能。特洛伊木马事件是指蓄意制造、传播特洛伊木马程序，或是因受到特洛伊木马程序影响而导致的信息安全事件。

（4）僵尸网络事件。僵尸网络是指网络上受到黑客集中控制的一群计算机，它可以被用于伺机发起网络攻击，进行信息窃取或传播木马、蠕虫等其他有害程序。僵尸网络事件是指利用僵尸工具软件形成僵尸网络而导致的信息安全事件。

（5）混合攻击程序事件。混合攻击程序是指利用多种方法传播和感染信息系统的有害程序，可能兼有计算机病毒、蠕虫、特洛伊木马程序或僵尸网络等多种特征。混合攻击程序事件是指蓄意制造、传播混合攻击程序，或是因受到混合攻击程序影响而导致的信息安全事件。混合攻击程序事件也可以是一系列有害程序综合作用的结果，例如一个计算机病毒或蠕虫在侵入系统后进而下载并安装木马程序等。

（6）网页内嵌恶意代码事件。网页内嵌恶意代码是指内嵌在网页中，未经允许由浏览器执行，影响信息系统正常运行的有害程序。网页内嵌恶意代码事件是指蓄意制造、传播网页内嵌恶意代码，或是因受到网页内嵌恶意代码影响而导致的信息安全事件。这类事件往往是由于用户安装了各类所谓"免费"应用软件，或打开非法链接等引起的。网页内嵌恶意代码已经成为了当今网络信息的一大公害，各类恶意广告或不文明信息经常使用这种方式侵入到用户电脑中。

提示：
总结在使用电脑时遇到的有害程序事件。

3. 信息泄露事件

信息泄露事件是指通过网络或其他技术手段，造成信息系统中的信息被篡改、假冒、泄露、窃取等导致的信息安全事件。信息泄露事件包括商业机密、客户资料、公司合同、个人信息等各种信息资料的泄露。每年都有大量的信息泄露事件发生，给国家和人民财产安全带来了严重危害，例如2022年中华人民共和国公安部部署并开展的"净网2022"专项行动，共侦办侵犯公民个人信息案件就有1.6万余起。

4. 信息内容安全事件

信息内容安全事件是指利用网络发布，传播危害国家安全、社会稳定、公共利益和公司利益的内容的安全事件。包括违反法律、法规和公司规定的信息安全事件；针对社会事项进行讨论、评论，形成网上敏感的舆论热点，出现一定规模炒作的信息安全事件；组织串连、煽动集会游行的信息安全事件等。例如在 2019 年，某电视剧出品方未经测绘地理信息主管部门审核，在其出品的剧集中擅自登载不符合国家规定的地图，被上海市规划和自然资源局责令改正并进行了罚款处理。这是一起典型的在产品设计中出现的一类内容安全事件，值得所有人提高警醒，也提醒人们要加强信息内容安全知识的学习。

8.3.4　影响信息安全的主要因素

总体看来，引起信息安全问题的主要因素可以归纳为以下三类。

1. 计算机系统与网络存在的漏洞

计算机系统的硬件与软件本身在设计时可能存在各种各样的漏洞。如操作系统本身存在的隐患是计算机系统不安全的根本原因之一。众所周知，操作系统需要经常打"补丁"才能够正常运行。

信息交换要通过网络进行，人们日常使用的互联网本身是开放的，任何团体和个人都可以在网上传送或者获取各种各样的信息，这样网络随时都有可能遇到恶意的攻击或破坏。另外目前互联网采用的各种通信协议，例如 TCP/IP 协议自身都包含有许多不安全的因素，存在许多安全漏洞。

根据国家信息安全漏洞共享平台（China National Vulnerability Database, CNVD）统计的数据显示，2021 年上半年收录到通用型安全漏洞 13 083 个，其中，高危漏洞收录数量为 3 719 个（占 28.4%）。按影响对象分类统计，排名前三的是应用程序漏洞（占 46.6%）、Web 应用漏洞（占 29.6%）、操作系统漏洞（占 6.0%）。

> **拓展：** ✖
>
> 进入 CNVD 网站，查看近期公布的各种安全漏洞信息，谈一谈自己对这些安全漏洞的看法。

2. 恶意攻击

电脑黑客的恶意攻击相较于计算机病毒来说，其更具有针对性、目的性，甚至对攻击目标所造成的破坏更具体。重大的信息安全事件基本都与恶意攻击行为有关。攻击主要有两种类型：非破坏性攻击和破坏性攻击。非破坏性攻击主要是为了扰乱被攻击对象系统运行，但是并不对该对象的系统资料造成破坏；而破坏性攻击则通过入侵被攻击对象的电脑系统，破坏、盗取其系统资料。

根据国家互联网应急中心（China Emergency Response Team/Coordination Center, CNCERT/CC）发布的《2020 年中国互联网网络安全报告》显示，2020 年我国共捕获计算机恶意程序样本数量为 4 298 万余个，恶意程序月平均传播 1.5 亿余次，涉及计算机恶意代码家族 34.8 万余个。按照目标 IP 地址统计，我国境内受计算机恶意程序攻击的 IP 地址约 5 541 万个，约占我国 IP 地址总数的 14.2%。

3. 信息安全管理问题

此类问题是指由于管理人员专业知识掌握不足，缺少安全管理的技术规范、缺少定期的安全测试与检查、缺少安全监控，或由工作失误引起的信息安全问题。例如 2017 年全球领先的网络解决方案供应商思科公司的子公司 Meraki 因为云配置错误而导致北美客户数据泄露。Meraki 公司的这起用户数据泄露事件不是唯一的案例，国际知名的 IT 企业谷歌、亚马逊等也曾发生过因内部工作人员操作失误引起用户数据泄露的严重事件。由此可见，人为过失操作引起的信息泄漏危害非同小可，关乎企业的利益甚至是国家信息安全。

8.3.5 常用的信息安全技术

为了保障信息系统的安全，首先要确立完整的信息安全管理策略，并辅以有效、合理的技术手段加以实施。信息安全涉及多种安全技术，要从不同层面对系统加以保护。

下面介绍几种常用的信息安全技术。

1. 数据加密技术

一般情况下，把一个较大范围的人（或机器）都能够读懂、理解和识别的信息（如语音、文字、图像和符号等）称为明文，通过一定的方法和技术手段将明文转变成为一些晦涩难懂或者偏离信息原意的信息就称为密文。将明文变为密文便达到了一定程度上的信息安全保护目的。密文转化为明文的过程称为解密，即将加密数据的编码信息转化为原来形式的过程。尽管数据加密技术中使用的各种算法通常是公开的，如 DES（data encryption standard，数据加密标准）和 IDEA（international data encryption algorithm，国际数据加密算法）等，但对密文进行解码必须要有正确的密钥，而密钥是保密的，这样就保证了信息的安全。

2. 恶意代码防护

恶意代码就是一个计算机程序或一段程序代码，具有特定的、恶意的、破坏性的功能。如前面介绍的计算机病毒、蠕虫、特洛伊木马等。恶意代码的处置包括如下四个阶段。

（1）检测恶意代码：一般通过特定程序检测是否存在恶意代码。

（2）定位恶意代码：通过人工或自动检测程序找到恶意代码的存储位置。

（3）删除恶意代码：将恶意代码从正常程序中删除。

（4）恢复正常系统：把被感染或攻击的系统和网络设备还原到正常的工作状态，并恢复被破坏的程序和数据等。

3. 防火墙技术

防火墙技术是一种用来加强网络之间访问控制，防止外部网络用户以非法手段通过外部网络进入内部网络，进而访问内部网络资源，保护内部网络环境的特殊网络互联设备的技术。防火墙用来保护敏感的数据不被窃取和篡改，也就是说，防火墙如同在被保护的网络内部和不安全的外部网络之间设置了一道"防护墙"，通过这道防护墙控制两个方向信息的进出。

防火墙要起到边界保护作用需要做到如下三点。

（1）所有进入内部网络的通信，都必须通过防火墙。

（2）所有通过防火墙的通信，都必须经过安全策略的过滤。

（3）防火墙本身是安全可靠的，不易被攻破。

防火墙通常具有如下三个功能。

（1）访问控制功能：即通过允许或禁止特定用户对特定资源的访问，保护内部网络资源和数据。

（2）内容控制功能：即能够对从外部穿越防火墙的数据内容进行控制，阻止不安全的内容进入内部网络。

（3）安全日志功能：即可以完整记录网络通信情况，通过分析日志文件，可以发现潜在威胁，并及时调整安全策略等。

4. 入侵检测技术

如果入侵者成功地绕过了防火墙，渗透到内部网络中，就需要入侵监测系统监视受保护系统或网络的状态，可以发现正在进行或已经发生的攻击。一个成功的计算机网络入侵检测系统，不但可使系统管理员时刻了解计算机网络系统（包括程序、文件和硬件设备等）的任何变更，还能为计算机网络安全策略的制订提供指导，此外，它应该配置简单，易于管理人员操作使用。

入侵检测系统在发现入侵后，会及时作出响应，包括切断计算机网络连接、记录事件和事件报警等。入侵检测系统的功能如下。

（1）监视功能：监视用户和系统的运行状况，查找非法用户的操作以及合法用户的越权操作。

（2）检测功能：检测系统配置的正确性和安全漏洞，并提示管理人员正确配置或修补漏洞。

（3）统计分析功能：能对用户的非正常活动进行统计分析，发现入侵行为的规律。

（4）验证功能：检查系统程序和数据的一致性和正确性，如计算和比较文件系统的校验和。

（5）报警功能：能够实时对检测到的入侵行为进行提示与报警。

（6）审计跟踪功能：能对操作系统进行审计跟踪管理。

提示： 💬

总结自己电脑上常用的信息安全防护技术，这些防护技术能保证电脑与个人信息的安全吗？

📖 知识练习 8.3

一、选择题

1.（多选题）一般引起信息安全的因素是（　　　）。

A. 外部攻击　　　　　　　　　　　　B. 安全意识与知识不足

C. 各种自然灾害　　　　　　　　　　D. 计算机安全管理的问题

2.（多选题）信息安全的主要目标是保障网络和信息系统的（　　　），这三点也是信息的三大安全属性。

A. 保密性　　　　B. 重复性　　　　C. 可用性　　　　D. 完整性

3.（多选题）常用的信息保密技术包括（　　　）等。

A. 防侦收技术　　　B. 防辐射技术　　　C. 信息加密技术　　　D. 物理保密技术

4.（多选题）保护信息完整性的主要方法有（　　　）等。

A. 安全协议　　　B. 检错和纠错　　　C. 密码校验　　　D. 信息公证

5. 通常所说的计算机病毒是指（　　　）。

A. 细菌感染　　　　　　　　　　　　B. 生物病毒感染

C. 被破坏的程序　　　　　　　　　　D. 具有破坏性的程序

6.（多选题）常用的信息安全技术有（　　　）等。

A. 防火墙技术　　　　　　　　　　　B. 恶意代码防护技术

C. 数据加密技术　　　　　　　　　　D. 入侵检测技术

7.（多选题）对于发生的各种类型信息安全事件，根据信息安全事件发生的原因、表现形式等，将信息安全事件分为（　　　）和信息内容安全事件四类。

A. 网络攻击事件　　　　　　　　　　B. 有害程序事件

C. 信息泄露事件　　　　　　　　　　D. 网络盗号事件

二、简答题

1. 举例说明身边遇到的信息安全事件。

2. 信息的安全属性有哪些？

3. 常用的保密技术有哪几种？

4. 信息安全事件分为哪四类？举例说明。

5. 引起信息安全问题的主要因素有哪三类？

6. 常用的信息安全技术有哪些？

技能练习 8.3

实训项目 1： 利用 360 杀毒软件查杀计算机恶意代码。

1. 实训目标

（1）学会下载并安装 360 杀毒软件。

（2）掌握 360 杀毒软件的快速扫描、全盘扫描、自定义扫描和 office 宏病毒扫描等病毒查杀功能。

2. 实训内容

360 杀毒软件的使用非常简单，读者可以启动该软件后自行学习并掌握其功能。

实训项目 2： 利用 360 安全卫士进行电脑防护。

1. 实训目标

（1）学会下载并安装 360 安全卫士软件。

（2）掌握 360 安全卫士的木马查杀、电脑清理、系统修复、优化加速等功能。

（3）了解 360 安全卫士的小工具程序，如断网急救箱、系统盘瘦身、文件粉碎机等。

2. 实训内容

360 安全卫士软件窗口如图 8-11 所示。

图 8-11　360 安全卫士软件窗口

（1）学习并掌握 360 安全卫士的各项电脑防护功能。

（2）选择自己感兴趣的几个小工具程序，按提示进行相应操作。

参考文献

［1］教育部考试中心.全国计算机等级考试二级教程：WPS Office 高级应用与设计［M］.北京：高等教育出版社，2022.

［2］教育部考试中心.全国计算机等级考试一级教程：计算机基础 WPS Office 应用［M］.北京：高等教育出版社，2022.

［3］宋贤钧，张文川，王小宁.计算机网络技术［M］.3 版.北京：高等教育出版社，2022.

［4］任泰明，文晖.计算机应用基础教程［M］.北京：高等教育出版社，2012.

［5］龚沛曾，杨志强.大学计算机基础简明教程［M］.2 版.北京：高等教育出版社，2015.

［6］陈亮，薛纪文.大学计算机基础教程［M］.2 版.北京：高等教育出版社，2019.

［7］宋贤钧，童强.计算机应用基础［M］.北京：化学工业出版社，2019.

［8］顾沈明.计算机基础［M］.北京：清华大学出版社，2017.